新型液压元件及选用

王晓晶　主编
苏晓宇　张　健　副主编

化学工业出版社
·北京·

内容提要

本书在介绍液压传动工作原理、液压传动系统优缺点等知识的基础上，详细讲解了几类常用的新型液压元件，包括液压泵、液压马达、液压缸、液压控制阀、流量控制阀、方向控制阀、叠加阀与插装阀、电液伺服阀、电液比例阀、数字液压阀、液压变压器。每类液压元件都介绍了工作原理、技术参数、典型产品、应用场合及选用注意事项，内容丰富，实用性强。

本书图文并茂，突出应用，可供液压传动领域的工程技术人员学习参考，也可作为高等院校相关专业的教材。

图书在版编目（CIP）数据

新型液压元件及选用/王晓晶主编．—北京：化学工业出版社，2020.10

ISBN 978-7-122-37391-5

Ⅰ．①新…　Ⅱ．①王…　Ⅲ．①液压元件　Ⅳ．①TH137.5

中国版本图书馆CIP数据核字（2020）第122739号

责任编辑：贾　娜　　文字编辑：赵　越

责任校对：宋　玮　　装帧设计：王晓宇

出版发行：化学工业出版社（北京市东城区青年湖南街13号　邮政编码100011）

印　　装：大厂聚鑫印刷有限责任公司

787mm×1092mm　1/16　印张12　字数312千字　2020年11月北京第1版第1次印刷

购书咨询：010-64518888　　售后服务：010-64518899

网　　址：http://www.cip.com.cn

凡购买本书，如有缺损质量问题，本社销售中心负责调换。

定　　价：59.00元

前言

近年来，液压系统在工业领域得到了广泛应用。高新技术的快速发展，对液压系统提出了更高的要求。新材料技术、计算机技术、微电子技术的进步与发展，有力地推动了液压元件的技术创新与液压元件产品的更新换代。为了将新型液压元件做一总结，为行业技术人员提供参考，我们编写了本书。

本书在总结编者多年科研心得和实践应用经验的基础上，以典型产品为例，较全面地介绍了目前国内机械设备中较新的液压泵、液压阀、液压缸、液压马达、液压变压器以及数字液压元件。为了让读者能够更深刻地了解各种新型液压元件，书中对液压元件的基本概念、结构、基本原理以及典型产品的介绍都作了尽可能详尽的阐述。

全书共分为 12 章，第 1 章介绍液压传动的原理、特点以及液压元件的发展；第 2～4 章分别介绍液压执行元件（液压泵、液压马达和液压缸）的结构、原理以及典型的产品；第 5～7 章分别介绍液压控制阀、流量控制阀和方向控制阀的典型产品及选用原则；第 8 章介绍插装阀与叠加阀的原理、典型产品及应用；第 9 章和第 10 章分别介绍电液伺服阀和电液比例阀的基本原理、组成、工作特性及应用；第 11 章介绍数字阀的结构、原理、应用现状及发展前景；第 12 章介绍液压变压器的原理、分类、典型产品及应用。

本书图文并茂，实用性强，可供液压传动领域的工程技术人员学习参考，也可作为高等院校相关专业的教材供老师和学生使用。

本书由哈尔滨理工大学王晓晶担任主编，上海工程技术大学苏晓宇、哈尔滨工业大学张健担任副主编，徐州工程学院刘成强、黑龙江省水利科学研究院杨甫权参与编写。其中，王晓晶编写第 1～3 章，刘成强编写第 4 章和第 12 章，杨甫权编写第 5 章，苏晓宇编写第 6～8 章，张健编写第 9～11 章。本书编写过程中得到了同事和朋友的大力帮助，在此表示衷心的感谢！

由于新型液压元件涵盖内容繁杂，涉及知识面广，书中难免有疏漏和不足之处，殷切希望广大读者批评指正。

编　者

目录

第1章 绪论

液压与气压传动的发展已有二三百年的历史，然而它在工业上真正得到推广和使用，是在20世纪中叶以后。近几十年来，随着控制技术、微电子技术、计算机技术和传感技术的发展，极大地推动了液压与气压传动技术的迅速进步，使其成为包括传动、控制、检测在内的一门完整的自动控制技术。液压与气压传动技术广泛应用于国民经济的各领域，已成为衡量一个国家工业水平的重要标志之一。

1.1 液压传动的工作原理

在密闭的回路中，利用液体的压力能传递运动和动力的传动方式称为液压传动。其中的液体（液压油）称为工作液体或工作介质，它的作用和机械传动中的皮带、链条和齿轮等传动件的作用相类似。

现以如图1-1所示的液压千斤顶为例来说明液压传动的工作原理。图1-1（a）中杠杆1、小活塞2、小缸体3及单向阀4和5组成手动液压泵；大活塞6和大缸体7组成举升液压缸。当杠杆1提起使小活塞2上移时，其下端油腔密闭容积增大，内部压力减小，形成局部“真空”，油箱中的油液在大气压作用下，通过吸油管，顶开单向阀4，进入到小活塞2的下端，这时单向阀5是关闭的，完成一次吸油过程。当杠杆1向下压时，单向阀4关闭，小活塞2下移，其下部密闭容积缩小，油液压力升高，单向阀5开启，小活塞2下腔的油液输入大缸体7的下腔，并将大活塞6向上推起。升起重物G，完成一次排油过程。如此反复地提压杠杆手柄就可以使重物不断升起，达到起重的目的。当要将重物下降时，只要拧开放油阀8即可，此时工作缸内的液体在重物和活塞的推动下流回油箱，大活塞下降到原位。

这就是液压千斤顶的工作过程。液压千斤顶是一个简单而又比较完整的液压传动装置。分析液压千斤顶的工作过程，可以看出液压传动是利用封闭系统中液体的压力来实现运动和动力的传递的。液压传动装置本质上是一种能量转换装置，它先将机械能转换为油液的压力能，然后又将油液的压力能转换为机械能拖动负载做功。液压传动的过程是将机械能进行转换和传递的过程。

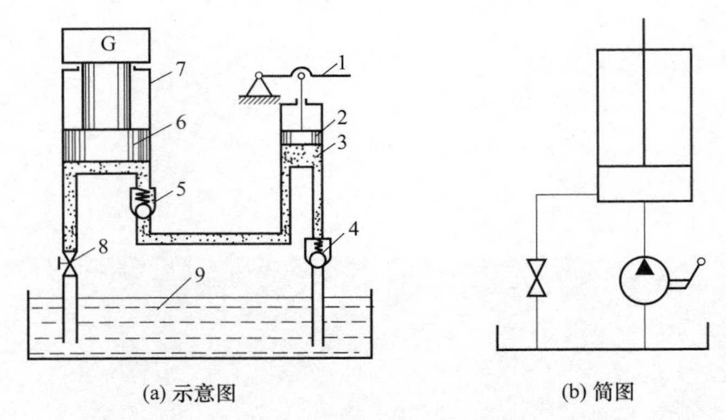

(a) 示意图　(b) 简图

图 1-1　液压千斤顶的工作原理

1—杠杆；2—小活塞；3—小缸体；4,5—单向阀；6—大活塞；7—大缸体；8—放油阀；9—油箱

1.2　液压传动系统的组成

实际的液压系统是各式各样的，为了更好地了解液压传动系统的组成，下面以某车床刀架液压系统为例予以说明。参照如图 1-2（a）所示的车床刀架液压系统，在车削工件过程中，要求刀架慢速进给，实现刀具对工件的切削加工，确保被加工零件的质量要求；切削完成后，要求刀架快速反向退回，以缩短辅助时间，提高劳动生产率。如图 1-2（a）所示，在切削进给时，电磁铁 6 带电，油箱 21 中的油液经过滤器 20 进入液压泵 19，液压泵 19 排出的压力油经管路 3、电磁换向阀 17、管路 7 进入无杆腔 8，液压缸有杆腔的油经管路 12、节流阀 13、管路 15、电磁换向阀 17、管路 18 流回油箱，液压缸活塞 9 和活塞杆 11（二者组成为一体）带动刀架 10 慢速向右运动，实现刀具对工件的慢速切削。改变节流阀 13 的通流面积，可以改变活塞的运动速度，即改变了刀具的走刀速度。切削完成后，使电磁铁断电，电磁换向阀阀芯在弹簧 16 作用下复位到左端。此时，液压泵排出的压力油经管路 3、电磁换向阀 17、管路 15、单向阀 14（也有较少的油通过与单向阀并联的节流阀 13）、管路 12 进入液压缸的有杆腔，液压缸无杆腔的油经管路 7、电磁换向阀 17、管路 18 流回油箱，液压缸活塞杆带动刀架快速退回，完成一个工作循环。

在刀具切削工件过程中，存在着负载阻力，只有当活塞推力大于负载阻力时，才能完成切削工作。图 1-2（a）中的溢流阀 4 用于调定液压系统的工作压力，满足液压缸活塞所需要的压力，实现刀具对工件的切削加工。当然，溢流阀 4 还能起过载保护作用，系统的工作压力由压力表 5 显示。

通过对车床刀架液压系统的分析，可以看出一个液压系统通常由以下五个部分组成。

（1）动力装置

动力装置的作用是向液压系统提供具有一定压力的工作液体，它将原动机输入的机械能转换成液体的压力能。图 1-2 中的液压泵 19 就是液压系统的动力装置。

（2）执行机构

液压系统的执行机构包括液压缸和液压马达，它们的作用是分别把液体的压力能转换成直线运动形式的机械能和旋转运动形式的机械能。

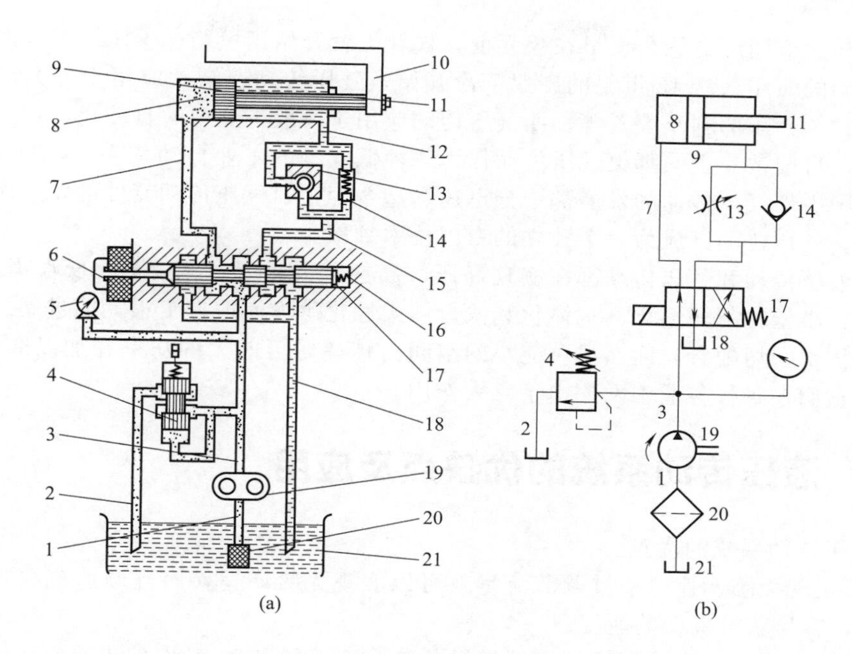

图 1-2 车床刀架液压系统

1～3,7,12,15,18—管路；4—溢流阀；5—压力表；6—电磁铁；8—液压缸无杆腔；9—液压缸活塞；10—刀架；11—液压缸活塞杆；13—节流阀；14—单向阀；16—弹簧；17—电磁换向阀；19—液压泵；20—过滤器；21—油箱

(3) 控制调节装置

在图 1-2 (a) 中，用于控制液流的方向、流量和压力的元件统称为阀，它们分别是电磁换向阀 17、节流阀 13 和溢流阀 4 等，这些对液压能的传递进行控制的元件统称为控制调节装置。

(4) 辅助装置

用于液压介质的储存、过滤、传输以及对液压参量进行测量和显示等的元件都属于辅助装置，也称为辅件。液压系统中的辅件主要有油箱、过滤器、管件、密封件、加热器、冷却器、压力表等。

(5) 工作介质

工作介质用以传递动力并起润滑作用。根据使用环境和主机的不同，需采用不同的工作介质。常用的工作介质有石油基油液和合成液压油等。

1.3 液压传动与气压传动的发展

液压传动相对于机械传动是一门新学科。但相对于计算机等新技术，它又是一门较老的技术。如果从 17 世纪帕斯卡提出静压传递原理、18 世纪英国制成世界上第一台水压机算起，液压传动已有二百多年的历史。只是由于在早期没有成熟的液压传动技术和液压元件，而使它没有得到普遍的应用。随着科学技术的不断发展，各行各业对传动技术有了不断的需求。特别是在第二次世界大战期间，由于军事上迫切需要反应快、重量轻、功率大的各种武器装备，而液压传动技术满足了这一要求，所以使液压传动技术获得了发展。20 世纪 50 年代，液压传动技术迅速地转向其他各个部门，并得到了广泛的应用。

气压传动的应用历史悠久。早在公元前，埃及人就开始用风箱产生压缩空气助燃，这是最初气压传动的应用。从18世纪的产业革命开始，气压传动逐渐被应用于各类行业中，如矿山用的风钻、火车的刹车装置等。而气压传动应用于一般工业中的自动化、省力化则是近些年的事情。目前世界各国都把气压传动作为一种低成本的工业自动化手段，自20世纪60年代以来，国内外气压传动的发展都十分迅速。迄今为止，气压传动元件的发展速度已超过了液压元件，气压传动已成为一个独立的专门技术领域。

目前，液压传动和气压传动都在实现高压、高速、大功率、高效率、低噪声、长寿命、高度集成化、小型化与轻量化、一体化和执行件柔性化等方面取得了很大的进展。同时，由于与微电子技术密切配合，能在尽可能小的空间内传递尽可能大的功率并加以准确地控制，从而更使得它们在各行各业中发挥出了巨大作用。

1.4　液压传动系统的优缺点及应用

（1）液压传动系统的优点

① 易于实现无级调速。通过调节流量就可以实现无级调速，而且调速范围宽，最大可达2000∶1，容易获得极低的速度。

② 传递运动平稳。靠液压油的连续流动传递运动，液压油几乎不可压缩且具有吸振能力，所以执行元件运动平稳。

③ 承载能力大。液压传动是将液压能转化为机械能驱动执行元件做功的，因系统很容易获得很大的液压能，所以驱动执行元件做功的机械能也大，即承载能力大。

④ 元件使用寿命长。因元件在油中工作，润滑条件充分，故可延长其使用寿命。

⑤ 易于实现自动化。系统的压力、流量和流动方向容易实现调节和控制，特别是与电气、电子和气动控制联合起来使用时，能使整个系统实现复杂的程序动作，也可方便地实现远程控制。

⑥ 易于实现过载保护。液压传动采取了多种过载保护措施，能自动防止过载，避免发生事故。

⑦ 易于实现标准化、系列化和通用化。

⑧ 体积小、重量轻、结构紧凑。

（2）液压传动系统的缺点

① 传动比不精确。由于运动零部件间会产生一定的泄漏，加上液压油并非绝对不可压缩，从而导致其传动比不如机械传动精确。

② 不易实现远距离传递动力。当采用管路传输液压油而传递动力时，由于存在较多的能量损失（泄漏损失、摩擦损失），故不易远距离输送动力。

③ 油温变化时，液压油黏度的变化会影响系统的稳定工作。

④ 液压油中混入空气容易产生振动和噪声。

⑤ 发生故障不易检查与排除。

⑥ 液压元件制造精度要求高；系统维护技术水平要求高。

（3）液压传动系统的应用

液压与气压传动能够在各种设备上得到推广使用，并与微电子和计算机技术密切结合，使其得到广泛的发展。

液压与气压传动技术最早应用于武器制造等设备上。随着液压与气压传动技术逐渐转为民用，制定和完善了各种标准，使得各类元件的标准化、规格化、系列化在机械制造、工程机械、农业机械、汽车制造等行业中推广开来。20 世纪 60 年代后，原子能技术、空间技术、计算机技术、微电子技术等的发展再次将液压技术向前推进，使其发展成为包括传动、控制、检测在内的一门完整的自动化技术，并在国民经济的各方面都得到了应用。

机械工业各部门使用液压与气压传动的出发点也不尽相同：有的是利用其在操纵控制上的优点，如机床上采用液压传动是因为其能在工作过程中实现无级变速、易于实现频繁的换向、易于实现自动化；有的是利用其在传递动力上的长处，如工程机械、压力机械和航空工业采用液压传动的主要原因是其结构简单、体积小、质量小、输出功率大等。液压传动在机械行业中的应用实例如表 1-1 所示。

表 1-1 液压传动在各类机械行业中的应用举例

行业名称	应用场所举例
汽车工业	平板车、高空作业车、自卸式汽车、汽车中的 ABS 系统、减振器等
矿山机械	凿岩机、开采机、破碎机、提升机、液压支架等
冶金机械	电炉炉顶及电极升降机、高炉开铁口机、轧钢机、压力机等
轻工机械	注射机、打包机、造纸机、校直机、橡胶硫化机等
建筑机械	平地机、压桩机、液压千斤顶、混凝土输送泵车等
智能机械	折臂式小汽车装卸器、数字式体育锻炼机、模拟驾驶舱、机器人等
工程机械	挖掘机、装载机、推土机、压路机、铲运机等
起重运输机械	装卸机械、汽车吊、叉车、液压无级变速装置等
农业机械	联合收割机、拖拉机、农具悬挂系统等
机床工业	仿形加工机床、平自动车床、龙门铣床、磨床、数控机床及加工中心等

我国的液压工业开始于 20 世纪 50 年代，其产品最初只用于机床和锻压设备，后来才逐渐应用到拖拉机和工程机械中。自 1964 年开始从国外引进一些液压元件生产技术并进行自行设计液压产品以来，我国的液压件生产已形成了从低压到高压的系列产品，并在各种机械设备上得到了广泛的使用。20 世纪 80 年代起更加速了对国外先进液压产品和技术的有计划引进、消化、吸收和国产化工作，以确保我国的液压技术能在产品质量、经济效益、人才培训、研究开发等各个方面全方位地赶上世界水平。

第2章 液压泵

2.1 齿轮泵

齿轮泵是液压系统中广泛采用的液压泵。齿轮泵的主要优点是结构简单，制造方便，体积小，重量轻，转速高，自吸性能好，对油液污染不敏感，工作可靠，寿命长，便于维护修理及价格低廉等。主要缺点是流量和压力脉动较大，噪声大，排量不可调。齿轮泵在结构上采取一定措施后，也可以达到较高的工作压力，目前高压齿轮泵的工作压力可达14～25MPa。齿轮泵一般做成定量泵，按结构不同，齿轮泵分为外啮合齿轮泵和内啮合齿轮泵，而外啮合齿轮泵应用最广。

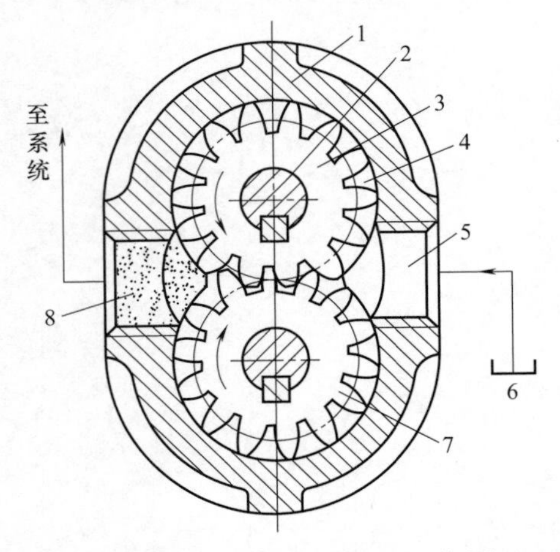

图2-1 渐开线外啮合齿轮泵工作原理

1—壳体；2—传动轴；3—主动轮；4—密封工作腔；5—吸油腔；6—油箱；7—从动轮；8—压油腔

2.1.1 齿轮泵的工作原理

(1) 外啮合齿轮泵

如图2-1所示为采用一对渐开线齿轮的外啮合齿轮泵的工作原理图，几何参数相同的主动轮3和从动轮7被封闭在壳体1和侧盖板等构成的密封空间中啮合。壳体1、侧盖板和齿轮的各个齿槽组成了许多密封工作腔4。齿轮的齿顶和壳体内孔表面间及齿轮端面和侧盖板之间的间隙很小，而且啮合齿的接触面接触紧密，起密封作用，并把吸油、压油区隔开（起配油作用）。

当原动机（电动机或内燃机）通过传动轴2

带动主动轮 3 和从动轮 7 按图 2-1 所示方向运转时，在吸油腔 5 由于轮齿脱离啮合使齿间容积变大，出现真空而从油箱 6 吸油；吸入的油液由旋转的齿槽携带至压油腔 8；在压油腔由于齿间容积减小而将油液压至系统。泵轴旋转一周，每个工作腔完成吸油、压油各一次。原动机带动齿轮连续运转时，便可实现连续地、周期性地压油。

齿轮泵的排量可看作两个齿轮的齿槽容积之和。设轮齿容积等于轮齿体积，则当齿数为 z，齿轮分度圆直径为 D，模数为 m，节圆直径为 d（其值等于 mz），有效齿高为 h（其值等于 $2m$），齿宽为 b 时，齿轮泵的排量为

$$V=\pi Ddb=2\pi zm^2b \tag{2-1}$$

齿轮泵的流量为

$$q=Vn\eta_V=2\pi zm^2bn\eta_V \tag{2-2}$$

式中 n——齿轮泵的转速；

η_V——齿轮泵的容积效率。

实际上齿间的容积要比轮齿的体积稍大一些，所以齿轮泵的流量应比按式（2-2）计算的值大一些，引进修正系数 K（$K=1.05\sim1.15$），因此齿轮泵的流量公式为

$$q=2\pi Kzm^2bn\eta_V \tag{2-3}$$

低压齿轮泵推荐 $2\pi K=6.66$，则

$$q=6.66zm^2bn\eta_V \tag{2-4}$$

高压齿轮泵推荐 $2\pi K=7$，则

$$q=7zm^2bn\eta_V \tag{2-5}$$

在泵的体积一定时，齿数少模数就大，故输油量增加，但流量脉动大；齿数增加时模数就小，输油量减小，流量脉动也小。一般齿轮泵的齿数 $z=6\sim14$，在机床液压传动中，为了减小泵的排油压力脉动和噪声，通常取 $z=13\sim19$。

由于齿轮啮合过程中排油腔的容积变化率是不均匀的，因此齿轮泵的瞬时流量是脉动的，故式（2-2）和式（2-3）所表示的是泵的平均输油量。设 q_{max}、q_{min} 分别表示最大、最小瞬时流量，则其流量脉动率 σ 可用下式表示

$$\sigma=\frac{q_{max}-q_{min}}{q} \tag{2-6}$$

齿数越少，脉动率 σ 就越大，其值最高达 20%以上。流量脉动引起压力脉动，随之产生振动与噪声，所以高精度机械不宜采用齿轮泵。

（2）内啮合齿轮泵

内啮合齿轮泵主要有渐开线齿轮泵和摆线转子泵两种类型。

内啮合渐开线齿轮泵的工作原理如图 2-2（a）所示。相互啮合的内转子和外转子之间有月牙形隔板，月牙板将吸油腔与排油腔隔开。当传动轴带动内转子按图示方向旋转时，外转子以相同方向旋转，图中左半部轮齿脱开啮合，齿间容积逐渐增大，从端盖上的吸油窗口 A 吸油；右半部轮齿进入啮合，齿间容积逐渐减小，将油液从排油窗口 B 排出。

内啮合渐开线齿轮泵与外啮合齿轮泵相比，具有流量脉动率小（仅是外啮合齿轮泵的 1/20～1/10）、结构紧凑、重量轻、噪声低、效率高以及没有困油现象等优点。它的缺点是齿形复杂，需专门的高精度加工设备。内啮合渐开线齿轮泵结构上也有单泵和双联泵，工程上应用也较多。

摆线转子泵是以摆线成形、外转子比内转子多一个齿的内啮合齿轮泵。如图 2-2（b）所示是摆线转子泵的工作原理。在工作时，所有内转子的齿都进入啮合状态，相邻两齿的啮合线与泵体和前后端盖形成密封容腔。内、外转子存在偏心，分别以各自的轴心旋转，内转

子为主动轴，当内转子围绕轴心做如图 2-2（b）所示方向旋转时，带动外转子绕外转子轴心做同向旋转。左侧油腔密封容积不断增加，通过端盖上的吸油窗口 A 吸油；右侧密封容积不断减小，从排油窗口 B 排油。内转子每转一周，由内转子齿顶和外转子齿谷所构成的每个密封容腔完成吸、排油各一次。

内啮合摆线转子泵的优点是结构紧凑、体积小、零件数少、转速高、运动平稳、噪声低等。缺点是啮合处间隙泄漏大、容积效率低、转子的制造工艺复杂等。内啮合齿轮泵可正、反转，也可作液压马达用。

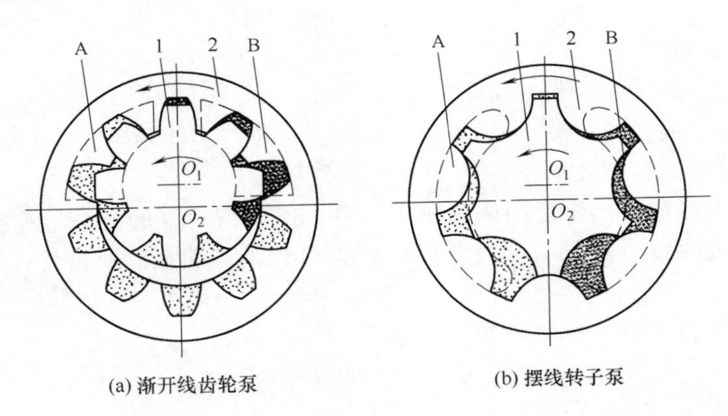

图 2-2　内啮合齿轮泵工作原理

1—内转子；2—外转子；A—吸油窗口；B—排油窗口

2.1.2　齿轮泵常见问题及解决措施

2.1.2.1　困油

（1）困油现象

齿轮泵的困油是由齿轮设计时的重叠系数引起的，如图 2-3（a）所示，假设齿轮在实际啮合中的啮合线长度为 l，齿距为 t_0，则齿轮啮合时的重叠系数 $\varepsilon=l/t_0$。该重叠系数具有这样的物理意义：当 $\varepsilon=1$ 时，前一对轮齿脱离啮合的瞬间，后一对轮齿即可进入啮合，即开始啮合与脱离啮合是同时进行的。为了使齿轮传动平稳、减小冲击，或避免产生油液泄漏，设计齿轮传动机构时，通常使 $\varepsilon>1$（一般取 $\varepsilon=1.05\sim1.3$）。即当前一对轮齿脱离啮合之前，后一对轮齿即进入啮合。但两对轮齿同时啮合时，在两个啮合点 A、B 之间形成了一个充满油液且与吸、压油腔均不相通的闭死容积。在齿轮转动由图 2-3（a）至图 2-3（b）的过程中，这个闭死容积逐渐减小，由于油液不能外流而产生很大压力。困油压力远远大于泵的工作压力，使泵的零件受到冲击，产生振动和噪声，并且有一部分高压油液通过各种缝隙被强行挤出。

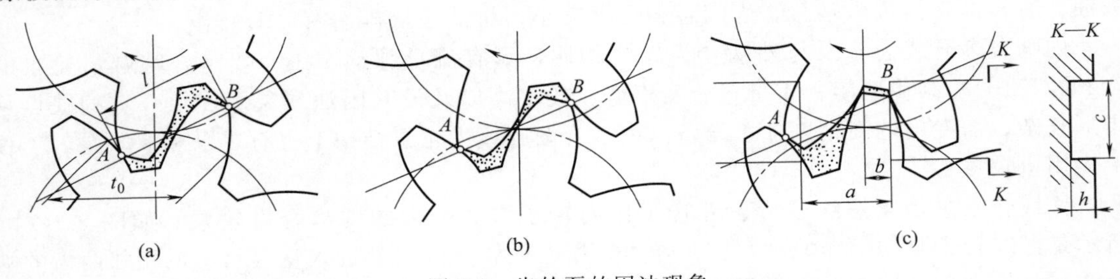

图 2-3　齿轮泵的困油现象

从图 2-3（b）的位置向图 2-3（c）位置转动时，闭死容积又开始由小变大，由于无处吸油而使压力降低，容易形成真空，使油液中的气体逸出引起汽蚀，或形成负压力冲击，同样也会产生振动和噪声。

这种闭死容积在过渡中经历“容积在封死状态下变化”的过程，其内压力会急剧增高或降低的现象称为困油。

（2）消除措施

齿轮泵的困油危害很大，为了消除困油现象，通常在两端盖上开设一对卸荷槽，如图 2-3（c）所示。这样，当闭死容积减小时，使其通过右侧卸荷槽与压油腔相通，以便排出一部分油液；当闭死容积增大时，使其与吸油腔连通，可吸入一部分低压油以补充增大空间。

开设卸荷槽的原则是保证吸、压油腔任何时候都不能通过卸荷槽连通，否则将降低齿轮泵的容积效率。另外，两卸荷槽之间的距离也不能太大，以防消除困油不彻底。通常使 $b=0.8m$，卸荷槽宽 $c>2.5m$，深度 $h\geqslant 0.8m$（m 为齿轮模数）。

2.1.2.2 泄漏

外啮合齿轮泵的内泄漏主要有三个途径：端面泄漏、径向泄漏及啮合线泄漏。

（1）端面泄漏

端面泄漏是指齿轮端面与泵端盖内表面之间的泄漏，占总泄漏量的75%以上。由于旋转的齿轮端面与泵端盖内表面之间必然存在一定间隙，因此，间隙量稍有增加，就会导致齿轮泵的容积效率显著下降。一般中、小型齿轮泵的内端面间隙控制在 0.02～0.05mm 之间。此外，还可采用浮动轴套、弹性侧板等端面间隙补偿措施来减小和消除端面泄漏。

（2）径向泄漏

径向泄漏是指齿轮齿顶圆与泵体内腔表面之间的泄漏，约占总泄漏量的15%。为了保证齿轮传动过程中不产生“刮膛”现象，同时考虑制造误差，一般中、小型齿轮泵的径向间隙可达 0.1mm。尽管径向泄漏通道较长，但这种泄漏对齿轮泵的容积效率影响不大。有时可采用在压油腔侧增设补偿侧板的方法，利用高压油的作用使补偿侧板浮动在轮齿顶部，阻止低压油进入高压油腔。

（3）啮合线泄漏

因有齿向误差，齿轮的全部宽度不可能都实现啮合，由此产生的泄漏称为啮合线泄漏，其泄漏量在总泄漏量中所占的比例不足5%。另外，随着齿轮泵工作压力提高，啮合点处接触更加紧密，通过啮合线处的泄漏量很小，因此，与上述两种泄漏相比，啮合线泄漏经常被忽略。

2.1.2.3 径向力

齿轮泵中主、从动齿轮受力如图 2-4 所示。由于高、低压油腔油液压力不同，油液压力由低压 p_d 逐渐向高压 p_g 过渡，在压油腔一侧齿轮受到较大的油液压力，其圆周液压力的合力为 F_p。两个大小相等方向相反的啮合力的作用方向与啮合线重合，将作用在啮合点处的啮合力 F_T 分别简化到主、从动齿轮中心 O_1 和 O_2 点上，并将简化后的径向力合成后可以看到，主动齿轮受力 F_1 小于从动齿轮受力 F_2。因此，一般情况下从动齿轮磨损较快。实际设计时，通常取 $F_1=0.75\Delta pBD_e$，而 $F_2=0.85\Delta pBD_e$，其中，Δp 为泵进出口压差，B、D_e 分别为齿宽和齿顶圆直径。

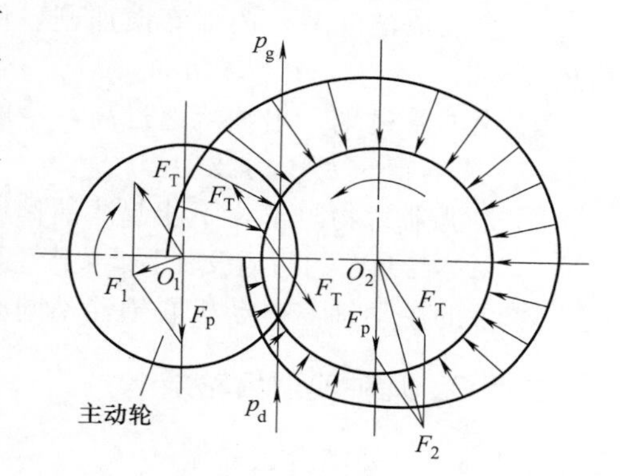

图 2-4 齿轮受力分布

齿轮径向力不平衡不仅仅使齿轮磨损不均，还使轴承、齿轮轴等产生变形，降低齿轮泵的使用寿命。为了减轻和消除径向力不平衡现象，通常采用减小压油口直径、减小高压油对齿轮径向的不均衡作用的方法。有时，在泵端盖上原吸油腔对面开设两个平衡槽分别与吸、压油腔相通，以平衡径向不平衡力。但这种做法增大了泄漏量，使容积效率降低，仅适用于低压齿轮泵。

2.1.2.4 齿轮泵常见故障及其原因

(1) 泵不出油

首先，检查齿轮泵的旋转方向是否正确；其次，检查齿轮泵进油口端的过滤器是否堵塞。

(2) 油封被冲出

① 齿轮泵轴承受轴向力；

② 齿轮泵承受过大的径向力。

(3) 建立不起压力或压力不够

多与液压油的清洁度有关，如油液选用不正确或油液的清洁度达不到标准要求，均会加速泵内部的磨损，导致内泄。

应选用含有添加剂的矿物液压油，防止油液氧化和产生气泡。过滤精度为：输入油路小于60μm，回油路为10～25μm。

(4) 流量达不到标准

① 进油滤芯太脏，吸油不足。

② 泵的安装高度高于泵的自吸高度。

③ 齿轮泵的吸油管过细造成吸油阻力大。一般最大的吸油流速为0.5～1.5m/s。

④ 吸油口接头漏气造成泵吸油不足。通过观察油箱里是否有气泡即可判断系统是否漏气。

(5) 齿轮泵炸裂

铝合金材料齿轮泵的耐压能力为38～45MPa，在其无制造缺陷的前提下，齿轮泵炸裂肯定是受到了瞬间高压所致。

① 出油管道有异物堵住，造成压力无限上升。

② 安全阀压力调整过高，或者安全阀的启闭特性差，反应滞后，使齿轮泵得不到保护。

③ 系统如使用多路换向阀控制方向，有的多路阀可能为负开口，这样将导致因死点升压而憋坏齿轮泵。

(6) 发热

① 系统超载，主要表现为压力或转速过高。

② 油液清洁度差，内部磨损加剧，使容积效率下降，油从内部间隙泄漏、节流而产生热量。

③ 出油管过细，出油流速过高，一般出油流速为3～8m/s。

(7) 噪声严重及压力波动

① 过滤器污物阻塞，不能起滤油作用；或油位不足，吸油位置太高，吸油管露出油面。

② 泵体与泵盖的两侧没有上纸垫产生硬物冲撞，泵体与泵盖不垂直密封，旋转时吸入空气。

③ 泵的主动轴与电动机联轴器不同心，有扭曲摩擦；或泵齿轮啮合精度不够。

2.1.3 几种典型齿轮泵

2.1.3.1 外啮合齿轮泵

(1) 低压齿轮泵

该泵为泵盖-壳体-泵盖三片式结构（图 2-5）。装在壳体 3 中的一对齿轮由传动轴 5 驱动。在壳体 3 的左右断面各铣有卸荷槽 b，经壳体端面泄漏的油液经卸荷槽 b 流回吸油腔，以降低壳体与端盖结合面上的油压对轴承造成的轴向推力，减小螺钉载荷。在泵前、后端盖上的困油卸荷槽 e 可消除泵工作时的困油问题。孔道 a、c、d 可将轴向泄漏并润滑轴承的油液送回到吸油腔，使传动轴的密封圈 6 处于低压，因而不必设置单独的外泄漏油管。此种泵无径向力平衡装置；轴向间隙固定，轴向间隙及其泄漏会因工作负载增大而增加，难以得到高的容积效率，故此种结构只能用于低压齿轮泵上（通常额定压力在 12MPa 以下）。国产 CB-B 型外啮合齿轮泵即属于此类泵，其额定压力为 2.5MPa。泵的实物外形如图 2-6 所示。

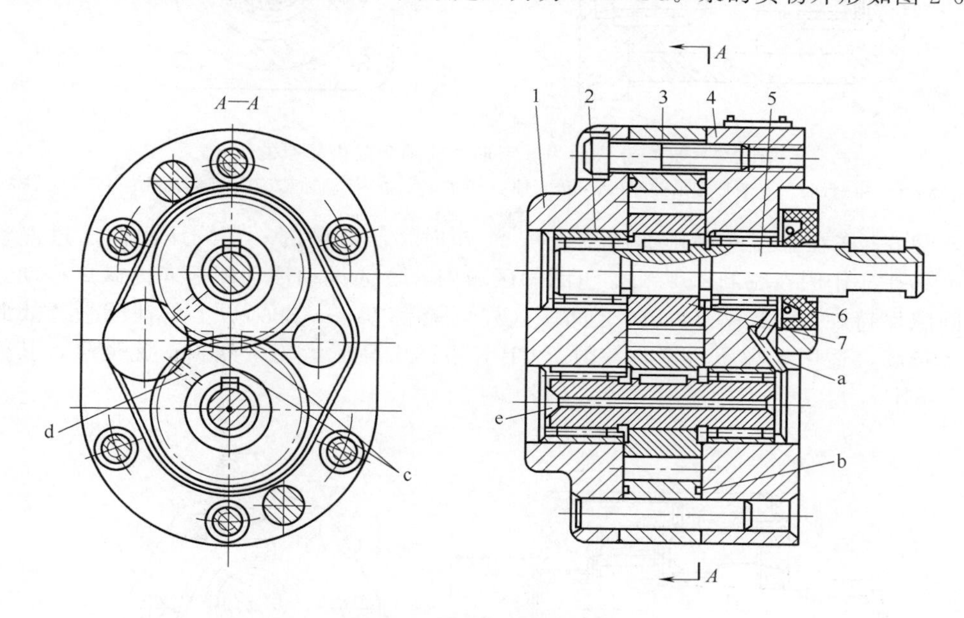

图 2-5　低压齿轮泵结构

1—后泵盖；2—滚针轴承；3—壳体；4—前泵盖；5—传动轴；6—密封圈；7—齿轮；a,c,d—孔道；b,e—卸荷槽

（2）高压齿轮泵

如图 2-7 所示为具有 8 字形浮动轴套的齿轮泵结构。齿轮 5 由带圆锥轴伸的传动轴 4 驱动，浮动轴套 6 的 8 字形补偿面积 A_1 由壳体 1 和两个与齿轮同心的密封圈 2 围成，压力油自高压引油孔 b 引入并作用在 8 字形补偿面积 A_1 上，泄漏油孔 a 可把内部的泄漏油引入吸油腔。在泵启动或空载而油压还未建立时，O 形密封圈 2 可以使浮动轴套 6 与齿轮 5 间产生足够的、必要的预紧接触力。这种补偿装置结构简单，但由于补偿面积的对称中心与主、从动齿轮端面对称中心重合，液压压紧力（即补偿液压力的合力）的作用线通过浮动轴套的中心，而轴套另一侧液压反推力的合力作用线离开轴套中心向压油腔偏离，这两个力对轴套就形成了力偶。该力偶易使轴套倾斜，这不仅会加大端面间隙、增加泄漏，还会使轴套浮动不灵活及产生局部磨损。为了克服上述缺点，通常要加大轴套与壳体的配合长度并提高加工精度。

图 2-6　低压齿轮泵实物外形（CB-B 系列）

图 2-8 所示为采用浮动侧板实现轴向间隙自动补偿的高压齿轮泵结构。该泵在壳体 8 与前盖 9、后盖 7 之间增设了垫板 2 和 3、浮动侧板 1 和 4（垫板比浮动侧板厚 0.2mm）以及

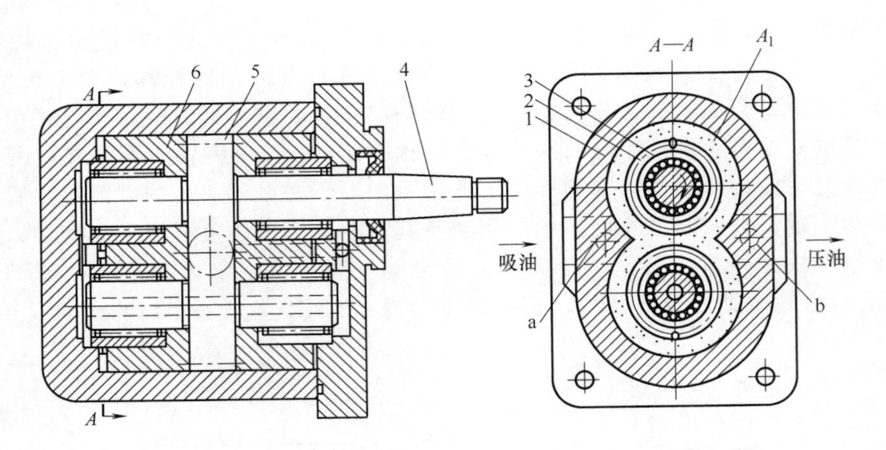

图 2-7 具有补偿面为 8 字形浮动轴套的齿轮泵的结构

1—壳体；2—密封圈；3—滚针轴承外圈；4—传动轴；5—齿轮；6—浮动轴套；a—泄漏油孔；b—高压引油孔

密封圈 5 和 6（嵌在泵盖内侧排油区位置）。工作时，压油区的一部分压力油通过浮动侧板上的两个小孔 a 作用在密封圈 5 和 6 包围的区域内，反向推动浮动侧板向内微量移动，从而使轴向间隙保持在 0.03～0.04mm 之间，这样可控制 70%～80%以上的泄漏量。故此类泵容积效率较高，适用于高压齿轮泵。国产 CB-F 系列中高压齿轮泵即属于此类泵，其额定压力达到 20MPa。

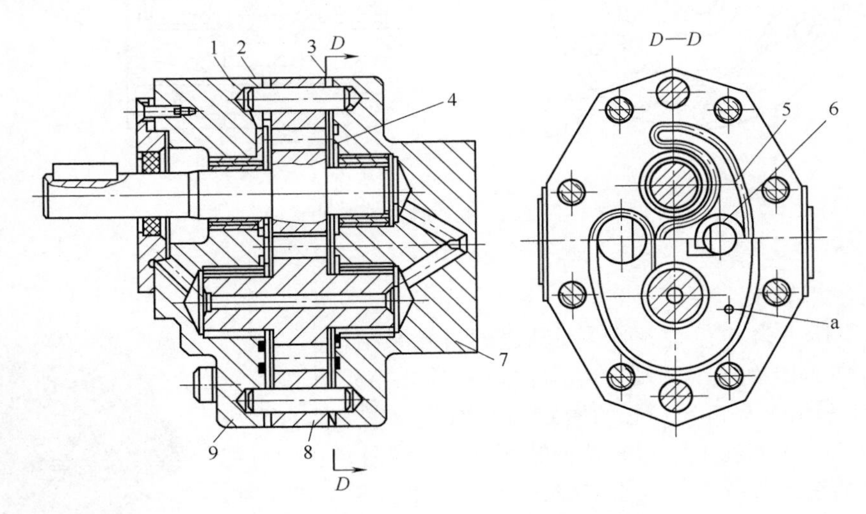

图 2-8 具有浮动侧板的齿轮泵结构

1,4—浮动侧板；2,3—垫板；5,6—密封圈；7—后盖；8—壳体；9—前盖

如图 2-9 所示为轴向间隙和径向间隙都可以自动补偿的齿轮泵结构。齿轮轴 6 和 7 的左端在壳体 1 内，右端在盖板 4 内。壳体中装有一块可轴向浮动的侧板 3，其作用与端面间隙补偿中浮动轴套相似，壳体内部结构和形状可以使轴向间隙和径向间隙同时得到补偿。侧板的轴孔和齿轮轴之间以及壳体的深度和侧板宽度之间都有较大间隙，足以使侧板轴向浮动和径向浮动。在侧板的外端面上，有一个特殊形状的橡胶密封圈 2 嵌入相配的凹槽里（见剖视图 A—A）。该密封圈确定了补偿面积 A_1，泵的压油腔的高压油经高压引油孔 b 引入并作用在面积 A_1 上。面积 A_1 的形状和大小使压紧力与反推力平衡，同时保证轴向间隙为最佳值。径向间隙补偿在角 ϕ 范围内起作用（见剖视图 B—B）。吸油压力作用在齿轮圆周的其余部

分；压油腔的压力作用在由齿轮的扇形角 ϕ 和齿轮宽度决定的侧板内表面，这个力把齿轮向吸油腔方向压到轴承间隙的极限，同时将侧板向压油腔方向推动。从外面作用到侧板上的力（工作压力×面积 A_2）将侧板向吸油腔方向推动，所以径向磨损后能够在 ϕ 角范围内自动补偿。受密封圈 9 限制的补偿面积 A_2，设计为在一定工作压力下，它所产生的力能与反推力平衡并保持最佳间隙。在壳体底部，角度 ϕ 范围内的密封由两个特制的弹性圈 5 来保证（见剖视图 C—C）。侧板对齿轮的预压紧力，在径向上由橡胶密封圈 9 产生，在轴向上由密封圈 2 和 8 产生。内部泄漏油通过轴孔，再经泄漏油孔 a 引入吸油腔。由于两种间隙都能补偿到最佳值，故这种结构形式的齿轮泵可在更高的工作压力下工作。图 2-10 为几种高

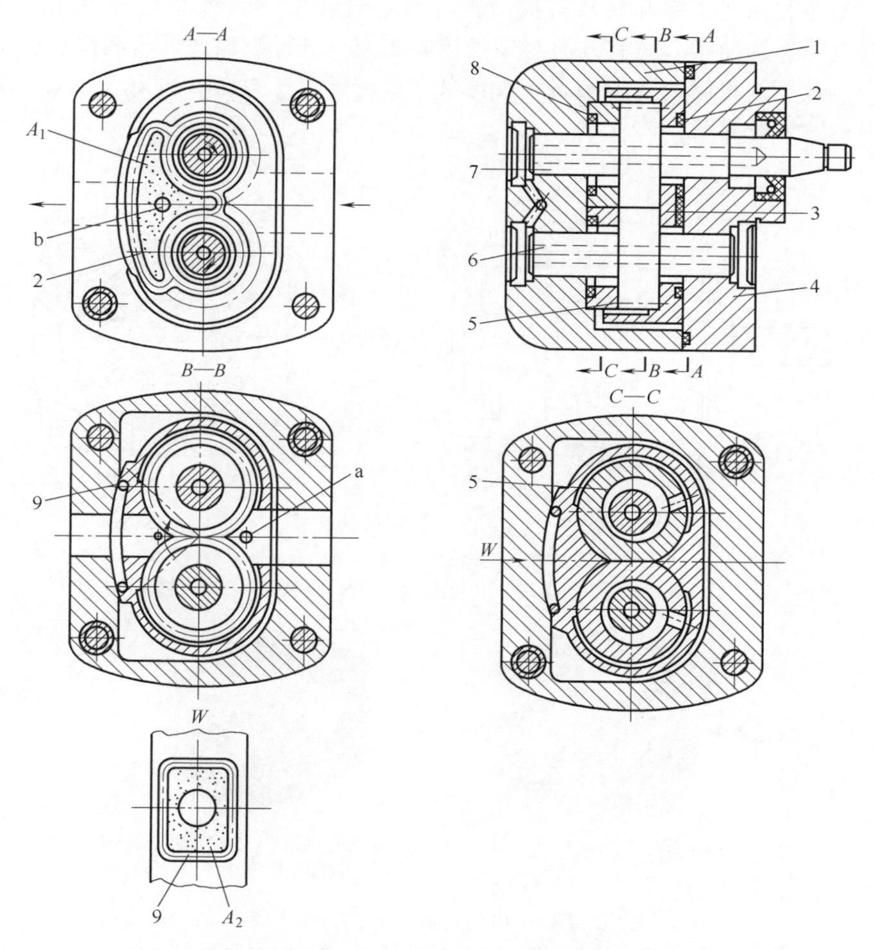

图 2-9 轴向间隙和径向间隙都可自动补偿的齿轮泵结构

1—壳体；2,8,9—密封圈；3—侧板；4—盖板；5—弹性圈；6,7—齿轮轴；a—泄漏油孔；b—高压引油孔

(a) CB-F系列

(b) CBG-F系列(额定压力25MPa)

(c) 1A 系列(额定压力27.6MPa)

图 2-10 几种高压齿轮泵的实物外形

压齿轮泵的实物外形。

2.1.3.2　内啮合齿轮泵

如图 2-11 所示为采用浮动侧板实现轴向间隙自动补偿的高压内啮合齿轮泵结构。泵的外齿轮 6 与传动轴合为一体。轴向间隙通过作用有背压（通压油腔）的浮动侧板 4 和 7 的前移得到自动补偿。内齿环 5 与半圆支撑块 14 的内圆表面间存在径向配合间隙，在支撑块 14 下方的背压（引自压油腔）作用下，支撑块 14 推动内齿环 5，内齿环 5 又推动填隙片 12 与外齿轮 6 的齿顶相接触，而形成高压区径向密封，实现径向间隙的自动补偿。挠性轴承支座 2、8（与壳体的连接小于 180°）在泵轴受力变形时，也能产生相应变形，减轻了轴在轴承中倾斜带来的负载能力下降和局部磨损问题。滑动轴承 3、9（外端与泵的进油口相通）通过其内壁开设的螺旋油槽（螺旋方向与轴径转向相同）进行吸油式低压润滑和冷却。此类泵容积效率和总效率都很高，适用于高压齿轮泵（目前额定压力已可达 40MPa）。如图 2-12 所示为两种内啮合齿轮泵的实物外形。

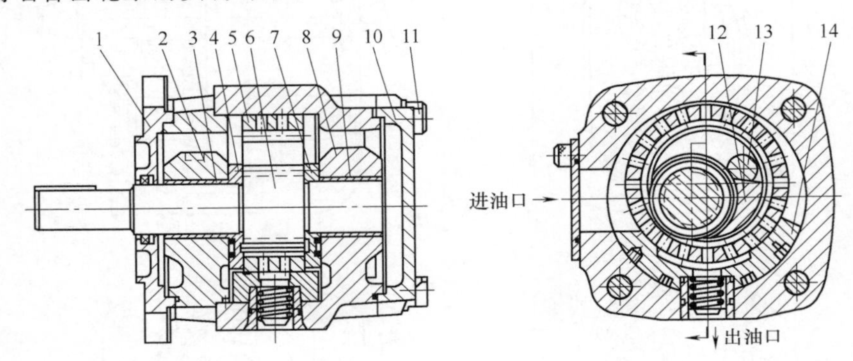

图 2-11　内啮合齿轮泵结构

1—前泵盖；2,8—轴承支座；3,9—滑动轴承；4,7—浮动侧板；5—内齿环；6—外齿轮；10—后泵盖；11—螺钉；12—填隙片；13—止动销；14—支撑块

(a) IGH 系列(额定压力25MPa)

(b) IGP 系列(轴向和径向间隙自动补偿，连续工作压力31.5MPa)

图 2-12　内啮合齿轮泵实物外形图

2.1.3.3　摆线齿轮泵（转子泵）

图 2-13　BB-B 型摆线齿轮泵实物外形

其实物外形如图 2-13 所示。该泵采用泵盖-壳体-泵盖三片式结构（图 2-14），内转子 6 用平键 7 和泵轴 13 相连，轴孔配合段较短，使内转子具有一定的自定位能力。外转子 5 直接安装在壳体 2 内。壳体与泵前、后端盖及轴承孔的偏心距（即内、外转子的偏心距）由两圆柱销 3 的定位来保证。转子轴与泵后盖上开有泄漏孔，将泄漏油直接引出。该泵采用间隙密封结构，适用于低压齿轮泵。BB-B 型摆线齿轮泵即属于此类泵（其最高工作压力为 2.5MPa，排量为 4～125mL/min）。摆线齿轮泵如要高压化，则需

采用端面间隙补偿结构，其工作压力可达 16MPa。

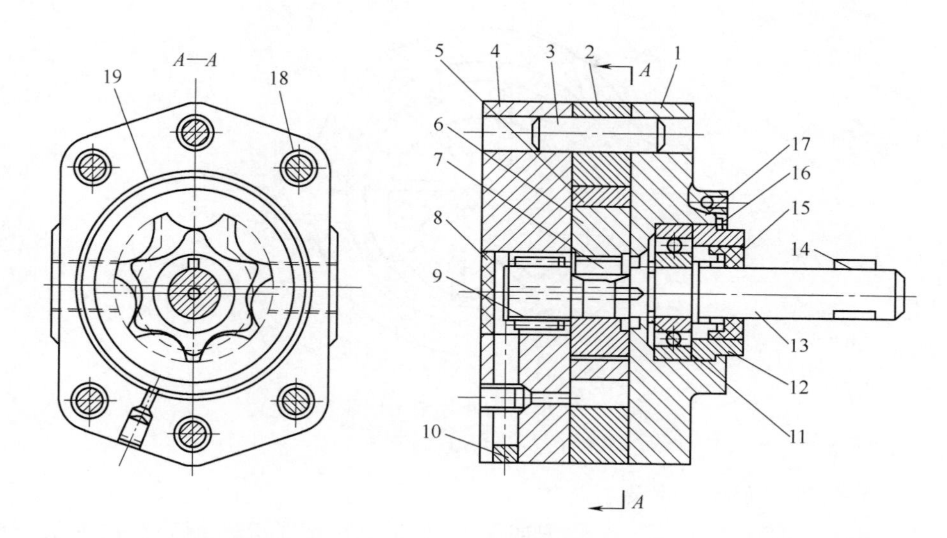

图 2-14 摆线齿轮泵结构

1—前泵盖；2—壳体；3—圆柱销；4—后泵盖；5—外转子；6—内转子；7,14—平键；8—压盖；9—滚针轴承；10—油堵；11—卡圈；12—法兰；13—泵轴；15—密封环；16—弹簧挡圈；17—轴承；18—螺栓；19—卸荷槽

2.2 叶片泵

叶片泵具有流量均匀、运转平稳、噪声低、体积小、重量轻、易实现变量等优点，在机床、工程机械、船舶和冶金设备中得到了广泛应用。中低压叶片泵的工作压力一般为 7MPa，高压叶片泵的工作压力可达 25～31.5MPa。叶片泵的缺点是对油液的污染较齿轮泵敏感；泵的转速不能太高，也不宜太低，一般可在 600～2500r/min 范围内使用；叶片泵的结构也比齿轮泵复杂；自吸性能没有齿轮泵好。叶片泵主要分为单作用（转子旋转一周完成吸、排油各一次）和双作用（转子旋转一周完成吸、排油各两次）两种形式。单作用叶片泵多为变量泵，双作用叶片泵均为定量泵。

2.2.1 叶片泵的工作原理

(1) 单作用叶片泵

单作用叶片泵的工作原理如图 2-15 所示。它主要由定子 1、转子 2、叶片 3、配油盘 4、泵体 5 等组成。定子内表面为圆柱形面，转子和定子不同心，其偏心距为 e。叶片装在转子的叶片槽内，可以在槽内灵活滑动。在转子转动时的离心力和通入叶片根部液压油的作用下，叶片顶部紧贴在定子的内表面，由两相邻叶片、配油盘、定子内表面和转子外表面形成了多个密封的工作容腔。当转子按图示方向旋转时，在图右半部分的叶片逐渐向外伸长，密封工作容腔增大，形成局部真空。通过吸油口和配油盘上的腰形窗口将液压油吸入。在图的左半部分，叶片逐渐缩进，密封容腔的工作容积减小，液压油通过配油盘上的腰形窗口和排油口输送到系统中去。为保证吸油腔与压油腔不互通，在配油盘的上部和下部两腰形窗口之间有一段封油区，将吸油腔和压油腔隔开。这种泵转子每转一转，吸油和压油各一次，故称为单作用叶片泵；转子体周围所受的液压力不平衡，使轴承产生很大的负荷，故又称为非平衡式泵；若改变偏心距 e 的大小，便可以改变排量，即成为变量泵。

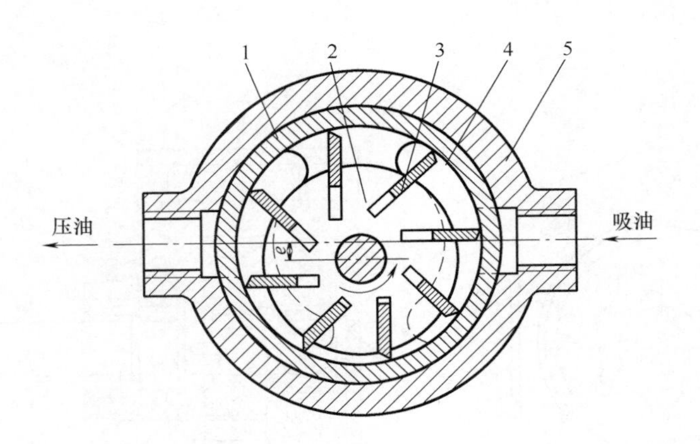

图 2-15 单作用叶片泵工作原理

1—定子；2—转子；3—叶片；4—配油盘；5—泵体

(2) 外反馈限压式变量叶片泵

外反馈限压式变量叶片泵的工作原理如图 2-16 所示，定子 5 左侧装有反馈液压缸，其油腔与泵出口相通，油缸的变量活塞 2 与定子 5 相连。定子 5 的右侧与弹簧 6 相连。转子 4 的中心 O_2 是固定的，定子 5 可以左右移动。当油压较低，变量活塞对定子产生的推力不能克服弹簧 6 的作用力时，定子被弹簧推在最左边的位置上，此时偏心量最大，泵输出流量也最大。变量活塞对定子的推力随油压升高而加大，当此推力大于弹簧 6 的预紧力时，定子向右偏移，偏心距减小。所以，当变量活塞对定子的推力大于弹簧预紧力时，泵开始变量，随着油压升高，输出流量减小。当工作压力达到某一极限值时，定子移到最右端位置，偏心量减至最小，使泵内偏心所产生的流量全部用于补偿泄漏时，泵的输出流量为零，此时，不管外负载再怎样加大，泵的输出压力也不会再升高，所以这种泵被称为外反馈限压式变量叶片泵。

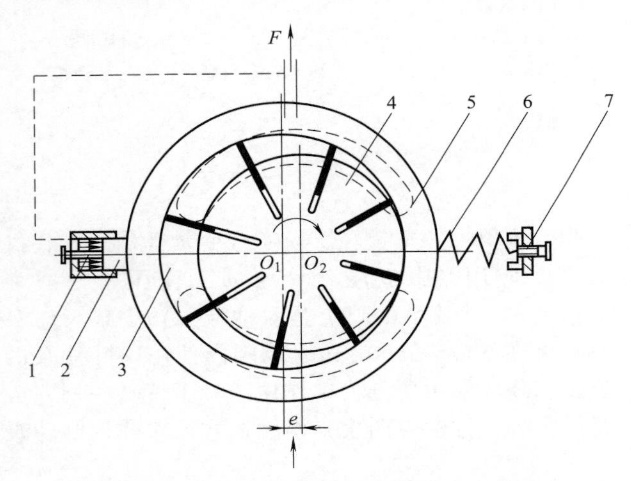

图 2-16 外反馈限压式变量叶片泵工作原理

1—调节螺钉；2—变量活塞；3—配油盘；4—转子；5—定子；6—弹簧；7—调压螺钉

限压式变量叶片泵与定量叶片泵相比，结构复杂，噪声较大，容积效率和机械效率也都较定量叶片泵低，但它可根据负载压力自动调节流量，合理利用功率，可减少油液发热。在要求液压系统执行元件有快速、慢速和保压阶段时，应采用变量叶片泵。

(3) 双作用叶片泵

双作用叶片泵的工作原理如图 2-17 所示。它主要由定子 1、转子 2 和叶片 3 等组成。转子与定子同心，定子内表面近似椭圆形，由两段长半径圆弧、两段短半径圆弧和四条过渡曲线组成。当转子按图示方向旋转时，叶片受离心力和叶片槽底部压力油的作用，紧贴在定子的内表面。当叶片在左上角和右下角时，相邻叶片之间的工作容腔逐渐增大而吸油；当叶片

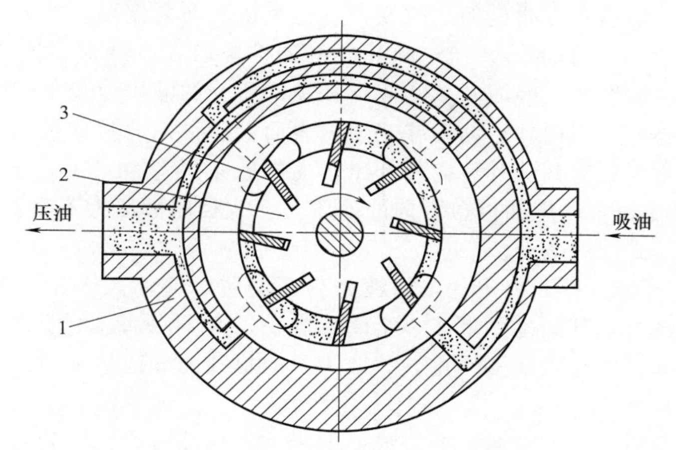

图 2-17　双作用叶片泵的工作原理

1—定子；2—转子；3—叶片

在右上角和左下角时，相邻两叶片之间的工作容腔减小而排油。转子每转一周，每个工作容腔完成两个吸、排液压油的循环，故称双作用叶片泵。因转子与定子同心，所以只能作为定量泵使用。泵的两个吸油区和压油区是对称布置的，作用在转子上的径向液压力是平衡的，所以又称为平衡式叶片泵。

2.2.2　叶片泵相关参数的确定

(1) 单作用叶片泵

单作用叶片泵的排量为各工作容腔在主轴旋转一周时所排出的液体的总和，如图 2-18 所示，两个叶片形成的一个工作容积 V 近似地等于扇形体积 V_1 和 V_2 之差，即

$$V=z(V_1-V_2)=z\times\frac{1}{2}B\beta[(R+e)^2-(R-e)^2]=4\pi ReB \tag{2-7}$$

式中　R——定子的内径；

e——转子与定子之间的偏心距；

B——叶片宽度；

β——相邻两个叶片间的夹角，$\beta=2\pi/z$；

z——叶片数。

当转速为 n，泵的容积效率为 η_V 时的泵的理论流量和实际流量分别为

$$q_1=Vn=4\pi ReBn \tag{2-8}$$

$$q=q_1\eta_V=4\pi ReBn\eta_V \tag{2-9}$$

单作用叶片泵的流量也是有脉动的，泵内叶片数越多，流量脉动率就越小，此外，奇数叶片的泵的脉动率比偶数叶片的泵的脉动率小，所以单作用叶片泵的叶片数均为奇数，一般为 13 片或 15 片。

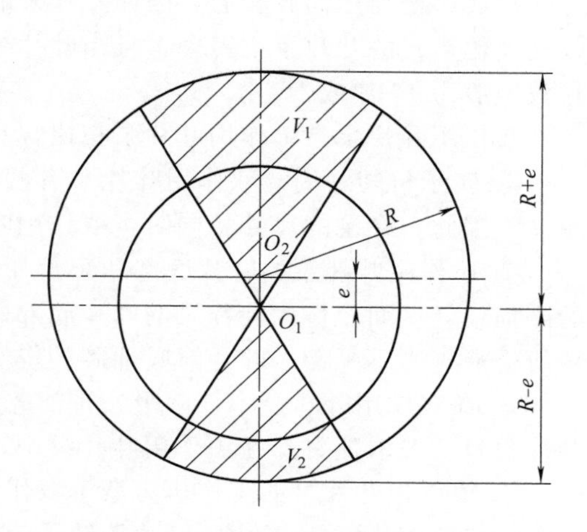

图 2-18　单作用叶片泵排量计算简图

单作用叶片泵具有以下结构特点：

① 改变定子和转子之间的偏心距 e 的大小，便可改变流量的大小，所以它是一种变量泵。改

变偏心的方向，吸、排油的方向也随之改变，它也可作双向泵使用。

② 为了减小叶片与定子间的磨损，叶片底部油槽采取在排油窗口通压力油、在吸油窗口与吸油腔相通的结构形式，因而叶片的底部和顶部所受的液压力是平衡的。这样，叶片仅靠旋转时所受的离心力作用向外运动顶在定子内表面上。根据力学分析，叶片相对转子旋转方向向后倾斜一定角度更有利于叶片向外伸出，通常后倾角为24°。

③ 由于转子上受到来自压油口单方向的液压力，故径向液压力不平衡，其轴承负载大，因此这种泵不宜用于高压的场合。

④ 为防止叶片泵吸、排油腔串通，过渡密封区的包角应略大于相邻两叶片的夹角，所以在两叶片位于此区时，其间也要形成一个闭死容积，产生困油。由于泵的偏心距不大，闭死容积的变化也不大，因此困油不严重，一般不采取单独的卸荷措施。

（2）双作用叶片泵

因为转子旋转一周，每个密封容腔完成两次吸油、压油过程，因此当定子的大圆弧半径为R、小圆弧半径为r、定子宽度为B、定子叶片数为z、两叶片间的夹角为$\beta=2\pi/z$（弧度）时，每个密封容腔排出的油液体积是半径为R和r、扇形角为β、宽度为B的两扇形体积之差的两倍。如果不考虑叶片厚度和叶片倾角的影响，双作用叶片泵的排量为

$$V=2z\times\frac{1}{2}\beta(R^2-r^2)B=2\pi(R^2-r^2)B \tag{2-10}$$

由于一般双作用叶片泵叶片底部全部接通压力油，同时考虑叶片的厚度及叶片安放的倾角，所以当叶片厚度为b、叶片倾角为θ时，双作用叶片泵的排量为

$$V=2\pi(R^2-r^2)b-2\frac{R-r}{\cos\theta}bzb=2b\left[\pi(R^2-r^2)-\frac{R-r}{\cos\theta}bz\right] \tag{2-11}$$

所以，当双作用叶片泵的转速为n，容积效率为η_V时，叶片泵的理论流量和实际输出流量分别为

$$q_1=Vn=2b\left[\pi(R^2-r^2)-\frac{R-r}{\cos\theta}bz\right]n \tag{2-12}$$

$$q=q_1\eta_V=2b\left[\pi(R^2-r^2)-\frac{R-r}{\cos\theta}bz\right]n\eta_V \tag{2-13}$$

双作用叶片泵受叶片厚度的影响，且长半径圆弧和短半径圆弧也不可能完全同心，又由于叶片底部槽与压油腔相通，因此叶片泵的输出流量将出现微小的脉动，但其流量不均匀系数比其他形式的叶片泵小得多，且当叶片数为4的整数倍时最小。因此，双作用叶片泵的叶片数一般为12片或16片。

双作用叶片泵与单作用叶片泵相比，具有以下特点：

① 转子每转一周，双作用叶片泵有两次吸油和压油，而单作用叶片泵只有一次吸油和压油，因此，在泵的尺寸相同时，双作用叶片泵的流量比单作用叶片泵的大。

② 单作用叶片泵的叶片底部和顶部所受的液压力基本上是平衡的，叶片对定子内表面的磨损较轻。而双作用叶片泵的叶片底部始终与高压油相通，因此在吸油腔内叶片底部与顶部所受液压力不平衡，叶片对吸油腔的定子内表面磨损比较严重。

③ 在双作用叶片泵中，因吸、排油腔和封油区都是对称的，为使转子所受液压力平衡，叶片数目一般取偶数。在单作用叶片泵中，为使泵的流量比较均匀，叶片数目一般取奇数。

④ 单作用叶片泵的工作压力低于双作用叶片泵的工作压力。

⑤ 在双作用叶片泵中，叶片按转子旋转方向往前倾斜一定角度。而在单作用叶片泵中，叶片按转子旋转方向往后倾斜一定角度。

2.2.3 叶片泵定子曲线

（1）定子曲线

定子曲线如图 2-19 所示。它由两段大半径为 R 的圆弧 b_1b_2 和两段小半径为 r 的圆弧 a_1a_2，以及圆弧间的四段过渡曲线 b_1a_2 和 a_1b_2 组成。理想的过渡曲线应保证叶片在转子槽中滑动时径向速度和加速度变化均匀，并且应使叶片在过渡曲线和圆弧交接点处的加速度突变较小，叶片顶部与定子内表面不产生脱空（叶片顶部短时间与定子内表面不接触），从而保证叶片对定子表面的冲击尽可能地小，对定子的磨损小，瞬时流量脉动小。

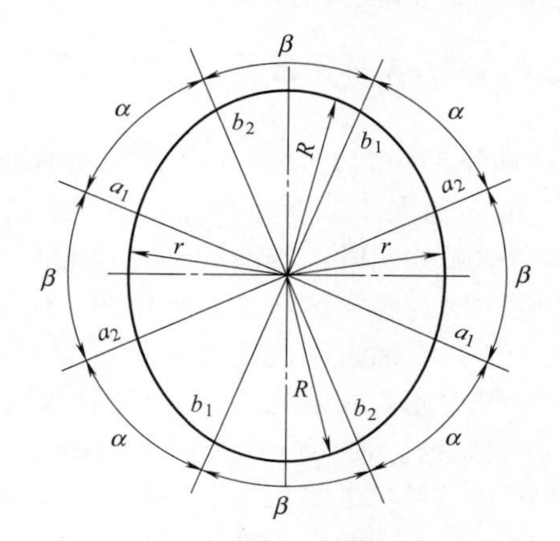

图 2-19 双作用叶片泵定子曲线

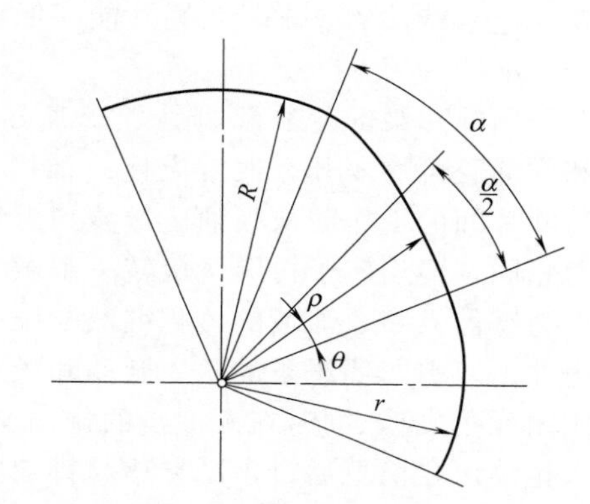

图 2-20 定子的过渡曲线

目前定子的过渡曲线有阿基米德螺线、等加速-等减速曲线等。

当采用阿基米德螺线时，由于叶片滑过过渡曲面的径向速度为常量，径向加速度为零，因此泵的瞬时流量脉动很小，但在过渡曲线与圆弧面连接处速度发生突然变化，从理论上认为加速度趋于无穷大，因此会造成叶片对定子的很大冲击——硬性冲击，使在连接处产生严重磨损和噪声，故近些年来很少采用。

双作用叶片泵的定子过渡曲线采用等加速-等减速曲线时，如图 2-20 所示。曲线的极坐标方程为

$$\rho=r+\frac{2(R-r)}{\alpha^2}\theta^2 \quad (0<\theta<\alpha/2) \tag{2-14}$$

$$\rho=2r-R+\frac{4(R-r)}{\alpha}\left(\theta-\frac{\theta^2}{2\alpha}\right) \quad (\alpha/2<\theta<\alpha) \tag{2-15}$$

式中 ρ——过渡曲线的极半径；

R，r——圆弧部分的大半径和小半径；

θ——极径的坐标极角；

α——过渡曲线的中心角。

由式（2-14）和式（2-15）得出叶片的径向速度和径向加速度，如图 2-21 所示。从图中可以看出，当 $0<\theta<\alpha/2$ 时，叶片的径向运动为等加速；当 $\alpha/2<\theta<\alpha$ 时，叶片的径向运动为等减速。在 $\theta=0$，$\theta=\alpha/2$，$\theta=\alpha$ 处，叶片运动的加速度仍有突变，但突变值远比阿基米德螺线小，所产生的是柔性冲击。柔性冲击所引起的惯性力和造成定子的磨损比硬性冲击小得多。所以我国设计的 YB 型双作用叶片泵定子过渡曲线采用等加速-等减速曲线。目前在国外有些叶片泵的定子采用高次曲线，它能充分满足叶片泵对定子曲线径向速度、加速度和

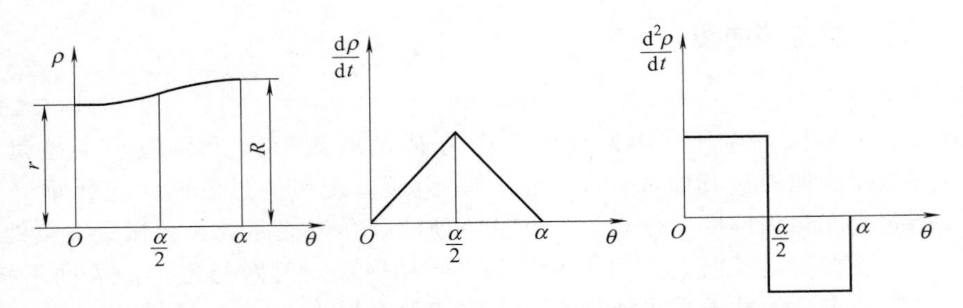

图 2-21　采用等加速-等减速过渡曲线时叶片的径向运动特征

加速度变化率特性的要求，为高性能、低噪声、高寿命的叶片泵广泛采用。

（2）配油盘

双作用叶片泵的配油盘如图 2-22 所示，吸油窗口和排油窗口之间为封油区，为保证吸油腔和排油腔可靠隔开，通常应使封油区对应的中心角 β 稍大于或等于两个叶片之间的夹角。当叶片间的工作腔从吸油区过渡到封油区（大半径圆弧处）时，其油液压力基本上与吸油压力相同，但当转子再继续旋转一个微小角度时，使该密封腔突然与排油腔相通，使其中油液压力突然升高，油液的体积突然被压缩，排油腔中的高压油瞬间倒流进该腔，产生很大的压力冲击，引起液压泵的压力脉动和噪声。为此在定子过渡曲线变化角 α 的范围内设置有预升压闭死角 $\Delta\varphi$，同时在配油盘的排油窗口端部开有减振槽，使两叶片之间的封闭油液在未进入排油区之前就通过该减振槽与排油腔的压力油相通，和机械闭死压缩共同作用，使其压力逐渐上升到排油压力后再和排油腔接通，减小配油时的压力冲击，减缓压力脉动，降低噪声。最常用的减振槽结构是截面形状为三角形的三角槽。另外，为防止处于排油区的叶片发生脱空现象，将配油盘上用于把叶片底部和输出压力沟通的环形槽分隔为两部分，在两者之间开一个节流槽。叶片做向心运动时，其底部所排出的油液通过节流槽的作用排出，油压可略高于叶片顶部压力，有利于防止叶片的脱空。

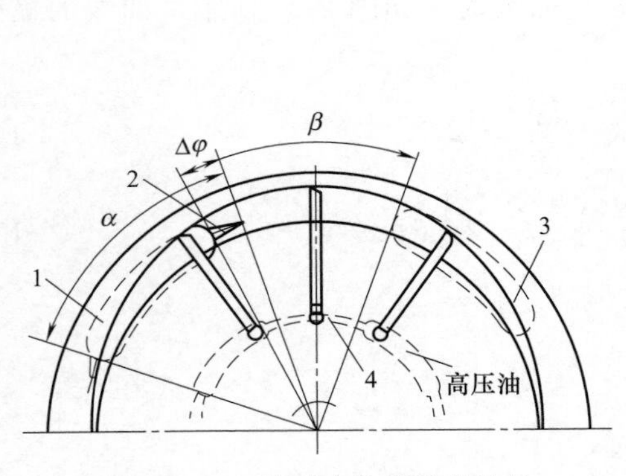

图 2-22　双作用叶片泵的配油盘

1—排油窗口；2—减振槽；3—吸油窗口；4—节流槽

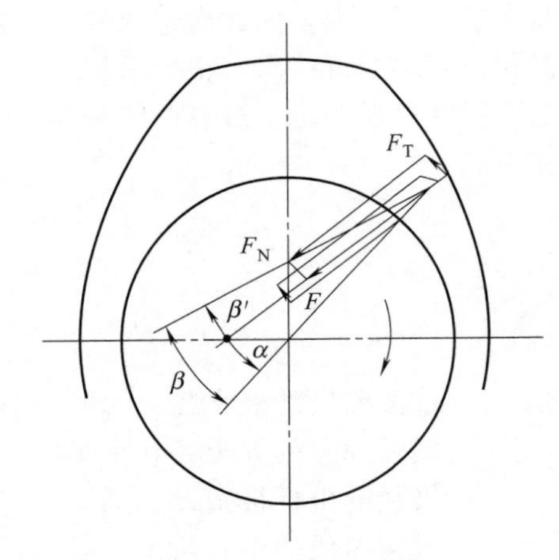

图 2-23　叶片的倾角

（3）叶片倾角

叶片在转子中放置时应当有利于叶片在转子的槽中滑动，并且叶片对定子及转子槽的磨损要小。叶片在工作过程中，受到离心力和叶片底部压力油的作用，使叶片紧密地与定子接触。设当叶片转至压油区时，定子内表面给叶片顶部反作用力为 F_N，其方向为沿定子内表面曲线的法向，该力可分解为两个力，即与叶片垂直的力 F_T 和沿叶片槽方向的力 F，如图 2-23 所示。其中 F_T 力的作用使叶片与转子槽侧壁产生很大的摩擦力，并且容易使叶片折断。F_T 力的大小取决于压力角 β（即作用力 F_N 方向与叶片运动方向的夹角）的大小，压力角越大则 F_T 力越大。当转子槽按旋转方向倾斜 α 角时，可使原径向排置叶片的压力角 β 减小为 β'，这样就可以减小与叶片垂直的力 F_T，使叶片在转子槽中移动灵活，减少磨损。由于不同转角处的定子曲线的法线方向不同，由理论和实践得出，一般叶片倾角 α 为 $10°\sim14°$。

2.2.4 几种典型叶片泵

2.2.4.1 单作用变量叶片泵

前已述及，基于泵的转子中心和定子环中心之间偏心距 e 的大小和方向可以改变，故单作用叶片泵经常制成变量泵。而偏心距可以用平移或摆动的方式改变，从而调节泵的排量。单作用变量叶片泵有手动变量、压力补偿变量、双向液控变量以及恒流量等多种变量方式，其中压力补偿变量叶片泵应用较为普遍。压力补偿变量叶片泵有内反馈限压式和外反馈限压式两种常见的结构。

(1) 内反馈限压式变量叶片泵

图 2-24 所示为内反馈限压式变量叶片泵结构。除定子环 5、转子 3 和叶片 4 等零件外，泵内还增设有压力、流量和噪声的调整机构。在调压弹簧 7 压力调定的情况下，当泵的工作压力达到一定值后，流量会随压力的增加而减小，直至为零。因油压从泵腔内控制流量变化，故称内反馈式泵。如图 2-25 所示为其变量原理，由于压油窗口的对称线相对 Oy 轴偏斜一个角度α，油压对定子内表面的压力 F 会产生一个水平分力 F_x 作用在调压弹簧上，因 F_x 与油压成正比，当油压上升，使 F_x 超过弹簧的调定压力后，弹簧就被压缩，偏心距 e 就减小，使流量随之变小。如图 2-26 所示为这种泵的压力-流量特性曲线，通过流量调节螺钉可以改变 AB 线的高低（即改变最大流量），改变弹簧的压缩量可以改变限压压力 p_B 及最大压力 p_{max} 值，改变弹簧的刚度可以改变 BC 的斜率。

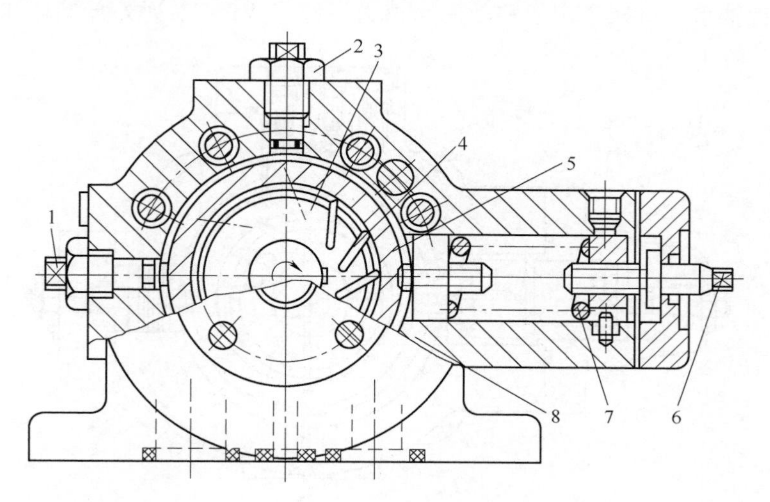

图 2-24 内反馈限压式变量叶片泵结构

1—流量调节螺钉；2—噪声调节螺钉；3—转子；4—叶片；5—定子环；6—压力调节螺钉；7—调压弹簧；8—壳体

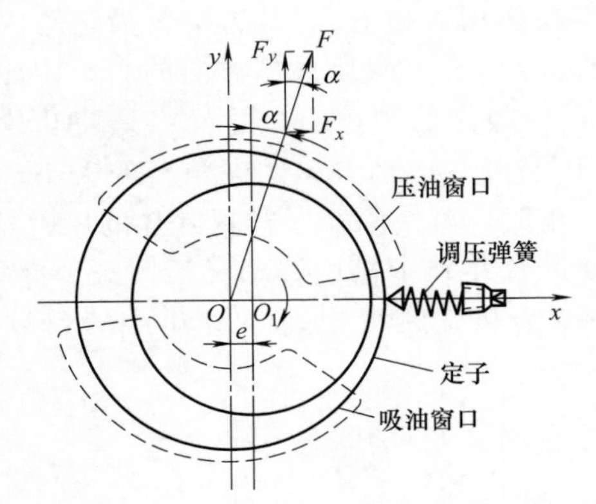

图 2-25 内反馈限压式变量叶片泵的变量原理

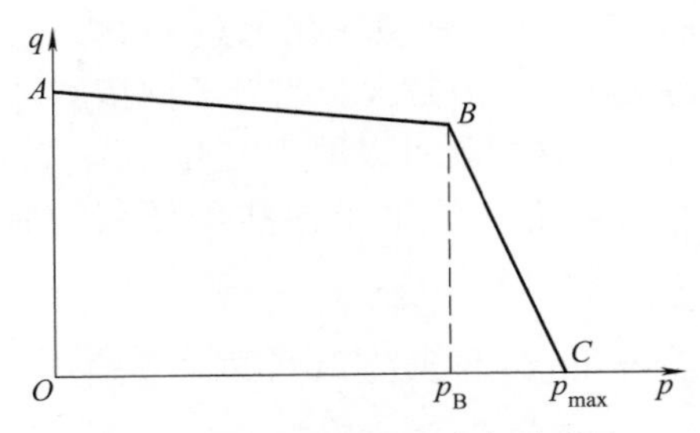

图 2-26 内反馈限压式变量叶片泵的压力-流量特性曲线

YBN 型变量叶片泵即属于此类泵（其额定压力为 7MPa），其实物外形如图 2-27 所示。

图 2-27 YBN 型内反馈限压式变量叶片泵实物外形

（2）外反馈限压式变量叶片泵

如图 2-28 所示，外反馈限压式变量叶片泵的吸、压油腔对称分布在定子 3 和转子 5 中心线的两侧，因而，作用在定子环上的液压力不产生调节力。外来控制压力通过泵腔外的控制活塞 7 克服限压弹簧 10 的弹力及定子移动的摩擦力推动定子环，改变它对转子的偏心距，从而实现变量。压力调节螺钉 11 用于调节作用在定子上的弹簧力，即调节泵的限定压力。流量调节螺钉 6 用于调节定子环与转子间的最大偏心距 e_0，而 e_0 决定了泵的最大流量 q_{max}。所以这种泵是利用压油口压力油在柱塞缸上产生的作用力与限压弹簧弹力的平衡关系进行工作的。由于定子环的偏心量由设在泵腔外的控制活塞 7 改变，故称外反馈式泵。定子外的衬圈 2 控制转子与侧板的合理间隙，以保证有较高的容积效率和机械效率，又可以使定子移动的调节灵敏度增加；压油侧外面用滑块 9 定位，滑块上设有滚针轴承，可减小定子移动的摩擦力。国产 YBX 系列外反馈限压式变量叶片泵

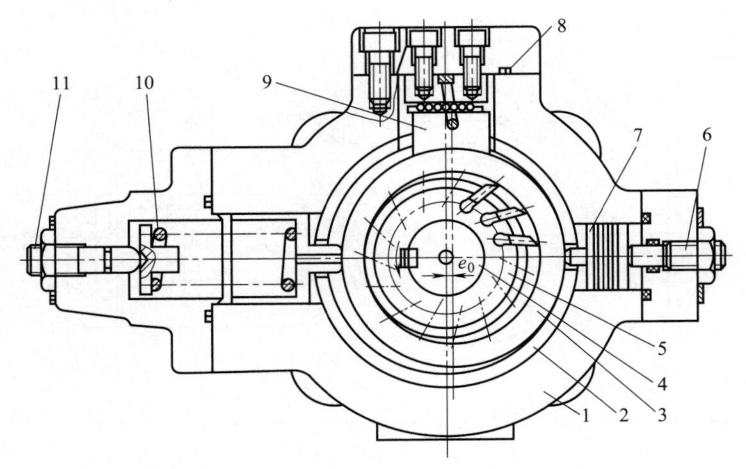

图 2-28 外反馈限压式变量叶片泵结构

1—壳体；2—衬圈；3—定子；4—泵轴；5—转子；6—流量调节螺钉；7—控制活塞；8—滚针轴承；9—滑块；10—限压弹簧；11—压力调节螺钉

即为此结构，其实物外形如图 2-29 所示，其压力调节范围为 2.0～6.3MPa，排量调节范围为 0～40mL/r，额定转速为 1450r/min。

为了同时满足不同回路的压力及流量需求，可将两个变量叶片泵合为一体，构成双联变量叶片泵（图 2-30），并由一台原动机通过共同的传动轴驱动。采用双联变量叶片泵对于简化油路设计，提高可靠性，特别是使功率得到合理运用，以达到节能目的，具有重要意义。

图 2-29 YBX 系列外反馈限压式变量叶片泵实物外形

(a) 单联变量叶片泵

(b) 双联变量叶片泵

图 2-30 用单联变量叶片泵构成双联变量叶片泵（V 系列）

2.2.4.2 双作用叶片泵

(1) YB_1 系列双作用定量叶片泵

该系列双作用定量叶片泵是在我国最早引进苏联 HY02 技术生产的 YB 型叶片泵基础上经改进设计而成的液压泵，其结构如图 2-31 所示。该系列泵由左壳体 1、右壳体 4、转子 8、叶片 9、定子 7、左配油盘 2、右配油盘 3、泵盖 5 及传动轴 6 等构件组成。右配油盘上的 O 形密封圈可有效防止轴端泄漏，密封可靠。泵的左、右配油盘及定子、转子和叶片可先组装成一个部件（简称为泵芯）装入壳体。此组合部件由两个紧固螺钉提供初始预紧力，以便泵启动时能建立起压力。建立压力后，配油盘和定子组件靠右配油盘右侧的液压力压紧，压紧

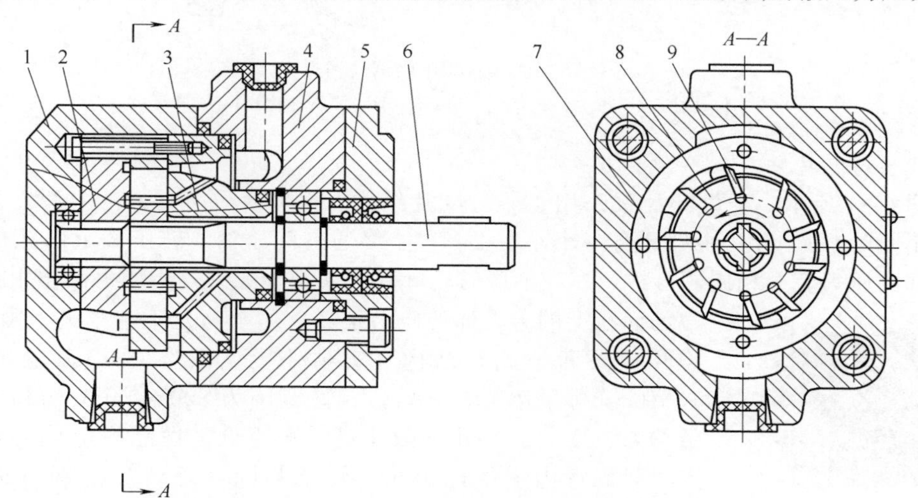

图 2-31 YB_1 系列双作用定量叶片泵结构

1—左壳体；2—左配油盘；3—右配油盘；4—右壳体；5—泵盖；6—传动轴；7—定子；8—转子；9—叶片

力随压力增大而增大，自动补偿轴向间隙，保证泵有较高的容积效率。YB_1 系列叶片泵可反转，任意两个不同排量的单泵可组成双联泵，单、双联泵共有 119 个不同规格，单泵最大排量为 100mL/r，额定压力为 7MPa。结构简单，压力脉动和噪声小，寿命长。图 2-32 所示为 YB_1 系列叶片泵（单泵）的实物外形。YB-D 系列叶片泵的结构基本与 YB_1 系列泵相同，只是其定子进行了氮化处理，壳体壁厚加大，额定压力增加到 10MPa，其实物外形如图 2-33 所示。

图 2-32 YB_1 系列双作用叶片泵实物外形

图 2-33 YB-D 系列双作用叶片泵实物外形

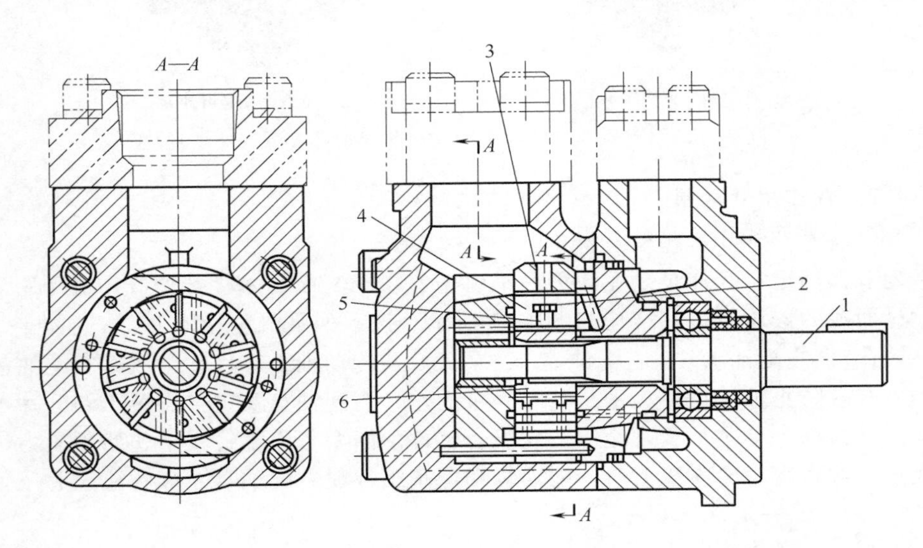

图 2-34 子母叶片泵结构

1—传动轴；2—小腔；3—定子；4—母叶片；5—子叶片；6—转子

（2）子母叶片泵

如图 2-34 所示，子母叶片泵采用了子母叶片结构，母叶片（大叶片）4 里装有一个子叶片（小叶片）5，叶片中部开有一个小腔 2，它始终通有高压油。转子 6 上的孔使叶片顶部和底部的压力完全相同。这样，在吸油区时，叶片压向定子的力等于压力油作用在子叶片端面面积上的力。即使压力很高，这个力也不会很大。国产 YB-E 型叶片泵即为此类结构（实物外形见图 2-35），其额定压力为 16MPa，排量达 125mL/r，转速范围为 800～1500r/min，具有流量均匀、压力脉动小、效率高、噪声低、性能稳定、寿命长等优点，只需将内卡中的定子、转子与叶片翻转 180°即可进行反向运转。

图 2-35 YB-E 型子母叶片泵实物外形

（3）柱销式叶片泵

如图 2-36 所示为柱销式叶片泵的结构。在叶片底部装有一个小柱销4，压力油始终通在柱销底部，而叶片3的顶部与底部的油压通过转子1的孔道随时保持一致，从而使叶片作用在定子2上的力仅为压力油作用在小柱销上的力加上叶片与柱销的离心力。引进意大利阿托斯（Atos）公司技术生产的PFE系列柱销式叶片泵即属于此类泵（实物外形如图2-37所示），其定子、转子、叶片、柱销和配油盘可单独组成一个泵芯部件，整体装入前、后泵盖内；配油盘采用双侧浮动压力补偿轴向间隙式，以获取较高容积效率。此系列泵的工作压力可达21MPa，有的高达32MPa。

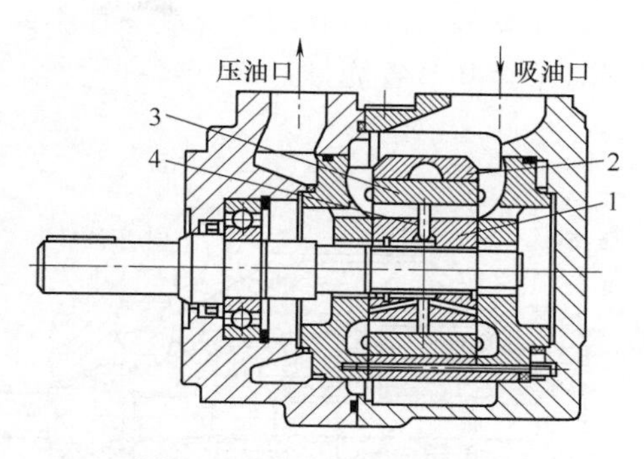

图2-36　柱销式叶片泵结构
1—转子；2—定子；3—叶片；4—柱销

（4）凸轮转子叶片泵

如图2-38所示为凸轮转子叶片泵结构。为了减小输出流量的脉动，双作用泵除凸轮上采用专门的过渡曲面外，由装于公共泵轴1上的相位相差90°的两个凸轮转子-定子副2和4组合而成，两个单元间用隔板3分开，但相通。这样的泵两组工作容积互相补偿，且没有困油现象，流量脉动和噪声都很小。

这种泵结构相当简单，无需专用的配油机构，前、后盖只起端面密封作用，但也可与齿轮泵一样设置轴向间隙补偿部件。由于具备这些优点，近年来的发展较快，应用越来越多。其主要缺点是不能无级变量和工作压力略低（可达21MPa）。美国萨澳-桑斯川特（Suer-Sundstrand）公司的凸轮转子叶片泵即为此种结构。

图2-37　PFE系列柱销式叶片泵实物外形

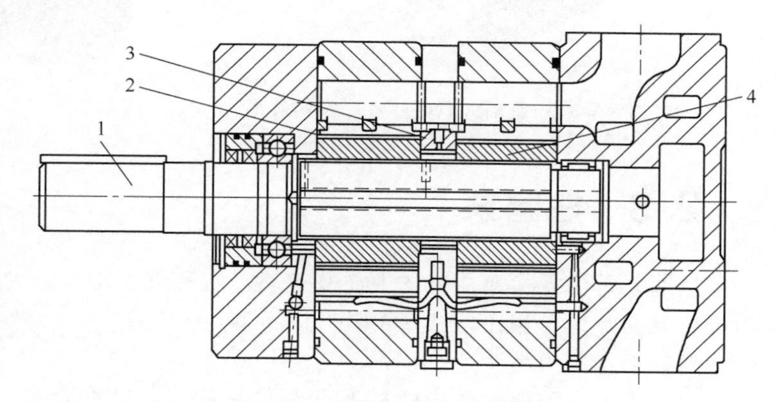

图2-38　凸轮转子叶片泵结构
1—公共泵轴；2,4—凸轮转子-定子副；3—隔板

（5）双联叶片泵

几乎所有形式的单叶片泵都可以组合成为双联泵结构，但组合形式又有所区别。常见的结构组合形式有通轴式和法兰式两种。

如图2-39所示为通轴式双联叶片泵结构。在一个泵壳4内的一根传动轴1的两端，分别装有两个转子2和3，形成排量不同的大小泵且两者共用一个吸油口，但压油口分开［图2-39（a）的吸、压油口均布置在泵壳的上方；而图2-39（b）的吸油口布置在泵壳的下方，压油口布置在泵壳的上方］。

如图2-40所示为一种通轴式双联叶片泵的实物外形。法兰式是将两台独立单泵通过连接法兰直接组合成双联泵，其实物外形如图2-41所示。

双联泵可借助控制阀组合成三种不同的流量，以满足液压系统执行元件快慢速对流量的不同需求，并节省能量。

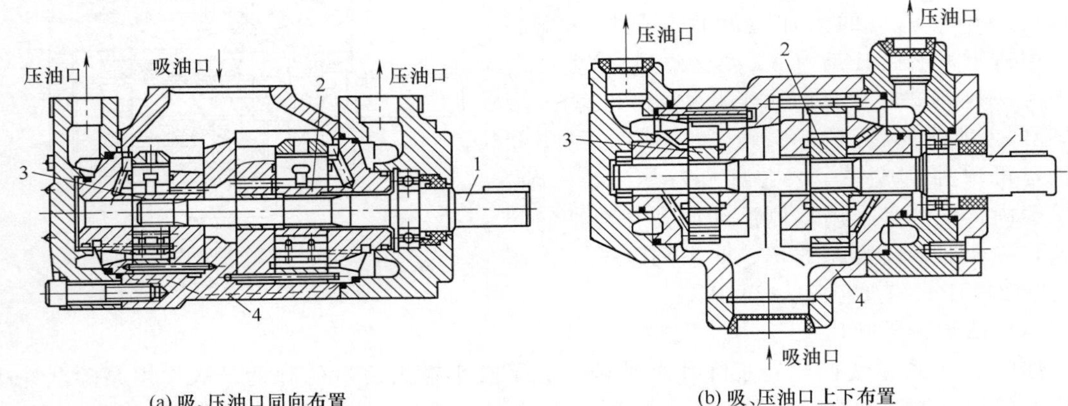

图 2-39 通轴式双联叶片泵结构

1—传动轴；2,3—转子；4—泵壳

图 2-40 PVV 系列通轴式双联叶片泵实物外形

图 2-41 T 系列法兰式双联叶片泵实物外形

2.3 柱塞泵

柱塞泵是依靠柱塞在缸体中往复运动，使密封工作容腔发生变化来实现吸油和压油的。与齿轮泵和叶片泵相比，柱塞泵具有以下特点。

(1) 工作压力高

由于密封容腔由缸体中的柱塞孔和柱塞构成，其配合表面质量和尺寸精度容易达到要求，所以柱塞泵密封性好，结构紧凑，容积效率高。此外，柱塞泵的主要零件在工作中处于受压状态，故使零件材料的力学性能得到了充分利用，所以零件强度高。基于上述两点，这类泵工作压力一般为 20～40MPa，最高可达 1000MPa。

(2) 易于变量

只要改变柱塞行程就可改变液压泵的流量，并且易于实现单向或双向变量。

(3) 流量范围大

只要改变柱塞直径或数量，就可得到不同的流量。

但柱塞泵还存在着对油污染敏感、滤油精度要求高、结构复杂、加工精度高、价格较昂贵等缺点。

从以上的特点可以看出，柱塞泵具有额定压力高、结构紧凑、效率高及流量调节方便等优点。所以柱塞泵常用于高压、大流量和流量需要调节的场合，如液压机、工程机械、龙门刨床、拉床、船舶等设备的液压系统。

柱塞泵按其柱塞排列方向不同，可分为径向柱塞泵和轴向柱塞泵两大类。

2.3.1 柱塞泵的工作原理

2.3.1.1 轴向柱塞泵的工作原理

（1）斜盘式轴向柱塞泵

如图 2-42 所示为斜盘式轴向柱塞泵工作原理。斜盘式轴向柱塞泵由传动轴 5、斜盘 1、柱塞 2、泵体 3 和配油盘 4 等主要零件组成。传动轴带动泵体和柱塞一起旋转，而斜盘和配油盘是固定不动的。柱塞均布于泵体内，且柱塞头部靠机械装置或在低压油作用下紧压在斜盘上。斜盘的法线和缸体的轴线交角为斜盘的倾斜角，设该角度为 γ。当传动轴按图示方向旋转时，柱塞一方面随泵体转动，另一方面还在机械装置或低压油的作用下，在泵体内做往复运动。柱塞在其自下而上的半圆周内旋转时逐渐向外伸出，使泵体内孔和柱塞形成的密封工作容积不断增加，产生局部真空，从而将油箱中的油液经配油盘上的吸油窗口 a 吸入；柱塞在其自上而下的半圆周内旋转时逐渐压入泵体内，使密封工作容积不断减小，将油液从配油盘上的压油窗口 b 向外压出。泵体每旋转一周，每个柱塞往复运动一次，完成吸、压油各一次。如果改变斜角的大小，就能改变柱塞的行程，也就改变了泵的排量；如果改变斜角的方向，就能改变吸、压油的方向，此时就成为双向变量泵。

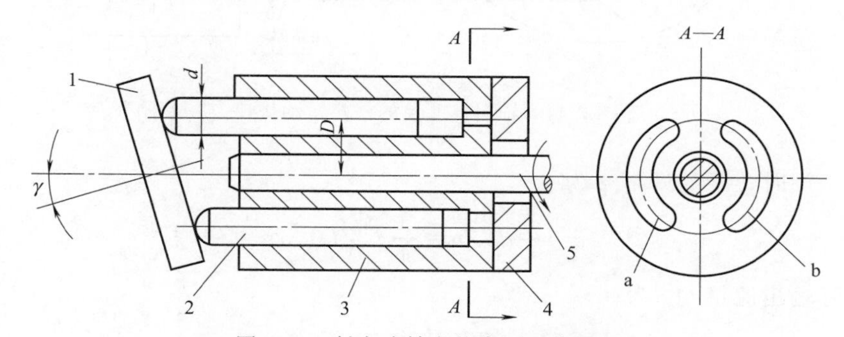

图 2-42 斜盘式轴向柱塞泵工作原理

1—斜盘；2—柱塞；3—泵体；4—配油盘；5—传动轴；a—吸油窗口；b—压油窗口

（2）斜轴式轴向柱塞泵

图 2-43 为斜轴式轴向柱塞泵工作原理。这种泵的缸体中心线相对于传动轴倾斜一个角

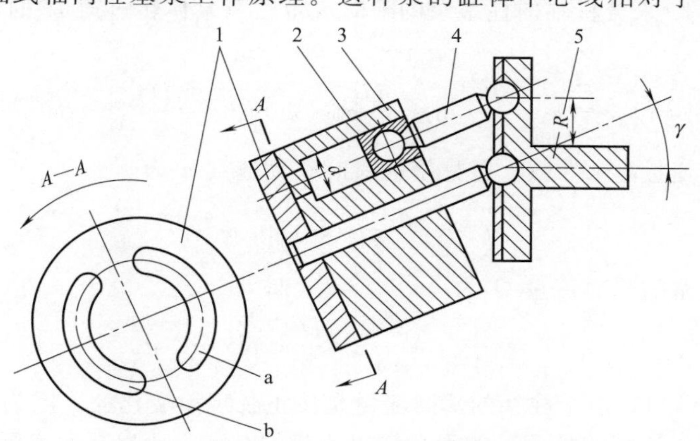

图 2-43 斜轴式轴向柱塞泵工作原理

1—平面配油盘；2—柱塞；3—泵体；4—连杆；5—传动轴；a—吸油窗口；b—压油窗口

度，所以称为斜轴式轴向柱塞泵。当传动轴 5 旋转时，带动与其相连接的连杆 4 一起旋转。连杆便带动柱塞 2 和泵体 3 一同旋转，同时推动柱塞在泵体中做往复运动，使由柱塞和泵体内孔组成的密封工作容积发生变化，并利用固定不动的平面配油盘 1 的吸油窗口 a 和压油窗口 b 完成吸油和压油过程。如果改变泵体的倾斜角 γ，就能改变泵的排量；如果改变泵体的倾斜角 γ 的方向，就能改变吸、压油的方向，此时就成为双向变量泵。

（3）轴向柱塞泵的排量和流量计算

根据轴向柱塞泵的柱塞运动规律可求出其排量和流量。如图 2-44 所示，设柱塞直径为 d，柱塞数为 Z，柱塞中心分布圆直径为 D，斜盘倾角为 γ，则柱塞行程 h 为

$$h=D\tan\gamma \tag{2-16}$$

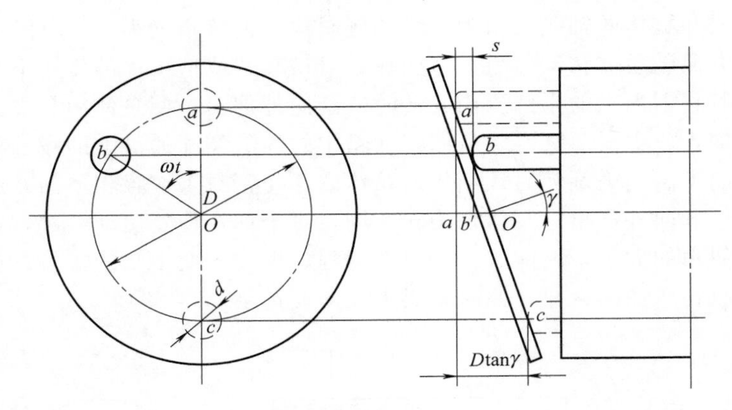

图 2-44 轴向柱塞泵的柱塞运动规律

泵体转一周时，泵的排量 q 为

$$q=\frac{\pi}{4}d^2Zh=\frac{\pi}{4}d^2ZD\tan\gamma \tag{2-17}$$

泵的实际输出流量 Q_B 为

$$Q_B=\frac{\pi}{4}d^2ZD\tan\gamma n\eta_{BV} \tag{2-18}$$

式中 n——泵的转速；

η_{BV}——泵的容积效率。

下面利用图 2-44 来分析轴向柱塞泵的瞬时流量。当泵体转过角 ωt 时，柱塞由 a 转至 b，则柱塞位移量 s 为

$$s=a'b'=Oa'-Ob'=\frac{D}{2}\tan\gamma-\frac{D}{2}\cos(\omega t)\tan\gamma=\frac{D}{2}[1-\cos(\omega t)]\tan\gamma \tag{2-19}$$

将上式对时间变量 t 求导数，得柱塞的瞬时移动速度 u 为

$$u=\frac{\mathrm{d}s}{\mathrm{d}t}=\frac{D}{2}\omega\tan\gamma\sin(\omega t) \tag{2-20}$$

所以，单个柱塞的瞬时流量 Q' 为

$$Q'=\frac{\pi d^2}{4}u=\frac{\pi d^2}{4}\times\frac{D}{2}\omega\tan\gamma\sin(\omega t) \tag{2-21}$$

由式（2-21）可知，单个柱塞的瞬时流量是按正弦规律变化的。因为整个泵的瞬时流量是几个柱塞（处在压油区的柱塞）的瞬时输出流量的总和，所以泵的实际输出流量也是脉动的。经理论推导，其流量的脉动率 δ_Q 为

$$\delta_Q=\frac{\pi}{2Z}\tan\frac{\pi}{4Z}\text{（当 }Z\text{ 为奇数时）} \quad (2\text{-}22)$$

$$\delta_Q=\frac{\pi}{2Z}\tan\frac{\pi}{2Z}\text{（当 }Z\text{ 为偶数时）} \quad (2\text{-}23)$$

δ_Q 与 Z 的关系如表 2-1 所示。从表中数值可知，为了减小 δ_Q 值，首先应采用奇数柱塞，然后尽量选取较多的柱塞。这就是柱塞泵的柱塞数量采用奇数的原因。从结构和工艺考虑，多采用 $Z=7$ 或 $Z=9$。

表 2-1 流量的脉动率 δ_Q 与柱塞数 Z 的关系

Z	3	4	5	6	7	8	9	10	11	12	13
δ_Q/%	14	32.5	4.98	13.9	2.53	7.8	1.53	5.0	1.02	3.45	0.73

2.3.1.2 径向柱塞泵的工作原理

柱塞相对于传动轴轴线径向布置的柱塞泵称为径向柱塞泵。径向柱塞泵的工作原理：通过柱塞的径向位移，改变柱塞封闭容积的大小进行吸油和排油。按其配油方式（吸油和排油）的不同，径向柱塞泵又可分为配油轴式和配油阀式两种结构形式。

（1）配油轴式径向柱塞泵

配油轴式径向柱塞泵的结构及工作原理如图 2-45 所示。在转子 3 上径向均匀分布着数个柱塞孔，孔中装有柱塞 1，靠离心力的作用（有些结构是靠弹簧或低压补油的作用）使柱塞 1 的头部顶在定子 2 的内壁上；转子 3 的中心与定子 2 的中心之间有一个偏心距 e。在固定不动的配油轴 5 上，相对于柱塞孔的部位有上下两个相互隔开的配油腔，该配油腔又分别通过所在部位的两个轴向孔与泵的吸、排油口连通。当传动轴带动转子 3 转动时，由于定子 2 和转子 3 间有偏心距 e，所以柱塞 1 在随转子 3 转动时，又在柱塞孔内做往复运动。当转子 3 顺时针转动时，柱塞 1 绕经上半周时向外伸出，柱塞腔的容积逐渐增大，通过配油衬套 4 上的油口从轴向孔吸油；当柱塞转到下半周时，定子内壁将柱塞向里推，柱塞底部的工作容积逐渐减小，通过配油轴 5 向外排油。

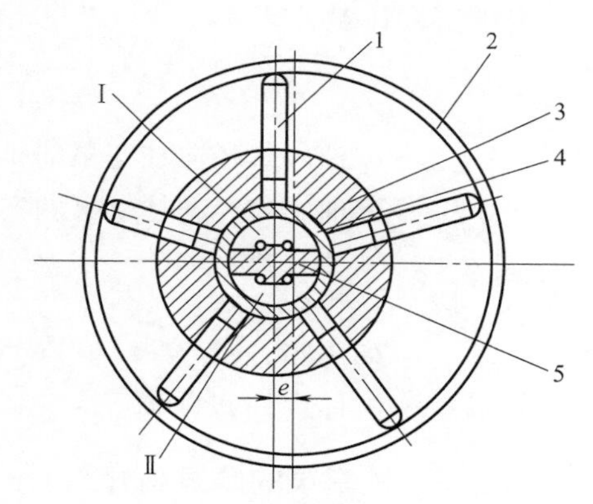

图 2-45 配油轴式径向柱塞泵结构及工作原理

1—柱塞；2—定子；3—缸体（转子）；4—配油衬套；5—配油轴

移动定子，改变偏心距 e 就可改变泵的排量，当移动定子使偏心距从正值变为负值时，泵的吸、排油口就互相调换，因此径向柱塞泵可以是单向变量泵，也可以是双向变量泵。为了使流量脉动尽可能小，通常采用奇数柱塞。为了增加流量，径向柱塞泵有时将缸体沿轴线方向加宽，将柱塞做成多排形式的，对于排数为 i 的多排形式的径向柱塞泵，其排量和流量分别为单排径向柱塞泵排量和流量的 i 倍。

（2）配油阀式径向柱塞泵

配油阀式径向柱塞泵的工作原理如图 2-46 所示。柱塞 2 在弹簧 3 的作用下始终紧贴偏心轮 1（和主轴做成一体），偏心轮每转一周，柱塞就完成一个往复行程。当柱塞向下运动时，柱塞缸 6 的容积增大，形成真空，将进油阀 5 打开，从油箱吸油，此时压油阀因压力作用而关闭；当柱塞向上运动时，柱塞缸 6 的容积减小，油压升高，油液冲开压油阀 4 进入工作系统，此时进油阀 5 因油压作用而关闭。这样偏心轮不停地旋转，泵也就不停地吸油和排油。

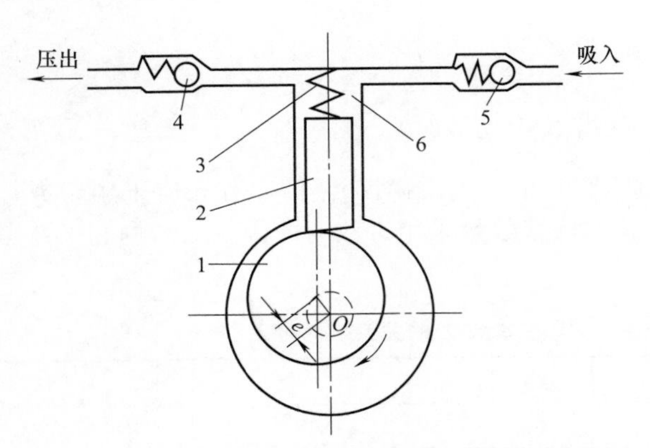

图 2-46 配油阀式径向柱塞泵工作原理图

1—偏心轮；2—柱塞；3—弹簧；4—压油阀；5—进油阀；6—柱塞缸

这种泵采用阀式配油，没有相对滑动的配合面，柱塞受侧向力也较小，因此对油的过滤要求低，工作压力比较高，一般可达 20～40MPa。而且耐冲击，使用可靠，不易出故障，维修方便。采用阀式配油密封可靠，因而容积效率可达 95%以上。但泵的吸、排油对于柱塞的运动有一定的滞后，泵转速愈高时滞后现象愈严重，导致泵的容积效率急剧降低，特别是进油阀，为减小吸油阻力，弹簧往往比较软，滞后更为严重。因此这种泵的额定转速不高，另外这种泵变量困难，外形尺寸和重量都较大。

径向柱塞泵的排量可参照轴向柱塞泵和单作用叶片泵的计算方法计算。

泵的排量为

$$V_p=\frac{1}{2}\pi d^2 ezk \tag{2-24}$$

泵的实际流量公式为

$$q_p=\frac{1}{120}\pi d^2 ezkn_p\eta_{pV} \tag{2-25}$$

式中 V_p——配油阀式径向柱塞泵的排量，m^3/r；

q_p——配油阀式径向柱塞泵的实际流量，m^3/s；

d——柱塞直径，m；

z——单排柱塞数；

e——偏心距，m；

k——缸体内柱塞排数。

2.3.2 柱塞泵的摩擦副介绍

柱塞泵的许多关键零件都处于高相对速度、高接触比压的相对摩擦工况。为提高元器件的性能和工作寿命，必须处理好这些摩擦副，通常采用如下措施。

(1) 合理设计结构，减小摩擦副的比压

例如轴向柱塞泵的柱塞在缸体中做往复运动，均为具有相对运动的摩擦副。在工作中，柱塞受较大的横向力，因而摩擦副的接触比压较大。为减小其接触比压，在进行柱塞尺寸公差设计时，通常在考虑了热膨胀变形后保证摩擦副能灵活相对运动的前提下，两零件间还应保持尽可能小的间隙。这样，摩擦副的接触为面接触，避免了点接触或线接触，从而使接触比压降低。

同时，限制柱塞伸出缸体部分的长度。一般在极限情况下，柱塞伸出缸体部分的长度不超过其留在缸体内部的长度的一半。因而当柱塞承受横向力时，摩擦副的接触应力较小。为限制柱塞的横向力，斜盘式轴向柱塞泵的斜盘倾角不超过 20°。与滑阀运动的液压卡紧力类似，柱塞泵的柱塞和缸体间也具有液压卡紧力。因而需通过在柱塞外圆柱表面开均压槽的办法来减小液压卡紧力。

(2) 选用合适的耐磨材料和热处理方法

通常摩擦副的对磨表面都应具有较高的硬度或较好的耐磨性。例如柱塞泵的柱塞均用优质合金钢，淬火处理，而缸体则采用耐磨的合金铜。在某些场合还可以采用适当的耐磨液压油，以提高摩擦副的抗磨性能。

(3) 采用静压平衡以降低摩擦副间的接触比压

例如轴向柱塞泵的柱塞-滑靴组件和斜盘之间存在很大的压紧力。图 2-47 为其静压平衡工作原理。当柱塞处于排油工况时，其头部液压力为 p。考虑到斜盘的倾角，柱塞对斜盘的液压压紧力为 $F_N=\pi d^2 p/(4\cos\gamma)$。为平衡其压紧力，在柱塞和滑靴中设置一小孔，使高压油进入滑靴和斜盘间的接触面。由于小孔的节流作用，此接触面上的油压为 p_N，$p_N<p$。考虑到滑靴和斜盘的接触面间隙的泄漏，滑靴底部的压力分布如图 2-47 所示，此处的液压力形成反推力 F_{Nf}。只要选择适当的 d_5 和 d_6，就能使柱塞端部的液压压紧力 F_N 略大于滑靴底部的液压反推力 F_{Nf}，这就是静压平衡原理。如果由于种种原因，柱塞对于斜盘的压紧力 F_N 增加，则滑靴和斜盘间的油膜厚度就减小，泄漏量也因此减小，通过柱塞中间的节流孔的流量减小，节流孔两端压差降低，因而间隙处油压 p_N 提高，使反推力 F_{Nf} 增加，柱塞-滑靴达到新的平衡。正确的设计应是既能使柱塞-滑靴组件对斜盘的剩余压紧力（即扣除了底部的液压反推力之后的压紧力）不大，又能保持滑靴和斜盘间较小的油膜厚度，以便维持较少的泄漏，得到较高的容积效率。

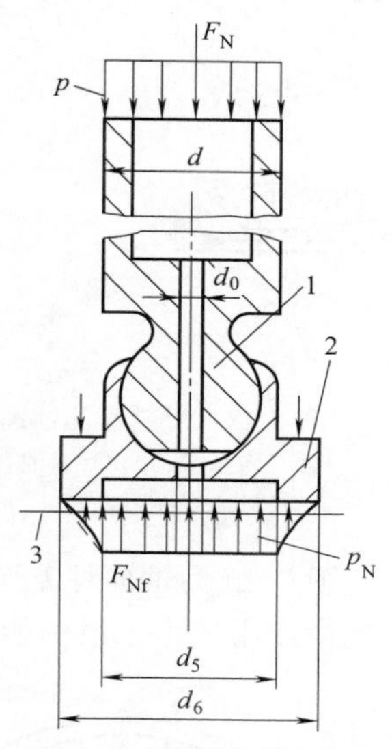

图 2-47 滑靴工作原理
1—柱塞；2—滑靴；3—斜盘

同样，轴向柱塞泵的缸体和配油盘这一对摩擦副也采用静压平衡措施。由于受柱塞孔中高压的作用，旋转的缸体存在压向固定的配油盘的很大压力。采用静压平衡技术可以改善此摩擦副的受力情况。

在泵中很容易将压力油引入摩擦副，因而静压平衡的原理广泛地被采用。必须注意的是，采用此法是牺牲了元件的容积效率来换取小的接触比压。因此，在设计、制造中应权衡利弊，做到既能达到（或基本达到）静压平衡，又不过分降低容积效率。

(4) 采用辅助承压面

采用了静压平衡技术，泵的摩擦副的接触比压大大降低。但是：

① 静压平衡所应用的间隙压力分布规律尚有一定近似性，实际上不可能做到完全的平衡。

② 为保持较小的间隙泄漏，摩擦副间必须维持一定的压紧力。

③ 由于系统的压力波动，或者泵在偏离工况下运行（如斜盘式轴向柱塞泵倾角的变化即造成柱塞-滑靴组件对斜盘的压紧力变化），静压平衡遭到部分破坏。因此，摩擦副的承磨面仍承受一定压力。从静压平衡的原理看到，此承磨面同时又是维持压力分布的密封面。如果此面磨损将会造成较大的泄漏，同时原设计的压力分布规律也将变更，引起更大的接触比压，加剧了磨损。

辅助承压面的设置目的是增加承压面积，进一步降低摩擦副的接触比压。必须说明的是，辅助承压面的任务仅为承压，不能改变静压平衡的压力分布规律而破坏原设计的静压平衡。图 2-48 为柱塞-滑靴组件滑靴底部的辅助承压面结构形式。图 2-48 (a) 是无辅助承压面的结构。图 2-48 (b) 为具有内、外辅助承压面的结构。图 2-48 (b) 中通油孔 6 通回油，泄油槽 4 亦通回油。因而辅助支承不改变滑靴底部的压力分布规律，静压平衡得以保持不变。

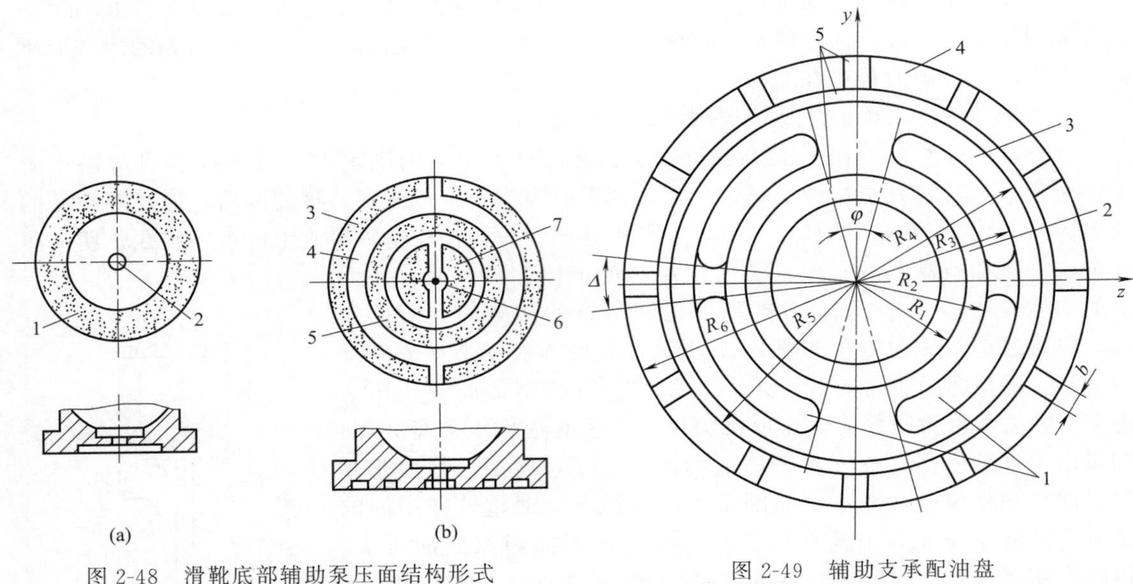

图 2-48　滑靴底部辅助泵压面结构形式

1,5—密封带；2,6—通油孔；3—外辅助支承；4—泄油槽；7—内辅助支承

图 2-49　辅助支承配油盘

1—配油窗孔；2—内密封带；3—外密封带；4—辅助支承；5—泄站槽

图 2-49 为轴向柱塞泵配油盘的辅助支承结构。图中内、外密封带上有压力分布，起静力平衡作用。由于泄油槽的作用，辅助支承 4 上没有压力，仅起承压作用。

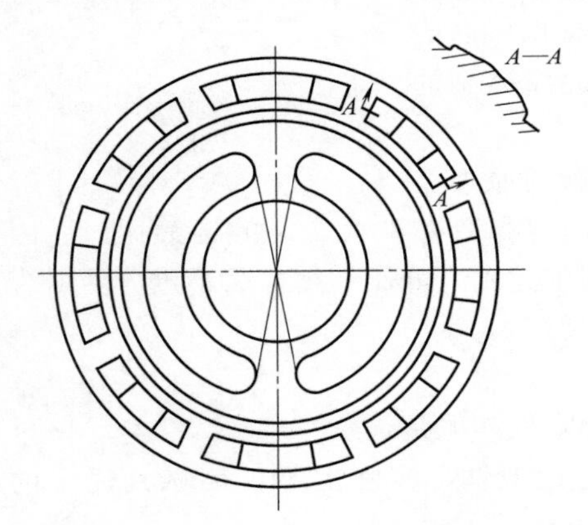

图 2-50　具有动压楔辅助支承的配油盘

图 2-50 是轴向柱塞泵配油盘的动压支承结构。辅助支承做成在圆周方向上略带倾斜的小平面（如图中 $A—A$ 剖面所示）。当缸体转动时，此倾斜平面产生楔形油膜，形成轴向支承力。这种结构有较大的承载能力，但是加工困难。

2.3.3　典型柱塞泵研究现状

2.3.3.1　柱塞泵缸体焊接工艺研究现状

柱塞泵是液压系统和传送系统的关键部件。它依靠柱塞在缸体中的往复运动，通过改变密闭缸体内液压油的容积，实现吸油、压油的功能，是典型的柱塞液压泵整体结构。由于其数量从几十种到上百种不等，故其广泛应用在航空航天、车辆、起重运输、冶金、工程机械、船舶等液压系统或传动系统中。目前，对轻量化、低碳减排及绿色制造等方面的考虑，航空工业不断开展相关的问题研究。液压泵作为液压系统的心脏，随着液压系统的发展提出了越来越高的要求。减轻柱塞泵等核心构件重量并提高转速和压力，对于先进战机的制造，已是人所共识。因此，研制轻量化柱塞泵钛/铜合金双金属缸体取代多年所用的钢/铜合金双金属缸体，具有重要意义。

目前，双金属缸体采用钢基体柱塞孔内壁镶嵌青铜套的方法也有报道。首先在柱塞孔处，切削制造两条环槽，小紧度镶压铜套后，碾压环槽压紧后再进行精加工，钢/铜合金双金属缸体因机械结合强度不高，服役中极易出现“拔套现象”，碎套进入液压系统，必将会损坏泵体，引发严重事故。虽然国内对柱塞泵缸体的焊接方法进行了较为全面的研究工作，但其服役性能通常远远低于国外同类产品。主要原因在于缸体的焊接工艺过于复杂。对于浇注工艺来说，虽然可以通过控制参数来减少铅的偏析以及缺陷，但铸造锡青铜本身的工艺就较为困难，通常铸造中的缺陷都能在衬套中发现。而对于烧结工艺来说，工艺复杂只是其中的一个方面，更为严重的是，难以实现多孔缸体进行整体烧结的一次成型，目前的构件多见于单孔缸体。而机械结合的缸体，虽然其工艺较为简单，但其服役性能低下，通常只能用于低压低频的液压系统中。因此研究新工艺和新材料，对制造双金属柱塞泵极为重要。

2.3.3.2 柱塞泵摩擦件球墨铸铁的研究现状与发展趋势

斜盘是轴向柱塞泵关键部件之一，它高速的运转同时还承受高而集中的交变载荷。斜盘主要失效方式是磨损，其性能直接决定机器寿命。球墨铸铁 QT600-3 不仅抗拉强度大，而且伸长率也高。球墨铸铁与灰铸铁相比，对基体的割裂和应力集中作用小，与钢材相比铸造性能好。在机械设计中，屈服强度是防止零件产生过量塑性变形的设计依据，是重要的力学性能指标之一。故抗拉强度相同的球墨铸铁和钢，球墨铸铁的许用应力较大，并具有耐磨、减震、工艺性能好以及成本低等优点。所以，球铁可代替钢制造一些高强度和承受交变应力的工件。故选取这种牌号的球墨铸铁生产柱塞泵摩擦件——斜盘。

目前各类铸铁中数球墨铸铁性能最好，其还有良好的抗热疲劳性，广泛应用于各类耐磨材料。不通过热处理即选择合金化生产直接获得不同要求的球墨铸铁件具有重大意义，这也是近年来球墨铸铁发展较快的一个方面。成功研制的稀土镁球化剂应用于球墨铸铁中使合金化生产铸态球墨铸铁的研究非常活跃，其生产技术水平也得到了提高。铸态高韧性铁素体球墨铸铁在国内外取得了一定的生产方面的经验。主要有：严格选择化学成分，如选择高的碳当量，限制锰、磷及硫的含量（Mn＜0.4%、P＜0.6%、S＜0.015%），防止在炉料中带入铬、钨、钼、铜、锡、锑等合金元素；限制球化剂中稀土元素的含量及防止球化元素过高；促进孕育处理，使石墨球细化等。在铸态珠光体球墨铸铁方面，也取得了一定的生产经验。在成分设计上主要考虑添加一些有利于珠光体形成的元素并提高其含量，如适当提高锰含量（Mn 0.7%～1.0%）；适当添加一些铜或利用含铜生铁以及锰和锑并用等。此外，为加大共析区间的冷却速度，采用高温开箱等工艺措施，这些均取得了较好的效果。

随着全球能源危机的加剧，各行各业越来越重视节能降耗。产品竞争日趋激烈的今天，相继出台了一些措施，如大量应用低成本、低耗能材料及减重零部件等。在竞争激烈的今天，耐磨球墨铸铁具有优良的性能、低廉的价格和巨大的经济效益，故其终将会被广大用户所接受。成本昂贵的钢材将被球墨铸铁耐磨材料所代替，球铁耐磨材料应用领域必将逐渐扩大。但球墨铸铁耐磨材料还需要完善，如在材料成分和力学性能等方面。

2.3.3.3 轴向柱塞泵滑靴副热流体润滑特性的研究进展

轴向柱塞泵的使用寿命与摩擦副的成膜机制、能量转换和动力学特性有关。轴向柱塞泵摩擦副包括柱塞副、配油副以及滑靴副，它们是完成轴向柱塞泵的吸油、压油、配油等工作环节的核心组件，也是轴向柱塞泵产生泄漏、流量脉动以及能量耗散的主要来源。目前，国内外学者在摩擦副形貌与摩擦力关系、能量耗散、热楔效应、耐磨涂层的摩擦界面行为、磨损规律以及超低摩擦因数材料等研究方面取得了一系列的成果，但缺乏极端工况下的摩擦磨损规律和测试方法的研究，尚无法准确地描述摩擦副在机械强度、热强度等多场耦合作用下的摩擦机制。尤其是滑靴副面临特殊的工况条件，如高温、高压、高速等恶劣工作条件。油膜温度对滑靴副润滑性能的影响不可忽略，油膜黏性剪切产生的热量，促使油膜黏度下降，引起油膜厚度减小，导致滑靴副的承载能力下降、能量传递效率下降以及累积损伤性能退化等瓶颈问题。因此，考虑油液的黏温效应，围绕滑靴副滑摩过程中的能量传递、转换和相互作用规律开展研究，重点分析轴向柱塞泵滑靴副热流体润滑特性，掌握高效能量传递和能量调控的机制，获得复杂环境下滑靴副的摩擦学性能，解决热流固耦合下滑靴的工作稳定性等科学问题，为高效高可靠的轴向柱塞泵的能量传递与传动的调节控制技术研发提供理论支持。

目前国内外学者主要围绕轴向柱塞泵滑靴副润滑特性开展理论研究，由于轴向柱塞泵内部结构紧凑，安装测量装置比较困难，且测试信号容易受到外界工况的干扰，所以理论模型中具体参数缺乏实际标定。轴向柱塞泵流体动力润滑测试装置和测试方法缺乏创新设计和理论研究，主要依靠单柱塞泵简易装置模拟柱塞泵的实际工况，与国际先进水平存在一定差距。由于滑靴副油膜润滑机制不够明确，故理论计算以及单柱塞泵的试验多采用简化方法，柱塞泵的宏微观特性研究尚待完善。随着微型传感技术和测量技术的发展以及当前工业应用对研究方向和目标的引导，滑靴副热流体润滑特性研究有几个方面需要进一步地深入研究：

① 滑靴副的多场强耦合热流体润滑机制。目前，大多数研究主要集中在滑靴副的润滑机制和承载能力，热弹耦合下摩擦副应力-应变状态与摩擦学特性的对应关系仍不完善，难以指导实际设计。为了精确描述油膜厚度与温度动态变化过程，需要引入滑靴副的摩擦动力学模型，将其与试验相结合，对该模型的具体参数，如表面粗糙度、接触应力、表面变形等影响因素进行修正。

② 载荷工况等因素对滑靴副的承载能力、能量耗散、性能退化等影响的物理本质。重点研究滑靴副的承载能力、润滑机制以及摩擦学特性，获取载荷工况下滑靴副的累积损伤性能退化规律，改善滑靴副的结构优化设计原理，为高效率高可靠性轴向柱塞泵的研发提供理论支持。

③ 新型工程材料的润滑失效机制研究。通过搭建轴向柱塞泵摩擦磨损试验台，围绕摩擦副的材料筛选和配对准则开展定量分析，并利用表面改性和表面改形技术改善滑靴副的表面性能，探索基于新型材料和新工艺的可靠性设计方法，提高滑靴副的工作性能和服役寿命。

④ 轴向柱塞泵滑靴副的热弹流动力接触设计方法。目前，热弹流动力接触设计方法的研究还处于起步阶段，只局限于以简单的驱动部件为研究对象，对较复杂的精密传动装置还未形成设计流程，主要原因是理论上不能完全解释驱动过程中摩擦接触区温度和接触应力之间的变化规律，这在技术上造成传动与驱动的可靠性优化设计的理论依据不完备。为了研发具有高效、高可靠和高精密的轴向柱塞泵，迫切需要加强深层次的性能调控原理方法的研究。

2.3.3.4 轴向柱塞泵振动机理的研究现状及发展趋势

“高速高压”是未来20年液压传动系统的主要发展趋势之一，尤其在行走式液压机器人、大功率液压工程机械、大型宽体客机等高端装备的液压控制系统中，这种趋势更为明显。随着液压系统向“高速高压”方向快速发展，迫使轴向柱塞泵也向“高速高压”方向发展，但是高速高压化带来的振动加剧，噪声加大，影响泵的性能，缩短其使用寿命，限制了轴向柱塞泵的使用。对轴向柱塞泵振动的研究就显得尤为重要。由于液压轴向柱塞泵多数物理特性均是通过振动和噪声表现出来的，轴向柱塞泵整体性能、各零部件配合及各摩擦副润滑情况、服役过程中各结构件破坏及密封失效等问题都可以通过泵的机械结构振动、流量脉动或噪声表现出来，因此，振动和噪声的研究是轴向柱塞泵研究的重点之一。针对轴向柱塞泵振动的研究，近年来国内外研究者越来越多，并且取得了一定的进展。国外研究机构主要有美国普渡大学莫妮卡教授团队、德国亚琛工业大学团队、德国德累斯顿大学团队以及德国力士乐团队。国内研究机构主要有北京航空航天大学焦宗夏教授团队、浙江大学徐兵教授团队、哈尔滨工业大学姜继海教授团队、燕山大学孔祥东教授团队。上述团队从柱塞泵的建模、仿真到试验，分别开展了细致而深入的研究，并且都取得了一系列的研究成果。

由于其自身的结构以及油液压缩性等因素影响，轴向柱塞泵一定会存在着瞬时流量脉动的现象。泵体内部或者其液压系统管路当中不可避免地会存在液阻，因此流量脉动必然会引起压力脉动，从而使液压系统的管路和液压元件产生振动、噪声，进而导致其固定元件的松动等现象。当泵的脉动频率与液压油及管路的固有频率相当时，就具备了产生谐振的条件。当谐振发生时，其压力脉动是很高的，从而对其整个液压系统产生潜在的破坏。

轴向柱塞泵振动可分为两大类：机械振动和流体振动。流体振动现象主要是因为出口流量脉动，其在负载阻抗作用下转化为液压系统的压力脉动，导致柱塞泵及相关液压元件产生振动；同时，流体振动现象还包括在吸空工况下轴向柱塞泵内局部位置因气泡破裂而产生的气穴振动。流体振动主要包括泵的固有流量脉动与压力冲击产生的振动，以及配油盘困油区倒灌流量与压力冲击产生的振动。机械振动现象主要是因为柱塞腔内的吸、排油过程中产生压力冲击，导致振动从斜盘、主轴、轴承等液压元件向壳体和端盖等外部传递。机械振动的种类主要有3类：斜盘及变量机构振动、轴承振动、泵的旋转体偏心或不平衡振动。

① 泵的固有流量脉动与压力冲击所导致的振动。

② 配油盘困油区倒灌流量与压力冲击产生的振动。配油过程中，当柱塞腔由吸油区向排油区过渡时，充满低压油的柱塞腔瞬间与排油区的高压油接通，高压油从排油腔进入到柱塞腔，导致流量倒灌冲击。并且随着柱塞运动与倒灌流量增加，柱塞腔压力上升，直至与排油区的压力相等，并因为柱塞继续压入，柱塞腔进入到排油工况。而此时由于油液的惯性与阻尼现象，腔内油液的排出受到了限制，腔内压力升高，最终超过了排油区压力，导致压力正超调。同样，当柱塞腔从排油过程向吸油过程过渡时，流量释放冲击，导致压力负超调。压力的升降、超调现象形成液压冲击，最终体现为柱塞泵的结构振动。

③ 斜盘及变量机构振动。柱塞泵的斜盘及变量机构在工作时，因为受到呈现周期变化的液压力矩的作用，从而产生周期性振动。

④ 轴承振动。在柱塞泵轴承高速旋转时，由于轴承各元件之间存在着一定的间隙，因此会导致其呈现周期性的振动。

⑤ 泵的旋转体偏心或不平衡振动。当柱塞轴高速转动时，由旋转体偏心、动不平衡力作用在与泵轴相连的零部件上，从而产生周期性的振动现象。

针对柱塞泵流体振动方面的试验研究，国内外研究主要集中在泵源的流量脉动测试方法上。由于柱塞泵出口流量具有高频和大流量的特征，想要测量柱塞泵的流量脉动，只能采用间接测量的方法。但是，虽然柱塞泵的泵腔压力测试方法简单，且不需要烦琐的数据处理过程，然而其测试过程存在压力传感器的安装以及压力信号的采集等困难，且测量时还需对柱塞泵的泵体结构进行必要的修改。封闭式的压力脉动测量方法同样相对简单，但是该方法同样存在一些困难，主要集中在测量过程比较复杂，测量时还需要采用专用的装置来保证系统的无反射压力工况。另外，通过该方法得到的最终结果只是泵源流量脉动和阻抗的乘积。因此，应用该方法，目前还不能对流量脉动的仿真模型进行验证。

2.3.3.5 轴向柱塞泵减振降噪技术研究现状及进展

液压传动面对快速发展的电气传动的竞争，以及节能与环保政策法规的双重压力，迫切要求解决自身效率低、噪声大等缺陷，并加强自身高功率密度的优势。因此轴向柱塞泵呈现持续高压化、高速化、数字化的发展趋势。为适应高压力等级和高极限转速，轴向柱塞泵的降噪要求也日益严格。国内外关于轴向柱塞泵的减振降噪的研究主要包括可靠实用的减振降噪结构与装置、噪声激振源模型与测试、低灵敏度全工况降噪方案三个方向，均满足轴向柱塞泵结构强度、可靠性和寿命要求。

归纳分析国内外关于轴向柱塞泵减振降噪的研究，对柱塞泵减振降噪技术的研究作出如下总结：

① 提高理论模型的精度。泄漏模型的研究需要综合考虑变接触长度、偏心楔形缝隙与多场耦合等因素，以及摩擦副的微观参数与柱塞泵负载工况之间的映射关系，从而使模型更加精确，更加贴近实际微观运动与宏观情况。深入分析轴向柱塞泵配油过程中的油液弹性模量变化，在油液弹性模量模型中将大气分离压、饱和蒸气压考虑进去，能够更加精确预估气穴、汽蚀的发生位置、柱塞腔压力的飞升速度和超调量，而且可以比较精确地估计轴向柱塞泵的最高转速等极限值。柱塞泵的能量转换过程中存在固体、流体、热和声等多场之间的耦合，特别是在高速高压的情况下，多场间的耦合作用更加强烈，模型需要兼顾热场、结构变形与振动等多项因素。

② 噪声激振源精确测试。对轴向柱塞泵出口流量脉动、柱塞腔压力冲击、气穴、汽蚀的精确测量不仅可以对减振降噪方案提供直接的效果评定，而且可以对理论模型进行评价和修正。结合理论模型的逐步优化，测量方法也需要进一步提高精度。

③ 多目标优化自动求解。减振降噪结构单个参数的改变对脉动、压力冲击、气穴以及效率的影响规律不一样，需要比较不同结构参数变化对噪声激振源和效率的影响，并且能够通过优化算法自动求解多目标结构参数的最优设计。

④ 降低噪声等级对轴向柱塞泵工作参数的敏感度。传统减振降噪的结构是针对特定工作参数设计的，受轴向柱塞泵工作参数的影响非常大。新型的减振降噪结构与装置要实现轴向柱塞泵在全工况范围内处于较低的噪声等级。

可以预测，未来的液压传动技术的发展趋势是高功率密度和高效率，而提高额定压力等级是降低能耗和提高功率重量比的最佳解决方案之一。相同功率下，高压力可以降低负载流量，意味着液压元件与系统的体积和重量都将减小，节约材料与制造费用。但高额定压力将面临摩擦副偶件间隙的内泄漏增大、摩擦副 pv 值增加以及振动噪声加剧等一系列难题，给液压元件的设计与制造带来严峻挑战，但同时也给国内液压行业带来机遇。国内在轴向柱塞泵减振降噪领域的研究同国外还存在较大差距，一方面是由于国内轴向柱塞泵产品整体技术水平较低，对其研究投入较少；另一方面是由于基础理论薄弱，缺少对噪声激振源产生机理的深入认识。因此，不断深入研究降噪原理、方法与结构，重视理论模型分析与测试方法，必将提高国内企业的自主创新和可持续发展能力。

2.3.3.6　轴向柱塞泵配油状况的研究现状与发展

由于轴向柱塞泵端面配油副的工作状况受到众多因素的影响，配油副中的速度场、压力场及温度场的分布非常复杂，远非经典流体力学所能解决。因此有关配油状况方面的理论分析具有很重要的指导意义，是进行配油副设计的依据。但是，几乎在所有有关配油副的理论分析中都存在着程度不同的假设或简化，甚至有的重要现象和因素也被忽略了。因此，一方面，理论分析的结果是否全面和正确还需要实验的检验；另一方面，实验过程中所出现的现有理论未能揭示的一些重要现象和结果给人们以新的启迪，促使人们不断地完善和发展理论，使理论能更好地指导设计，设计出高质量的液压泵。

国内外的有关资料与文献表明，目前，关于轴向柱塞泵配油副工作状况的试验研究还处于如下水平和状况：

① 采用电子计算机进行模拟试验研究。由于这种方法是解析解的数字化，因而得到的结果与实际还相差较远。

② 采用模拟装置进行模拟试验研究。这种方法不能模拟连杆—柱塞—缸体的空间运动，因而模拟装置中的缸体的受力及运动状况与实际泵中的缸体的受力及运动状况有着本质的差

异，这样模拟试验的结果与实际泵的试验结果存在着很大的差距。

③ 采用实际泵进行试验研究。这是一种最有效、最可靠的试验方法，能真实地获得配油状况的全过程。由于受到测试手段的限制，现有的试验研究在动态测试、间隙形成条件与过程、配油状况与影响因素间的规律方面还存在着空白。

2.3.3.7 径向柱塞泵配油方式的研究进展

配油方式是决定液压泵工作性能的关键因素，其发展在很大程度上代表着液压泵的发展水平。现今应用于径向柱塞泵的配油方式主要有三种：阀配油、端面配油和圆柱形轴配油。三者具有不同的优缺点决定了其研究现状和成果。为满足液压泵高压、高速化发展，本书提出了一种应用锥形配油方式的径向柱塞泵配油副。

(1) 阀配油

阀配油式柱塞泵分别通过进油阀和排油阀实现吸油和排油。早期径向柱塞泵一般采用阀配油方式来配油。但由于阀配油方式难以实现无级变量，高速运转情况下阀门滞后严重，且具有故障率高等缺点，因此现逐渐被轴配油和端面配油方式所替代。

现今阀配油方式主要应用于小流量、高压力的径向柱塞泵。德国 Rexroth 液压公司生产的阀配油方式径向柱塞泵，额定压力能达到700bar（$1\text{bar}=10^5\text{Pa}$），但其为定排量，流量只能达到0.7～2.6L/min，并且其传动轴所受的径向力和轴向力无法平衡。德国 Hauhinco 的海水泵，进排水阀都改为平板阀配油，不仅具有惯性质量小的优点，而且阀的过流面积也比锥形配油阀大。

而对于阀配油方式应用于径向柱塞泵的理论和试验研究主要集中于配油阀结构形式、材料及其冲击问题的研究。李壮云等人对水压柱塞泵配油阀的结构、材料及参数进行了分析和设计，并对多种配油阀进行了试验研究，结果显示平板阀有利于减小阀芯滞后及降低泵的工作噪声。而岳艺明等人则针对一种结构紧凑的座阀配油方式径向柱塞泵的动态性能进行了仿真分析，得出了通过减小吸/排油阀的开度或复位弹簧的刚度可有效消除输出流量的高频脉动的结论。Satoh 和 Wu Bo 分别进行了配油阀惯性作用和阀芯振荡对配油机构流量脉动影响的研究。

(2) 端面配油

端面配油方式是现今轴向柱塞泵和径向柱塞马达应用最为广泛的配油方式，其优点在于密封间隙自动补偿。国内外液压界的专家学者就其油膜和压力分布状态、缸体受力分析、倾侧和噪声问题等做了许多理论和试验研究。

Yamaguchi 在分析缸体端面与配油盘受力的基础上，研究了在摩擦副间靠流体动压作用形成润滑油膜的可能性。理论分析结果表明，在一定的马达运转参数下能够产生流体膜，但其厚度较小，运动参数的微小变动就将引起油膜形状的较大变化，并发生金属接触。他还提出了应用静压润滑原理在配油副间形成稳定油膜的思想，文中就主要结构参数和工况参数对油膜的影响做了定性讨论，但对于实现静压润滑的结构种类并无进行阐述和讨论。山口惇分析配油副间静压油膜的波动和功率损失问题，讨论了高压区柱塞数变动、困油等。J. Bergada 却提出了考虑配油副倾斜度、油膜厚度和旋转速度的新方程，并应用其进行了配油面间压力分布、泄漏量、受力和摩擦转矩的分析。小林俊一等对低速时配油副中油膜厚度的脉动和泄漏量变化做了理论研究，建立了考虑配油副摩擦、支承轴刚度等因素的数学模型。J. K. Kim、M. Chikhalsouk 和 Ganesh Kumar Seeniraj 均研究配油盘预压缩角和减噪槽对轴向柱塞泵噪声产生的影响，提出适当的预压缩角、槽的形状和槽的深度能有效减小柱塞泵的噪声。但端面配油方式也具有其缺点：结构复杂、倾侧力矩比较大、偏磨现象比较严重。陈卓如和李元勋等人分析了低速大转矩液压马达端面配油副的发展和现状，提出了倾侧

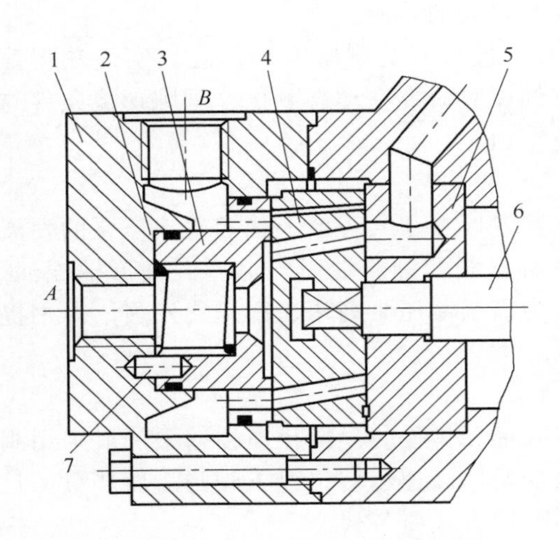

图 2-51 倾侧力矩全平衡端面配油机构
1—马达端盖；2—推力弹簧；3—推力盘；4—配油盘；5—固定盘；6—马达曲轴；7—定位销

力矩全平衡端面配油机构，实现了变化的液压分离力在转动的任何瞬间均沿配油盘轴线作用于配油盘中心，并获得了国家实用新型专利，如图 2-51 所示。

范莉和陈卓如等人在新型端面配油副的基础上进行了计算机辅助优化设计及分析，得到了端面配油副的泄漏和摩擦特性的数学模型；由于配油副机构中应用了倾侧力矩平衡机构，增加了整个配油副的轴向长度，对提高整个机构功率密度并不有利。

（3）圆柱形轴配油

圆柱形轴配油是现今径向柱塞泵最为主流的配油方式，它具有结构简单、零部件少、耐冲击、寿命长和控制精度高等优点。但也存在轴上径向液压力大、密封长度长、密封面之间有相对运动、密封间隙无法补偿等缺点。贾跃虎等人对径向柱塞泵缸体径向受力进行了计算和分析，提出了改变配油轴的设计尺寸，增加高压区的当量宽度，以改善缸体平衡性的措施。王明智、王春行在发明专利中提出了某新型单向径向柱塞泵配油副的过平衡压力补偿方法，此方法有效地避免了缸体偏磨和抱轴现象的发生。孟正华针对配油轴高低压沟通的两种方案进行了缸体平衡度计算，得出了两种沟通方案缸体静压支承平衡度基本一致的结论。申永军针对径向柱塞泵配油副的静压支承系统，采用动压反馈设计思想增加压力补偿元件，有效地避免了配油轴“抱轴”现象的发生。韩雪梅、王荣哲等人对新型径向柱塞泵摩擦副泄漏原因进行了分析，提出了改进方案。

径向柱塞泵锥形配油副具有全新的结构，它具有装配简单、配油轴自动定心及密封间隙自动补偿等优点。但现今对其的研究还处于起步阶段，许多关键问题有待深入研究。主要有以下几方面：

① 由于径向柱塞泵锥形配油副采用连续供油型油膜压力反馈来设计，配油面处于全膜润滑状态，锥形配油副流体流动雷诺方程及润滑数学模型的建立是其润滑特性研究的基础。

② 根据锥形配油副受力分析，润滑数学模型是多元两目标模型，进行其求解的数值方法研究是有必要的。

③ 配油面油膜厚度分布、压力分布和流场分布的研究。

④ 锥形配油副影响因素分析及关键参数的优化。

⑤ 通过试验进行锥形配油副润滑理论研究的验证。

2.4 液压泵的选用及注意事项

在液压系统的设计和使用中，选择液压泵时要考虑的因素有结构类型、工作压力、流量、转速、效率（容积效率和总效率）、定量或变量、变量方式、寿命、原动机的种类、噪声、压力脉动率、自吸能力等，还要考虑与液压油的相容性、尺寸、重量、经济性（购置费用）、维修性、货源及产品史等。这些因素，有些已写在液压泵生产厂的产品样本或设计手册的技术图表资料里，要仔细研究并应严格遵照产品说明书中的规定，不明确的地方最好询问货源单位或制造厂。

2.4.1 选择原则

液压传动的主机类型一类为固定设备，另一类为行走机械。这两类机械的工作条件不同，因此液压系统的主要特性参数以及液压泵的选择也有所不同。两类主机液压传动的主要区别见表 2-2。

表 2-2 两类主机液压传动的主要区别

项目	固定设备	行走机械
转速	转速固定，中速(1000～1800r/min)	转速变化，高速(2000～3000r/min 或更高)，最低仅 500～600r/min
压力	机床一般低于 7MPa，其他多数低于 14MPa	一般高于 14MPa，许多场合高于 21MPa
工作温度	中等(＜70℃)	高(70～93℃，最高 105℃)
环境温度	中等，变化不大	变化很大
环境清洁度	较清洁	较脏，有尘埃
噪声	要求低噪声，一般 70dB(A)，不超过 80dB(A)	一般不太强调，但应低于 90dB
尺寸及重量	空间宽裕，对尺寸和重量要求不严格	空间有限制，尺寸应小，重量应轻

2.4.2 液压泵类型选择

齿轮泵、叶片泵、螺杆泵和柱塞泵的特点、优势及价格各异，应根据主机类型及工况、功率大小、系统压力高低及系统对泵性能的要求，参照表 2-3 来确定液压泵的类型。目前，一般压力低于 21MPa 的系统，多采用齿轮泵和叶片泵，压力高于 21MPa 的系统，多采用柱塞泵。此外，还要考虑定量或变量、原动机类型、转速、容积效率、总效率、自吸能力、噪声等因素。

表 2-3 各类液压泵的主要性能及应用范围比较

性能参数		齿轮泵		叶片泵			螺杆泵	柱塞泵			
		内啮合		外啮合	单作用	双作用		轴向		径向	
		渐开线式	摆线式					斜盘式	斜轴式	轴配油	阀配油
压力范围/MPa	低压型	2.5	1.6	2.5	6.3	6.3	2.5				
	中、高压型	≤30	16	≤30		≤32	10	≤40	≤40	35	≤70
排量范围/(mL/r)		0.3～300	2.5～150	0.3～650	1～320	0.5～480	1～9200	0.2～560	0.2～3600	16～2500	<4200
转速范围/(r/min)		300～4000	1000～4500	3000～7000	500～2000	500～4000	1000～18000	600～6000	700～4000	≤1800	
容积效率/%		≤96	80～90	70～95	58～92	80～94	10～95	88～93	80～90	90～95	
总效率/%		≤90	65～80	63～87	54～81	65～82	70～85	81～88	81～83	83～86	
流量脉动		小	小	小	中等	小	很小	中等	中等		
功率质量比		大	中	中	小	中	小	大	中～大	小	大
噪声		小		大	较大	小	很小	大			
对油液污染敏感性		不敏感			敏感	敏感	不敏感	敏感			
流量调节		不能			能	不能		能			

续表

性能参数	齿轮泵			叶片泵		螺杆泵	柱塞泵			
	内啮合		外啮合	单作用	双作用		轴向		径向	
	渐开线式	摆线式					斜盘式	斜轴式	轴配油	阀配油
自吸能力	好			中		好	差			
价格	较低	低	最低	中	中低	高				
应用范围	机床、工程机械、农牧机械、航空、船舶、一般机械等			机床、液压机、注塑机、工程机械、飞机等		精密机床和机械、食品化工、石油、纺织机械等	工程机械、运输机械、锻压机械、船舶、飞机、机床、液压机等			

表 2-4　定量泵与变量泵的适用场合

定量泵	变量泵
① 液压功率小于 10kW，而且能源成本不是重要因素 ②工作循环为开关式，而且泵在不工作时可完全卸载 ③尽管负载变化很大，但在多数工况下需要泵输出全部流量 ④工作制不繁重，温升不成问题	①液压功率大于 10kW，流量需求变化很大 ②要求大负载下小而精密的运动和变负载下的快速运动 ③泵服务于可任意组合的多个负载 ④要求很大的承载能力 ⑤一个原动机驱动多个泵，而泵的装机容量大于原动机功率

用定量泵还是用变量泵，需要仔细论证。定量泵简单、价廉，变量泵复杂、价高，但可节能。定量泵与变量泵的适用场合见表 2-4。叶片泵、轴向柱塞泵和径向柱塞泵有定量泵，也有变量泵。变量泵（尤其是轴向变量柱塞泵）的变量机构有多种形式，控制方法有手动控制、内部压力控制、外部压力控制、电磁阀控制、顺序阀控制、比例阀控制、伺服阀控制等。控制结果有比例变量、恒压变量、恒流变量、恒转矩变量、恒功率变量、负载传感变量等。并不是所有变量泵都有上述各种变量及控制方式。变量方式的选择要适应系统的要求，实际使用中要弄清这些变量方式的静、动特性和使用方法。不同种类的泵、不同生产厂，其变量机构的特性不同，选用时应仔细查阅产品样本或使用说明书。

液压泵还可以制成几个泵（可以是同一类型的液压泵，也可以是不同类型的泵）并联在一起，并使用同一驱动轴的多联泵，也可以制成油路串联的多级泵。当液压系统一个工作周期内流量变化很大时，可以选用多联泵。多联泵通常有一个吸油口和多个出油口，各出油口的压力油可分别向系统的不同执行元件供油，也可合起来供给某一执行元件。在选择液压泵的类型和结构时，还应考虑系统对液压泵的其他要求，如重量、价格、使用寿命、可靠性、液压泵的安装方式、泵的驱动方式、泵与原动机的连接方式、泵的轴伸形式（圆柱形轴伸、带外螺纹的圆锥形轴伸和渐开线花键等）、能否承受一定的径向载荷、油口的连接形式（螺纹、法兰）等。

在选择具体产品时，还应考虑液压泵生产厂家的信誉及维修、配件供应情况等。

2.4.3　基本参数的选择

（1）工作压力

不同类型和规格的液压泵，其额定压力也不同。液压泵的输出压力 p_p 应为执行元件所需压力 p_1 和系统进油路上的总压力损失 $\sum\Delta p$（包括管路的压力损失及控制阀的压力损失）

之和，即

$$p_p \geqslant p_1 + \sum \Delta p \tag{2-26}$$

泵的输出压力不得超过样本上的额定压力。强调安全性、可靠性时，还应留有较大的余地：一般在固定设备中液压系统的正常工作压力可选择为泵额定压力的70%～80%；要求工作可靠性较高的系统或行走设备（如车辆与工程机械），其液压系统工作压力可选择为泵额定压力的50%～60%。

产品样本上的最高工作压力是短期冲击时允许的压力。如果每个循环中都发生冲击压力，泵的寿命就会显著缩短，甚至泵会损坏。

泵的最高压力与最高转速不宜同时使用，以延长泵的使用寿命。

（2）输出流量

液压泵的输出流量q_p与工况有关。液压泵的输出流量q_p应包括执行元件所需流量（有多个执行元件时由流量-时间循环图求出总流量）和各元件的泄漏量的总和，即一般可用下式加以确定

$$q_p \geqslant K\left(\sum q\right)_{max} \tag{2-27}$$

式中 K——系统的泄漏系数，一般取1.1～1.3（大流量取小值，小流量取大值）；

$(\sum q)_{max}$——同时动作的液压执行元件的最大流量，m^3/s。

对于工作过程始终用流量阀节流调速的系统，尚需加上溢流阀的最小溢流量，一般取2～3L/min。有时还需考虑电动机失转（通常1r/s左右）引起的流量减少量、液压泵长期使用后效率降低（通常5%～7%）引起的流量减少量。样本上往往给出排量、转速范围及典型转速不同压力下的输出流量。

（3）原动机

原动机有电动机和内燃机两种形式，固定设备的液压系统，其液压泵通常用电动机驱动。而行走机械的液压系统，大多用内燃机驱动液压泵。

① 对电动机的要求。

a. 电动机的类型。由于液压泵通常在空载下启动，故对电动机的启动转矩没有过高要求，负荷变化比较平稳，启动次数不多，因此可以采用Y系列笼型异步电动机。液压系统功率较大而电网容量不大时，可采用绕线转子电动机。对于采用变频调节流量方案的液压泵，则应采用变频器控制的交流异步电动机驱动液压泵。

液压泵的工作环境不同，对其驱动电动机的防护类型要求也不同：清洁、干燥环境下宜采用开启式电动机（防护标志为IP11）驱动；较清洁干净的环境宜采用防护式电动机（防护标志为IP22和IP23）驱动；潮湿、多尘埃、高温、有腐蚀性或易受风雨的环境宜采用封闭式电动机（防护标志为IP44）驱动；易爆危险环境下宜采用防爆式电动机（如dⅡCT4）驱动。

b. 电动机的转速。应与液压泵的转速相适应。电动机与液压泵之间通常采用联轴器连接，电动机的转速应在液压泵的最佳转速范围内，否则会使液压泵的效率下降。

容量（功率）相同的同类型电动机，通常有不同的转速供选用。低转速电动机的磁极对数多，外形尺寸及重量都较大，价格高，且要求泵有较大排量（在流量一定情况下）；而高转速电动机则相反。因此，电动机的转速应与泵的流量、排量等一起综合考虑。

c. 电动机的功率。当液压泵在额定压力和流量下工作时，可按液压泵产品样本中的液压泵的驱动功率来选择电动机的功率。

若液压泵在其他压力和流量下工作，电动机的功率可由式（2-28）计算得，并选择合适的电动机。

$$P=\frac{\Delta pq}{60\eta}\ (\mathrm{kW}) \tag{2-28}$$

式中 Δp——液压泵的进出口压力差（当泵的进口压力近似为零时，可用泵的出口工作压力 p 来代替 Δp），MPa；

q——液压泵的流量，L/min；

η——液压泵的总效率，%。

如果液压泵的驱动功率变化较大，则应分别算出各工作阶段所需功率，再按式（2-29）算出平均功率 P_{cp}，然后确定液压泵的驱动功率。由于电动机可以在短时间内超负荷运行，所以电动机的功率只要比上述计算出的平均功率大，且其中最大功率不大于电动机额定功率的 1.25 倍即可。

$$P_{cp}=\sqrt{\frac{\sum_{i=1}^{n}P_i^2t_i^2}{\sum_{i=1}^{n}t_i}}\ (\mathrm{kW}) \tag{2-29}$$

式中 P_i——多个工作循环中第 i 工作阶段所需功率，kW；

t_i——第 i 工作阶段的持续时间，s。

对于工程中经常采用的双联泵供油的快慢速交替循环系统，应分别计算快速和慢速两个工作阶段的驱动功率。多联泵中的第一联泵应比第二联泵能承受较高的负荷（压力×流量）；多联泵总负荷不能超过泵的轴伸所能承受的转矩。

② 对内燃机的要求。

当液压泵用内燃机驱动时，有两种不同情况：其一是液压泵仅是内燃机驱动负载的一部分；其二是内燃机的全部功率用于驱动液压泵。

a. 当液压泵仅是内燃机驱动负载的一部分时，内燃机的功率大，总能满足液压泵所需功率。内燃机的转速应与液压泵的最佳转速相匹配。高速内燃机通常要有减速装置，使液压泵在最佳转速范围内工作。

b. 内燃机的全部功率用于驱动液压泵的系统称为全液压驱动系统。车辆与行走机械的全液压驱动系统通常采用变量泵或变量马达的容积调速系统来满足行走机械速度变化大的要求。内燃机的最大转速应满足系统要求的最大流量，且不超过液压泵的最高允许转速。如果内燃机转速过高，则应设置减速装置。内燃机的最大功率应略大于液压系统要求的最大功率。

（4）转速和排量

转速关联着泵的寿命、耐久性、气穴及噪声等。虽然产品技术规格表中标明了允许的转速范围，但最好是在与用途相适应的最佳转速下使用，不得超过最高转速。特别是用内燃机驱动液压泵的情况下，油温低时若低速则吸油困难，有因润滑不良引起卡咬失效的危险，而高速下则要考虑产生汽蚀、振动、异常磨损、流量不稳定等现象的可能性。转速剧烈变动还对泵内部零件的强度有很大影响。

在系统所需流量已知的情况下，液压泵的转速应与排量综合考虑。通常，应首先根据系统所需流量 q_v（L/min）和初选的液压泵转速 n_1（r/min）及泵的容积效率 η_V（可根据产品样本或取为 $\eta_V=0.9$）计算排量参考值，即

$$V_{\mathrm{g}}=\frac{1000q_{\mathrm{v}}}{n_1\eta_{\mathrm{V}}} \tag{2-30}$$

对于定量泵，最终选择的泵流量应尽可能与系统所需流量相符，以免功率损失过大。

(5) 效率

泵的效率值是泵质量好坏的体现。压力越高、转速越低，则泵的容积效率越低。变量泵排量调小时容积效率降低。转速恒定时泵的总效率在某个压力下最高，变量泵的总效率在某个排量、某个压力下最高。泵的总效率对液压系统的效率有很大影响，应该选择效率高的泵，并尽量使泵工作在高效工况区。

2.4.4 自吸能力

在开式回路中使用时，需要泵具有一定的自吸能力。发生气穴、汽蚀不仅可能使泵损坏，而且还会引起振动和噪声，使控制阀、执行元件动作不良，对整个液压系统产生恶劣影响。在确认所用泵的自吸能力的同时，必须在考虑液压装置的使用温度条件、液压油的黏度来计算吸油管路的阻力的基础上，确定泵相对于油箱液位的安装位置并设计吸油管路。另外，泵的自吸能力的计算值要留有充分裕量。

2.4.5 噪声

液压泵是液压系统的主要噪声源。在对噪声有限制的场合，应选用低噪声泵或降低转速使用。

2.4.6 其他

(1) 连接油口

应考虑油口的连接方式，通常有螺纹和法兰两种连接油口，应根据使用场合及条件并考虑维护的方便性进行选择。

(2) 尺寸和重量

随着现代机械设备的小型化和轻量化，在许多应用场合，能否将所需功率的液压泵安装到一定空间去是选择泵的重要因素。重量也可能起相同的作用，如航空航天设备。

(3) 工作介质

工作介质的质量及清洁度是保证液压泵乃至整个液压系统正常运转和延长泵的使用寿命的关键。液压泵的工作介质，通常与整个液压系统对工作介质的要求相同。液压系统的工作介质目前多采用矿物型液压油（机械油、汽轮机油、普通液压油等）、难燃型液压油（水包油乳化液、油包水乳化液及水-乙二醇液和磷酸酯液等）以及专用液压油液，工作介质的一般要求见表 2-5。选择液压工作介质要考虑的因素有工作环境（易燃、毒性和气味等）、工作条件（黏度、系统压力、温度、速度等）、油液质量（物化指标、相容性、防锈性等）和经济性（价格、寿命等）等。上述因素中，最重要的是介质的黏度。尽管各种液压元件产品都指定了应使用的液压油液，但由于液压泵是整个系统中工作条件最严峻（不但压力、转速和温度都较高，而且液体在被泵吸入和由泵压出时受到剪切作用）的部分，因此通常可根据泵的要求来确定液压油液的黏度及品种，此时主要应考虑抗磨性要求。液压泵对抗磨性要求的高低顺序为叶片泵＞柱塞泵＞齿轮泵，故对于以叶片泵为主泵的液压系统，无论压力高低，都应选用 HM 油；对于以柱塞泵为主泵的液压系统，一般应选用 HM 油，低压时可选用 HL 油。根据泵的要求来确定液压油液的黏度及品种时，可参考表 2-6 进行。按照泵选择的油液一般对液压马达和其他液压元件（不包括比例阀及伺服阀）也适用。

表 2-5 工作介质的一般要求

序号	项目	序号	项目
1	合适的黏度：受温度的变化影响小，一般运动黏度 $\nu=(11.5\sim41.3)\times10^{-6}m^2/s$	5	抗泡沫性和抗乳化性好，对金属和密封件有良好的相容性
2	良好的润滑性：油液润滑时产生的油膜强度高，以免产生干摩擦	6	体积膨胀系数低，比热容和传热系数高；流动压点和凝固点低，闪点和燃点高
3	质地纯净，不含腐蚀性物质等杂质	7	可滤性好，工作介质中的颗粒污染物等容易通过滤网过滤，以保证较高的清洁度
4	良好的化学稳定性：油液不易氧化、不易变质，以免产生黏质沉淀物影响系统工作以及油液氧化后变为酸性对金属表面起腐蚀作用	8	价格低廉，对人体无害

表 2-6 根据液压泵选用液压油液的品种和黏度

液压泵类型	压力/MPa	运动黏度 $\nu/(mm^2/s)$		适用品种和黏度等级
		5～40℃	40～80℃	
叶片泵	<7	30～50	40～75	HM 油：32、46、68
	>7	50～70	55～90	HM 油：46、68、100
螺杆泵		30～50	40～80	HL 油：32、46、68
齿轮泵		30～70	95～165	HL 油（中、高压用 HM）：32、46、68、100、150
轴向柱塞泵		40	70～150	HL 油（高压用 HM）：32、46、68、100、150
径向柱塞泵		30～50	65～240	HL 油（高压用 HM）：32、46、68、100、150

（4）经济性（购置费用）

液压泵的购置费用将作为一个选择条件与其他条件权衡。通常，在排量一定的条件下，齿轮泵最便宜，柱塞泵最贵，而叶片泵介于两者之间。

（5）适应性

即液压泵是否适应用户的习惯，是否能与类似产品互换。

（6）维修方便性

应充分考虑所使用的液压泵在车间及现场是否都易于维修、易于找到维修者并有充足的货源。

（7）货源及产品史

应考虑所选择的液压泵能否很快得到，需要多长时间才能得到备件，此种泵在类似或相近的应用中使用性能如何，产品的性能和生产、使用及验收的历史状况如何。作为液压系统的设计师及使用和维护人员，应对国内外液压泵的生产销售厂商（公司）的分布及其产品品种、性能、服务、声誉和新旧产品的替代与更换具有较为全面的了解，才能实现液压泵正确、合理地选择。

第3章 液压马达

3.1 液压马达的概述

液压马达是将液体的压力能转换为机械能，输出转矩和回转运动的一种执行元件，在液压系统中具有重要地位。

液压马达一般可分为小转矩和大转矩两种。近年来，随着液压技术不断向高压、大功率方向发展及人们对环境保护的日益重视，要求液压执行元件具有噪声低、污染小、运转平稳等特点，因此，大转矩液压马达成为发展趋势之一。从能量转换的观点来看，液压泵与液压马达是可逆工作的液压元件，向任何一种液压泵输入工作液体，都可使其变成液压马达工况；反之，当液压马达的主轴由外力矩驱动旋转时，也可变为液压泵工况。因为它们具有同样的基本结构要素：可密闭而又可以周期变化的容积和相应的配油机构。

与电动机相比较，液压马达具有一些电动机没有的优点：

① 传动轴瞬间即可反向；

② 无论堵转多长时间，也不会造成损坏；

③ 由工作转速控制转矩；

④ 易于实现动态制动；

⑤ 如果设电动机功率与质量的比是 1，液压马达则可高达 10～12，即传递同样大小的功率，液压马达质量小。

液压马达有着非常广泛的应用，仅举数例于表 3-1 中。

液压马达与液压泵在结构上的差异主要有：

① 液压马达需要正反转，在内部结构上必须具有对称性，而液压泵常是单方向旋转运行，为提高效率，大都是非对称的。

表 3-1 液压马达的应用

设备类型	液压马达的作用	设备类型	液压马达的作用
挖掘机	行走驱动、转向驱动	凿岩机	行走驱动
压路机	行走驱动、转向驱动	钻机	行走驱动、转向驱动
沥青摊铺机	行走驱动	清扫车	行走驱动、转向驱动
滑移装载机	行走驱动	叉车	行走驱动
铰接式装载机	行走驱动	除根机	行走驱动、切割部驱动
挖沟机	行走驱动、链驱动	注塑机	预塑、调模
农业撒播车	行走驱动	机场车辆	行走驱动
专用收割机	行走驱动、辅助驱动	自卸车	行走驱动
割草机	行走驱动		

例如，齿轮泵常采用不对称式卸荷槽结构，而齿轮马达则需使用对称式的；叶片泵的叶片槽在转子上常具有安放倾角，而叶片马达的叶片槽则必须径向布置，若倾斜布置的话，反转时即会折断叶片；轴向柱塞泵的配油盘为减除气穴现象与噪声，常采用不对称结构，而轴向柱塞马达必须采用对称结构等。

② 液压马达在确定轴承的结构形式及其润滑方式时，应保证在很宽的速度范围内都能正常地工作，当马达速度很低时，若采用动压轴承，就不易形成润滑油膜，在这种情况下，应采用滚动轴承或静压轴承。

液压泵常运行在某一高速区，且转速几乎没有什么变化，因此不存在这一苛刻的要求。

③ 液压马达为提高启动转矩，要求转矩的脉动小，结构内部摩擦力小。因此，像齿轮马达的齿数就不能如齿轮泵那样少，轴向间隙补偿时的预压紧力也比泵小得多，以减小摩擦阻力而增大启动转矩。

④ 液压马达没有自吸能力的要求，但泵必须保证这一基本功能，因此，像点接触轴向柱塞式液压马达（其柱塞底部没有弹簧）则不能作泵用。

⑤ 叶片泵依靠转子旋转时，将叶片抛出的离心力使叶片贴紧定子起封油作用，形成工作容腔。若将其当液压马达使用，则因启动时没有力量使叶片贴紧定子，无法封闭工作容腔，马达无法启动。所以，叶片马达中心必须有燕形摇摆弹簧或螺旋弹簧等叶片压紧机构，这正是叶片泵没有的。

3.1.1 液压马达的工作原理

（1）叶片式液压马达

由于压力油作用，受力不平衡使转子产生转矩。叶片式液压马达的输出转矩与液压马达的排量和液压马达进出油口之间的压力差有关，其转速由输入液压马达的流量大小来决定。

由于液压马达一般都要求能正反转。因此叶片式液压马达的叶片要径向放置。为了使叶片根部始终通有压力油，在回压油腔通入叶片根部的通路上应设置单向阀，为了确保叶片式液压马达在压力油通入后能正常启动，必须使叶片顶部和定子内表面紧密接触，以保证良好的密封，因此在叶片根部应设置预紧弹簧。叶片式液压马达体积小，转动惯量小，动作灵敏，可适用于换向频率较高的场合，但泄漏量较大，低速工作时不稳定。因此，叶片式液压马达一般用于转速高、转矩小和动作要求灵敏的场合。

（2）径向柱塞式液压马达

图 3-1 为径向柱塞式液压马达工作原理。当压力油经固定的配油轴 4 的窗口进入缸体 3

内柱塞 1 的底部时，柱塞向外伸出，紧紧顶住定子 2 的内壁。由于定子与缸体存在一偏心距 e，在柱塞与定子接触时，定子对柱塞产生反作用力 F_N，这个反作用力可分解为两个分力：沿柱塞轴向的法向力 F_f 和沿柱塞径向的径向力 F_T。径向力 F_T 对缸体产生转矩，使缸体旋转。缸体再通过端面连接的传动轴向外输出转矩和转速。

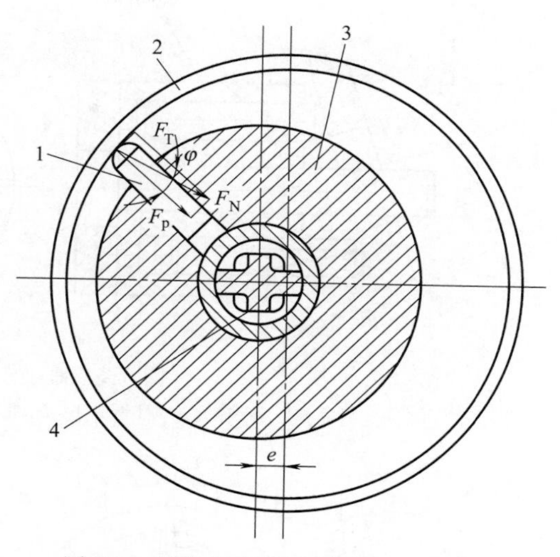

图 3-1 径向柱塞式液压马达工作原理

1—柱塞；2—定子；3—缸体；4—配油轴

径向柱塞式液压马达多用于低速大转矩的情况下。

单作用连杆型径向柱塞式液压马达的排量为

$$V=\frac{\pi d^2 ez}{2} \tag{3-1}$$

式中 d——柱塞直径；

e——曲轴偏心距；

z——柱塞数。

单作用连杆型径向柱塞式液压马达的优点是结构简单，工作可靠。其缺点是体积和质量较大，转矩脉动，低速稳定性较差。近年来因其主要的摩擦副大多采用静压支承或静压平衡结构，故其低速稳定性有很大的改善，最低稳定转速可达 3r/min。

多作用内曲线径向柱塞式液压马达的排量为

$$V=\frac{\pi d^2}{4}sxyz \tag{3-2}$$

式中 d——柱塞直径；

s——柱塞行程；

x——作用次数；

y——柱塞排数；

z——每排柱塞数。

多作用内曲线径向柱塞式液压马达的转矩脉动小，径向力平衡，启动转矩大，并能在低速下稳定地运转，普遍应用于工程机械、建筑机械、起重运输机械、煤矿机械、船舶等机械中。

（3）轴向柱塞马达

轴向柱塞泵除阀式配油外，其他形式原则上都可以作为液压马达用，即轴向柱塞泵和轴向柱塞马达是可逆的。轴向柱塞马达的工作原理如图 3-2 所示，配油盘 4 和斜盘 1 固定不动，马达轴 5 与缸体 2 相连接一起旋转。当压力油经配油盘 4 的窗口进入缸体 2 的柱塞孔时，柱塞 3 在压力油作用下外伸，紧贴斜盘 1 对柱塞 3 产生一个法向反力 F，此力可分解为轴向分力 F_x 和垂直分力 F_y。轴向分力 F_x 与柱塞上液压力相平衡，而垂直分力 F_y 则使柱塞对缸体中心产生一个转矩，带动马达轴逆时针方向旋转。轴向柱塞马达产生的瞬时总转矩是脉动的。若改变马达压力油的输入方向，则马达轴 5 按顺时针方向旋转。斜盘倾角 α 的改变即排量的变化，不仅影响马达的转矩，而且影响它的转速和转向。斜盘倾角越大，产生的转矩越大，转速越低。

（4）齿轮液压马达

齿轮液压马达工作原理如图 3-3 所示。一对啮合的齿轮Ⅰ、齿轮Ⅱ在高压区的轮齿有

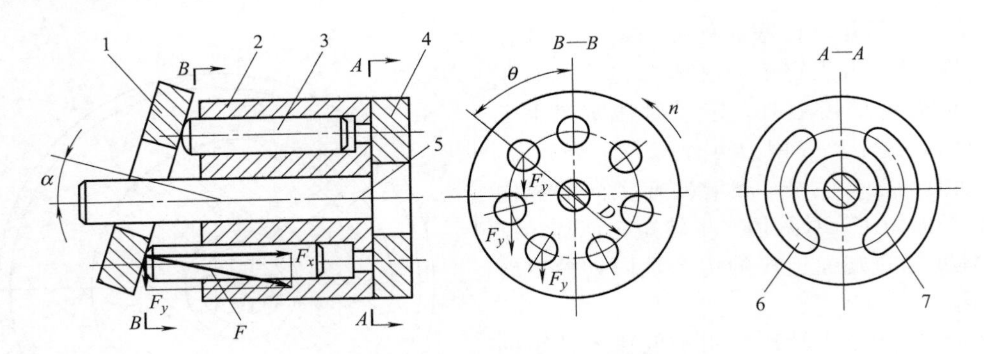

图 3-2　轴向柱塞马达的工作原理

1—斜盘；2—缸体；3—柱塞；4—配油盘；5—马达轴；6—进油窗口；7—回油窗口

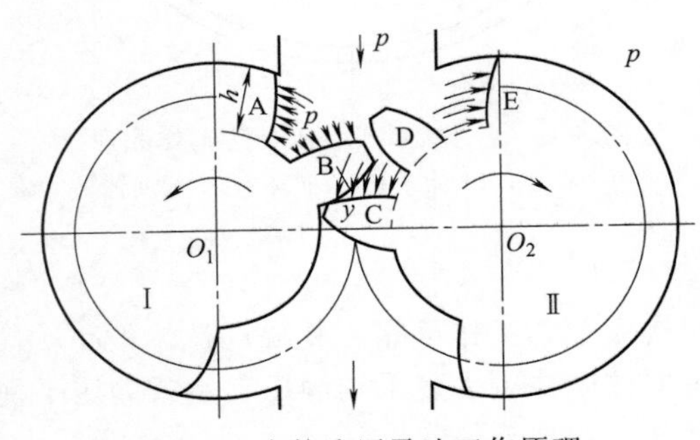

图 3-3　齿轮液压马达工作原理

A～E 五只。由于齿轮Ⅰ、齿轮Ⅱ在 y 点啮合，啮合点 y 将高低压隔开。所以齿轮Ⅰ啮合点 y 上方齿面所受的液压力将产生使齿轮Ⅰ逆时针转动的转矩，齿轮Ⅱ的 C 齿面和 E 齿面承压面积之差也将产生使齿轮Ⅱ顺时针转动的转矩。由于齿轮啮合而在高压区形成的承压面积之差是齿轮液压马达产生驱动力矩的根源。

齿轮马达在结构上为了适应正反转要求，进、出油通道对称，孔径相同，具有对称性，有单独外泄油口将轴承部分的泄漏油引出壳体外；为了减小启动摩擦力矩，采用滚动轴承；齿轮液压马达的齿数比泵的齿数要多。

齿轮液压马达仅适合于高速小转矩的场合，一般用于工程机械、农业机械以及对转矩均匀性要求不高的机械设备上。

3.1.2　液压马达的分类

液压马达按其结构类型可以分为齿轮式、叶片式、柱塞式和其他形式；按液压马达的额定转速分为高速和低速两大类；按所能传递的转矩大小有小转矩、中转矩、大转矩之分；根据每转中工作副的作用次数，可分为单作用式和多作用式两大类。

（1）高速液压马达与低速液压马达

一般额定转速高于 500r/min 的称为高速液压马达，额定转速低于 500r/min 的称为低速液压马达。

高速液压马达的主要特点是转速较高、转动惯量小，便于启动和制动，调节（调速及换向）灵敏度高。通常高速液压马达输出转矩不大，所以又称为高速小转矩液压马达。低速液压马达的主要特点是排量大、体积大、转速低（有时可达每分钟几转甚至零点几转），启动效率高，转动惯量小，加速和制动时间短。通常低速液压马达输出转矩较大，所以又称为低速大转矩液压马达。由于大转矩液压马达转速低，低速稳定性好，因此使用时往往不需要减速装置即可直接驱动低速大转矩负载（工作机构），使传动机构大为简化。但若机构需要制动，则需要安装尺寸较大的制动器。

（2）小转矩液压马达、中转矩液压马达与大转矩液压马达

当液压马达输出转矩在 1000N·m 以上时，称为大转矩液压马达，否则叫小转矩、中转矩马达。大排量马达的转矩可达到 105N·m 以上，大转矩液压马达具有较低的转速，一

般在400r/min以下。

（3）单作用式液压马达和多作用式液压马达

根据每转中工作副的作用次数，可将液压马达分为单作用式和多作用式两大类。单作用式液压马达结构简单，零件数目少，工艺性较好，造价较低。但是，输出转矩与转速的脉动较大，同时径向力不平衡。多作用式液压马达在相同的工作压力下，能输出更大的转矩，只要工作副数和作用次数选取合适，就可使径向力平衡，具有较高的启动转矩效率；但结构复杂，零件数目多，制造成本较高。

3.1.3 液压马达的主要技术参数

（1）工作压力和额定压力

液压马达入口油液的实际压力称为液压马达的工作压力，其大小取决于液压马达的负载。液压马达入口压力和出口压力的差值称为液压马达的压差。在液压马达出口直接接油箱的情况下，为便于定性分析问题，通常近似地认为马达的工作压力等于工作压力差。

液压马达在正常工作条件下，按试验标准规定可连续正常运转的最高压力称为液压马达的额定压力。

（2）流量和排量

液压马达入口处的流量称为液压马达的实际流量 q_{m}；液压马达密封腔容积变化所需要的流量称为液压马达的理论流量 q_{mt}；实际流量和理论流量之差即为液压马达的泄漏量 Δq_{m}，即 $\Delta q_{m}=q_{m}-q_{mt}$，液压马达的实际流量总是大于它的理论流量。

液压马达的排量 V 是指在没有泄漏的情况下，马达轴每转一周，由其密封容腔几何尺寸变化所计算得到的排出液体体积。

（3）容积效率和转速

液压马达的理论流量 q_{mt} 与实际流量 q_{m} 之比为液压马达的容积效率 η_{mV}，即

$$\eta_{mV}=\frac{q_{mt}}{q_{m}}=1-\frac{\Delta q_{m}}{q_{m}} \tag{3-3}$$

液压马达的输出转速等于理论流量 q_{mt} 与排量 V 的比值，即

$$n=\frac{q_{mt}}{V}=\frac{q_{m}}{V}\eta_{mV} \tag{3-4}$$

（4）转矩和机械效率

液压马达的输出转矩称为实际输出转矩 T_{m}，由于液压马达中存在机械摩擦，使液压马达的实际输出转矩 T_{m} 总是小于理论转矩 T_{mt}，若液压马达的转矩损失为 T_{mf}，则

$$T_{mf}=T_{mt}-T_{m} \tag{3-5}$$

液压马达的实际输出转矩 T_{m} 与理论转矩 T_{mt} 之比称为液压马达的机械效率 η_{mm}，即

$$\eta_{mm}=\frac{T_{m}}{T_{mt}}=1-\frac{T_{mf}}{T_{mt}} \tag{3-6}$$

设液压马达的进出口压力差为 Δp，排量为 V，则马达的理论输出转矩与泵有相同的表达形式，即

$$T_{mt}=\frac{\Delta pV}{2\pi} \tag{3-7}$$

马达的实际输出转矩为

$$T_{m}=\frac{\Delta pV}{2\pi}\eta_{mm} \tag{3-8}$$

（5）功率和总效率

液压马达的输入功率 P_{mt} 为

$$P_{mt}=\Delta p q_{m} \tag{3-9}$$

液压马达的输出功率 P_{mo} 为

$$P_{mo}=2\pi n T_{m} \tag{3-10}$$

液压马达的总效率等于马达的输出功率 P_{mo} 与输入功率 P_{mt} 之比，即

$$\eta_{m}=\frac{P_{mo}}{P_{mt}}=\frac{2\pi n T_{m}}{\Delta p q_{m}}=\eta_{mV}\eta_{mm} \tag{3-11}$$

3.2 几种典型液压马达

3.2.1 高速液压马达

高速液压马达的主要特点是转速较高、转动惯量小，便于启动和制动，调速和换向的灵敏度高。高速液压马达的结构与同类型的液压马达基本相同，因此它们的主要性能特点也相似。例如齿轮马达具有结构简单、体积小、价格低、使用可靠性好等优点和低速稳定性差、输出转矩和转速脉动性大、径向力不平衡、噪声大等缺点。但是同类型的马达与泵由于使用要求不同仍存在许多不同点。

（1）齿轮高速马达

外啮合齿轮液压马达的工作原理如图 3-4 所示。图中Ⅰ为转矩输出齿轮，Ⅱ为空转齿轮，啮合点 C 至两齿轮中心的距离分别为 R_{c1} 和 R_{c2}，当高压油 P_b 进入马达的高压腔时，处于高压腔内的所有齿轮都受到压力油的作用，由于 $R_{e1}>R_{c1}$，$R_{e2}>R_{c2}$，所以相互啮合的两个齿面只有一部分处于高压腔。这样两个齿轮处于高压腔的两个齿面所受到的切向液压力分别形成了力矩 T_1'、T_2'；同理，处于低压腔的各齿面所受到的低压液压力也是不平衡的，对两齿轮轴分别形成了反方向的力矩 T_1''、T_2''。此时齿轮Ⅰ上的不平衡力矩 $T_1=T_1'-T_1''$，齿轮Ⅱ上的不平衡力矩 $T_2=T_2'-T_2''$。

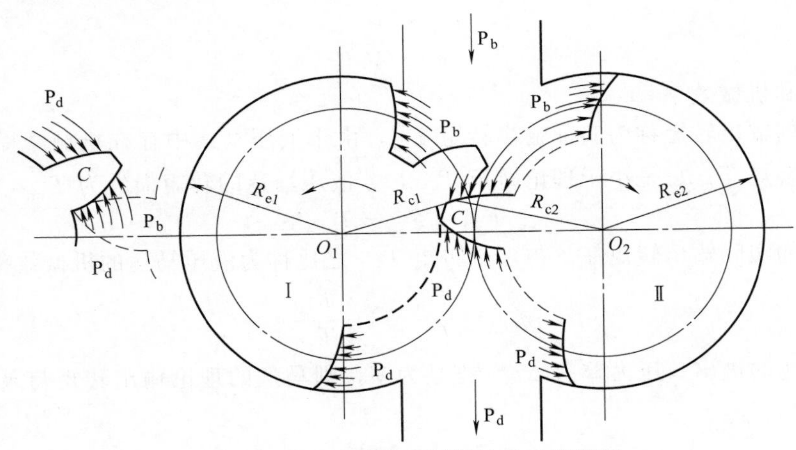

图 3-4　外啮合齿轮液压马达的工作原理

所以在马达输出轴上产生了总转矩 $T=T_1+T_2\dfrac{R_1}{R_2}$（式中 R_1、R_2 为齿轮Ⅰ和齿轮Ⅱ的节圆直径），从而克服负载力矩而按图中箭头所示方向旋转。随着齿轮的旋转，高压腔油

液被带到低压腔排出，齿轮液压马达的排量公式同齿轮泵一样。

齿轮马达在结构上为了适应正反转要求，进出油口具有对称性，有单独外泄口将轴承部分的泄漏油引出壳体外。为了减小启动摩擦力矩，采用滚动轴承；为了减少转矩脉动，齿轮液压马达的齿数比泵的齿数要多。

齿轮液压马达由于密封性差，容积效率较低，输入油压力不能过高，不能产生较大转矩，并且瞬间转速和转矩随着啮合点的位置变化而变化。因此齿轮液压马达仅适合高速小转矩的场合。一般用于工程机械、农业机械以及对转矩均匀性要求不高的机械设备上。

（2）叶片高速马达

图 3-5 所示为双作用式叶片液压马达工作原理图。处于工作区段（即圆弧区段）的叶片 1 和叶片 3 都作用有液压推力，但因叶片 1 的承压面积及其合力中心的半径都比叶片 3 大，故产生转矩（其方向如图中箭头所示），同时叶片 5 和叶片 7 也产生相同的驱动转矩。处于高压窗口上的叶片 2 和叶片 6，其两侧作用的液压力相同，对它无转矩作用，但通往叶片底部的压力油会产生一定的压紧力，在过渡区段此力的理论反力在定子曲线的法线方向，其分力会对转子体有一转矩作用，而且低压区叶片与高压区叶片的转矩方向相反。考虑到高压区叶片顶部也作用有高压油（其合力比底部略小），压力基本平衡，故高压油压紧力产生的转矩可以忽略。而低压区的这一转矩不能忽略，其方向与工作叶片 1 的转矩方向相反，马达在此转矩差的驱动下克服摩擦及轴上的负载转矩而驱动。

叶片液压马达的排量公式与双作用式叶片泵排量公式相同，但公式中叶片槽相对于径向倾斜角 $\theta=0$。

为了适应马达正反转要求，叶片液压马达的叶片为径向放置。为了使叶片底部始终通入高压油，在高、低油腔通入叶片底部的通路上装有梭阀。为了保证叶片液压马达在压力油通入后，高、低压不致窜通而能正常启动，在叶片底部设置了预紧弹簧——燕式弹簧。

叶片液压马达结构紧凑，转动惯量小，反应灵敏，能适应较高频率的换向。但泄漏较大，低速时不够稳定。它适用于转动惯量小，转速高，力学性能要求不严格的场合。

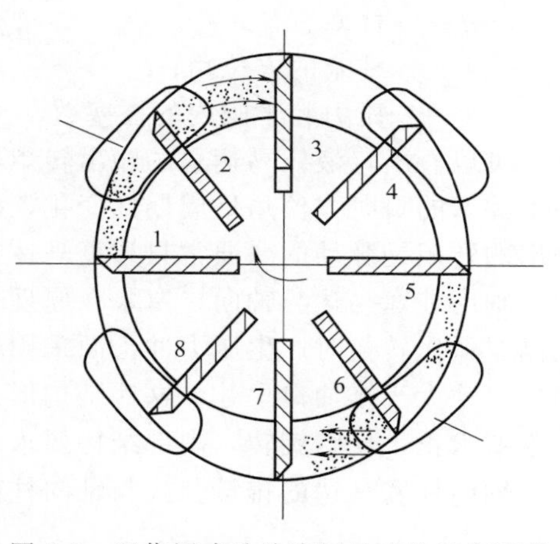

图 3-5 双作用式叶片液压马达的工作原理

1～8—叶片

（3）轴向柱塞马达

轴向柱塞马达的工作原理如图 3-6 所示。当压力油输入液压马达时，处于压力腔的柱塞

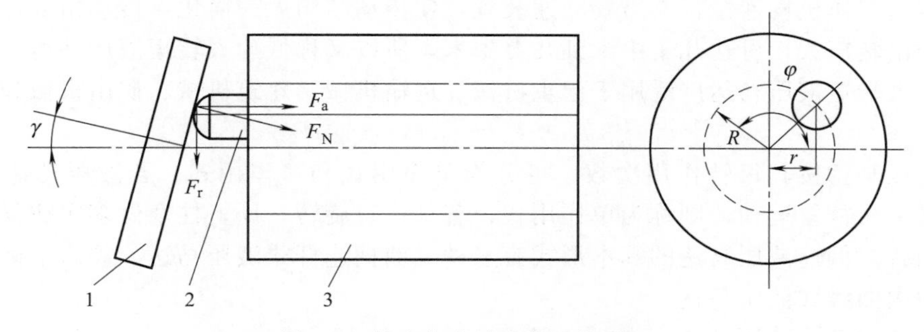

图 3-6 轴向柱塞马达的工作原理

1—斜盘；2—柱塞；3—缸体

2 被顶出，压在斜盘 1 上。设斜盘 1 作用在柱塞 2 上的反作用力为 F_N，F_N 可分解为轴向分力 F_a 和垂直于轴向的分力 F_r。其中，轴向分力 F_a 和作用在柱塞后端的液压力相平衡，垂直于轴向的分力 F_r 使缸体 3 产生转矩。当液压马达的进、出油口互换时，马达将反向运动，当改变马达斜盘倾角时，马达的排量便随之改变，从而可以调节输出转速或转矩。

从图 3-6 可以看出，当压力油输入液压马达后，所产生的轴向分力 F_a 为：

$$F_a=\frac{\pi}{4}d^2p \tag{3-12}$$

使缸体 3 产生转矩的垂直分力为：

$$F_r=F_a\tan\gamma=\frac{\pi}{4}d^2p\tan\gamma \tag{3-13}$$

单个柱塞产生的瞬时转矩为：

$$T_i=F_rR\sin\varphi_i=\frac{\pi}{4}d^2pR\tan\gamma\sin\varphi_i \tag{3-14}$$

液压马达总的输出转矩：

$$T=\sum_{i=1}^{N}T_i=\frac{\pi}{4}d^2pR\tan\gamma\sum_{i=1}^{N}\sin\varphi_i \tag{3-15}$$

式中　R——柱塞在缸体的分布圆半径；

d——柱塞直径；

φ_i——柱塞的方位角；

N——压力腔半圆内的柱塞数。

可以看出，液压马达总的输出转矩等于处在马达压力腔半圆内各柱塞瞬时转矩的总和。由于柱塞的瞬时方位角呈周期性变化，液压马达总的输出转矩也周期性变化，所以液压马达输出的转矩是脉动的。通常只计算马达的平均转矩。

轴向柱塞马达与轴向柱塞泵在原理上是互逆的，但也有一部分轴向柱塞泵为防止柱塞腔在高、低压转换时产生压力冲击而采用非对称配油盘，以及为提高泵的吸油能力而使泵的吸油口尺寸大于排油口尺寸。这些结构形式的泵就不适宜用作液压马达。因为液压马达的转向经常要求正、反转旋转，内部结构要求对称。

轴向柱塞马达的排量公式与轴向柱塞泵的排量公式完全相同。

3.2.2　低速大转矩液压马达

与液压泵的情况相反，低速大转矩液压马达多数采用径向柱塞式结构。其特点是排量大、体积大、低速稳定性好（一般可在 10r/min 以下平稳运转，有的可低于 0.5r/min），因此可以直接与工作机构连接，不需要减速装置，使传动结构大为简化，传动精度提高。低速液压马达输出转矩大，可达几千牛米到几万牛米，所以又称低速大转矩液压马达。由于上述特点，低速大转矩液压马达广泛用于起重机械、运输机械、建筑机械、矿山机械和船舶等机械中。

低速液压马达按其每转作用次数，可分为单作用式和多作用式。若液压马达每旋转一周，柱塞做一次往复运动，则称为单作用式；若马达每旋转一周，柱塞做多次往复运动，则称为多作用式。低速液压马达的基本形式有三种：曲柄连杆式液压马达、静力平衡式液压马达和多作用内曲线式液压马达。

（1）曲柄连杆式液压马达

曲柄连杆式液压马达应用较早，典型代表为英国斯达发（Staffa）液压马达。我国的此类液压马达型号为 JMZ 型，其额定压力 16MPa，最高压力 21MPa，理论排量最大可达 6.14L/r。图 3-7 所示为曲柄连杆式径向柱塞液压马达的工作原理。

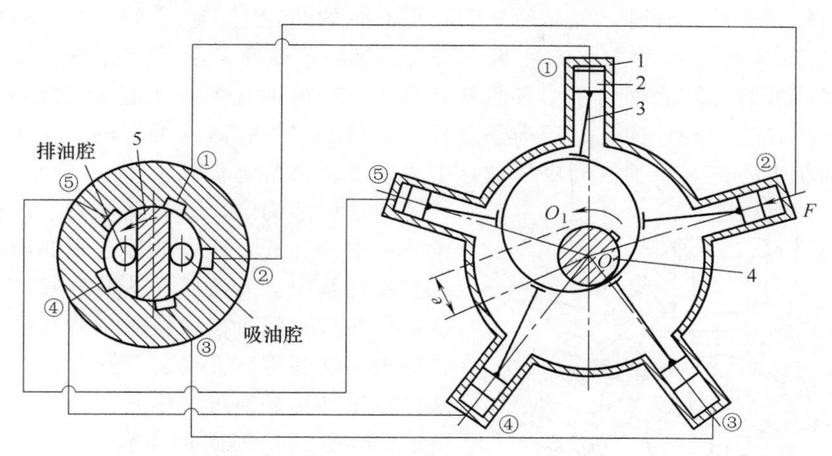

图 3-7　曲柄连杆式液压马达工作原理

1—壳体；2—活塞；3—连杆；4—曲轴；5—配油轴

在壳体 1 的圆周放射状均匀布置了 5 个缸体，形成星形壳体。缸体内装有活塞 2，活塞 2 与连杆 3 通过球铰连接，连杆大端做成鞍形圆柱瓦面，紧贴在曲轴 4 的偏心圆上，其圆心为 O_1，它与曲轴旋转中心 O 的偏心距 $OO_1=e$，液压马达的配油轴 5 与曲轴 4 通过十字键连接在一起，随曲轴一起转动，液压马达的压力油经过配油轴通道，由配油轴分配到对应的活塞油缸。在图中，油缸的①～③腔通压力油，活塞受到压力油的作用；其余的活塞油缸则与排油窗口接通；根据曲柄连杆机构运动原理，受油压作用的柱塞通过连杆对偏心圆中心 O_1 作用一个力 F，推动曲轴绕旋转中心 O 转动，对外输出转速和转矩。如果进、排油口对换，则液压马达反向旋转。随着驱动轴、配油轴转动，配油状态交替变化。在曲轴旋转过程中，位于高压侧的油缸容积逐渐增大，而位于低压侧的油缸容积则逐渐缩小，因此，在工作时，高压油不断进入液压马达，然后由低压腔不断排出。

总之，由于配油轴过渡密封间隔的方位和曲轴的偏心方向一致，并且同时旋转，所以配油轴颈的进油窗口始终对着偏心线 OO_1 的一边的两只或三只油缸，吸油窗对着偏心线 OO_1 另一边的其余油缸，总的输出转矩是叠加所有柱塞对曲轴中心所产生的转矩，该转矩使得旋转运动得以持续下去。

以上讨论的是壳体固定、轴旋转的情况。如果将轴固定，进、排油直接通到配油轴中，就能达到外壳旋转的目的，构成所谓的“车轮”液压马达。

曲柄连杆式液压马达的排量 V 为

$$V=\frac{\pi d^2 ez}{2} \tag{3-16}$$

式中　d——柱塞直径；

　　　e——曲轴偏心距；

　　　z——柱塞数。

（2）静力平衡式液压马达

静力平衡式液压马达也称无连杆液压马达，是从曲柄连杆型液压马达改进、发展而来的，它的主要特点是取消了连杆，并且在主要摩擦副之间实现了油压静力平衡，改善了工作性能。典型代表为英国罗斯通（Roston）液压马达，国内也有不少产品，并已经在船舶机械、挖掘机及石油钻探机械上使用。

静力平衡式液压马达的工作原理如图 3-8 所示，液压马达的偏心轴与曲轴的形式相类似，既是输出轴，又是配油轴。五星轮 3 套在偏心轴的凸轮上，在它的 5 个平面中各嵌装一个压力环 4，压力环的上平面与空心柱塞 2 的底面接触，柱塞中间装有弹簧，以防止液压马达启动或空载运转时柱塞底面与压力环脱开。高压油经配油轴中心孔道通到曲轴的偏心配油部分，然后经五星轮中的径向孔、压力环、柱塞底部的贯通孔进入油缸的工作腔内，在图示位置时，配油轴上方的 3 个油缸通高压油，下方的 2 个油缸通低压油。

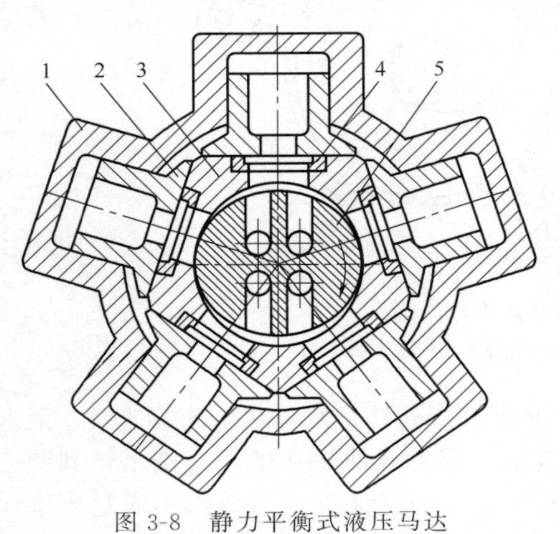

图 3-8　静力平衡式液压马达
1—壳体；2—柱塞；3—五星轮；4—压力环；5—配油轴

在这种结构中，五星轮取代了曲柄连杆式液压马达中的连杆，压力油经过配油轴和五星轮再到空心柱塞中去，液压马达的柱塞与压力环、五星轮与曲轴之间可以大致做到静压平衡，在工作过程中，这些零件又要起密封和传力作用。由于这种液压马达是通过油压直接作用于偏心轴而产生输出转矩的，因此称为静力平衡式液压马达。实际上，只有当五星轮上液压力达到完全平衡，使得五星轮处于“悬浮”状态时，液压马达的转矩才是完全由液压力直接产生的；否则，五星轮与配油轴之间仍然有机械接触的作用力及相应的摩擦力矩存在。

(3) 多作用内曲线式液压马达

多作用内曲线式液压马达的结构形式很多，就使用方式而言，有轴转、壳转与直接装在车轮轮毂中的车轮式液压马达等形式。从内部的结构来看，根据不同的传力方式，柱塞部件的结构可有多种形式，但液压马达的主要工作过程是相同的。现以如图 3-9 所示的结构来说明其基本工作原理。

多作用内曲线式液压马达由定子（凸轮环）1、转子 2、配油轴 4 与柱塞 5 等主要部件组成。定子 1 的内壁由若干段均布的、形状完全相同的曲面组成，每一相同形状的曲面又可分为对称的两边，其中允许柱塞副向外伸的一边称为进油工作段，与它对称的另一边称为排油工作段，每个柱塞在液压马达每转中往复的次数就等于定子曲面数 x，将 x 称为该液压马达的作用次数。在转子的径向有 z 个均匀分布的柱塞缸孔，每个缸孔的底部都有一配油窗口，并与和其中心配油轴 4 相配合的配油孔相通。配油轴 4 中间有进油和回油的孔道，它的配油窗口的位置与导轨曲面的进油工作段和回油工作段的位置相对应，所以在配油轴圆周上有 $2x$ 个均布配油窗口。柱塞 5 沿转子 2 上的柱塞缸孔做往复运动，作用在柱塞上的液压力经滚轮传递到定子的曲面上。

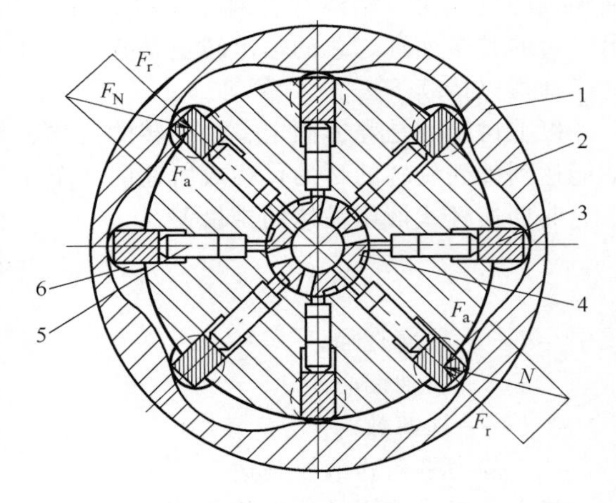

图 3-9　多作用内曲线式液压马达工作原理
1—凸轮环；2—转子；3—横梁；4—配油轴；5—柱塞；6—滚轮

来自液压泵的高压油首先进入配油轴，

经配油轴窗口进入处于工作段的各柱塞缸孔中，使相应的柱塞组的滚轮顶在定子曲面上。在接触处，定子曲面给柱塞组一反力 F_N，此反力 F_N 作用在定子曲面与滚轮接触处的公法面上，此法向反力 F_N 可分解为径向力 F_r 和圆周力 F_a。F_r 与柱塞底面的液压力及柱塞组的离心力等相平衡，而 F_a 所产生的驱动力矩则克服负载力矩使转子 2 旋转。柱塞所做的运动为复合运动，即随转子 2 旋转的同时在转子的柱塞缸孔内做往复运动，定子和配油轴是不转的。对应于定子曲面回油区段的柱塞做相反方向运动，通过配油轴回油，当柱塞 5 经定子曲面工作段过渡到回油段的瞬间，供油和回油通道被闭死。若将液压马达的进出油方向对调，液压马达将反转；若将驱动轴固定，则定子、配油轴和壳体将旋转，通常称为壳转工况，变为“车轮”液压马达。

多作用内曲线式液压马达的排量为：

$$V=\frac{\pi d^2}{4}sxyz \tag{3-17}$$

式中 d，s——柱塞直径、行程；

x——作用次数；

y——柱塞排数；

z——每排柱塞数。

多作用内曲线式液压马达在柱塞数 z 与作用次数 x 之间存在一个大于 1 小于 z 的最大公约数 m 时，通过合理设计导轨曲面，可使径向力平衡，理论输出转矩均匀无脉动。同时液压马达的启动转矩大，并能在低速下稳定地运转，故普遍应用于工程机械、建筑机械、起重运输机械、煤矿机械、船舶机械、农业机械等机械中。

3.2.3 BM 系列摆线式液压马达

BM 系列摆线式液压马达，是一种低速大转矩液压马达。它的端面配油提高了容积效率、使用寿命。该系列马达具有输出转矩大、转速范围宽、高速平稳、低速稳定、效率高、寿命长、体积小、重量轻、可以直接与工作机构相连接等优点。因而 BM 系列摆线式液压马达适用于各种低速重载的传动装置，广泛应用于农业、渔业、船舶、机床、注塑、起重装卸、采矿和建筑等部门，如液压挖掘机的行走和回转驱动、机床主轴和进给机构的驱动、注塑机的预塑螺杆驱动、船舶的锚链升降及渔轮收网、绞车驱动及各种输送机的驱动、采煤机的液压牵引传动等。BM 系列摆线式液压马达外形如图 3-10 所示。

如图 3-11 所示，压力油经过油孔进入后壳体，通过辅助盘、配油盘和后侧板，进入摆线轮针柱体间的工作腔。在油压的作用下，摆线轮被压向低压腔一侧旋转，摆线轮相对针柱体中心做自转和公转，并通过传动轴将其自转传给输出轴，同时通过配油轴，使配油盘与摆

图 3-10　BM 系列摆线式液压马达外形图

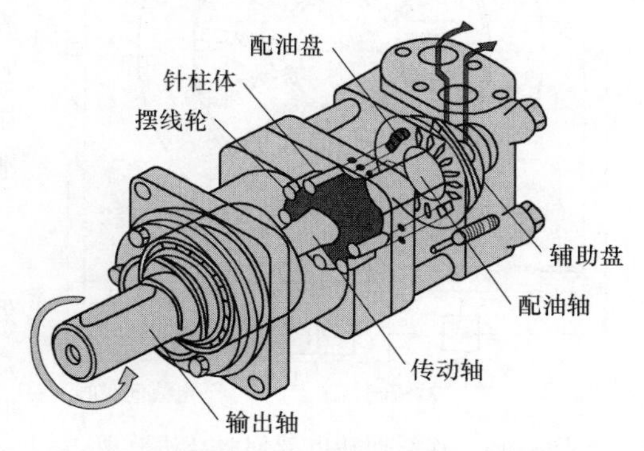

图 3-11　BM3 型液压马达结构与工作原理图

线轮同步运转，以达到连续不断地配油的目的。输出轴连续不断地旋转，改变输出的流量，就能输出不同的转速，改变进油方向，就能改变马达的旋转方向。BM3 型摆线式液压马达规格型号编码如图 3-12 所示。

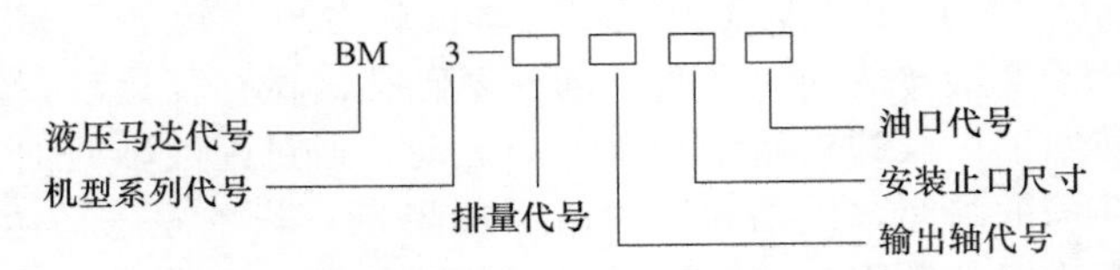

图 3-12　BM3 型摆线式液压马达规格型号编码

3.2.4　连续回转电液伺服马达

工业中常用的连续回转电液伺服马达根据其结构及运动机理可分为叶片马达、柱塞马达、螺杆马达、齿轮马达等。但从目前这几种动力马达的性能指标来看，它们存在着以下明显的性能缺陷：

① 转速（流量）和理论转矩存在结构性脉动。

② 低速性能差。多作用内曲线马达最低转速为 0.1r/min；曲轴连杆式马达最低转速为 2～3r/min；轴向柱塞式马达最低转速为 0.5～1.5r/min；普通低速大转矩叶片马达最低转速约为 5r/min；齿轮马达的低速性能最差，其最低稳定转速一般为 50～150r/min。

③ 螺杆马达虽然理论转矩无脉动，噪声小，效率高，但低速性能差，轴向尺寸较大。

3.2.4.1　工作原理

连续回转电液伺服马达原理如图 3-13 所示。马达在工作时，液压泵为马达提供压力油，液压油通过电液伺服阀 P_1 口经过控制油路到达进油腔 1 和进油腔 2，控制油路用实线表示。液压油到达进油腔后，经过配油盘腰型槽到达由马达叶片、配油盘、转子与定子形成的密封容腔。液压油进入密封容腔后，直接作用于马达叶片，产生相应的力矩，推动叶片转动，从而带动马达转子旋转，输出转矩和转速。马达定子内曲线由多条八次曲线组成，分别为两条短半径圆弧、两条长半径圆弧和四条连接短半径与长半径圆弧之间的过渡曲线。马达叶片为 13 个，对称分布，每个叶片根部都安装有预紧弹簧，叶片处于短半径圆弧和长半径圆弧区域时，油液通过减压阀沿着平衡油路通入叶片根部，平衡油路用长虚线表示。叶片处于过渡圆弧段时，叶片顶部密封容腔与叶片根部油液直接接通，以此确保叶片在运动过程中能够始终紧贴定子内表面，形成密封容腔。当马达叶片运动到回油腔位置时，随着叶片的不断旋转，密封容腔的体积不断减小，液压油通过回油腔 1 和回油腔 2 流回控制油路，经过电液伺服阀 P_2 口流回油箱。马达内部泄漏的油液经泄漏油路流回油箱，泄漏油路用短虚线表示。

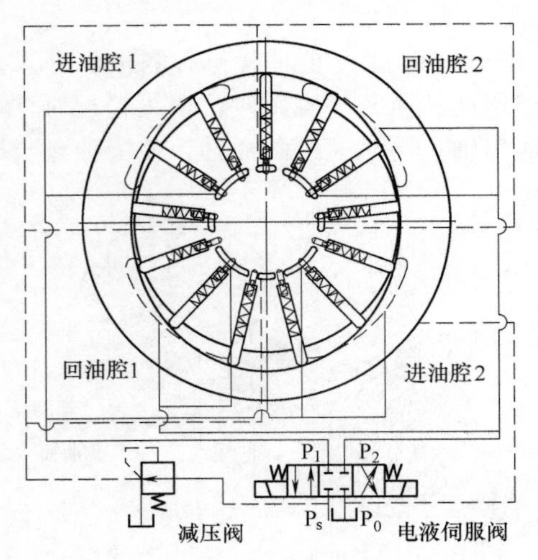

图 3-13　连续回转电液伺服马达原理

3.2.4.2　理论分析

依据连续回转电液伺服马达结构和原理模型，处于马达定子曲线圆弧段的两叶片与定子、配油盘及转子形成密封容腔，处于定子高次曲线段的叶片对于液压力来说是平衡的。它们仅在很小的弹簧力作用下压在定子上。马达的理论排量只取

决于叶片宽度 B、定子曲线的大圆弧半径 R_2、定子曲线小圆弧半径 R_1。

$$D_m = B(R_2^2 - R_1^2) \tag{3-18}$$

式中 D_m——马达理论弧度排量，m^3/rad；

B——叶片宽度，m；

R_2，R_1——定子内曲面长、短半径，m。

连续回转电液伺服马达的瞬时流量的推导过程如图 3-14 所示，假设转子在 dt 时间内转过 $d\varphi$ 角，由转子、定子内曲面和叶片 1、2 所围成的封闭容腔区域 $abdc$ 相应地变为 $a'b'd'c'$，封闭容腔体积缩小量 ΔV_1 为 $abcd$ 与和 $a'b'c'd'$的体积之差，即

$$\Delta V_1 = \frac{B(R_2^2 - R_1^2)d\varphi}{2} \tag{3-19}$$

对于双作用叶片马达，分别有两个吸、排油腔，同时由马达的工作原理可知：在定子过渡段内的叶片根部容腔和顶部工作腔油液是连通的，$\Delta V_2 = \Delta V_3$，这样在 dt 时间马达排出的油液总体积为

$$dV = B(R_2^2 - R_1^2)d\varphi \tag{3-20}$$

从而瞬时流量 Q_{sh} 为

$$Q_{sh} = \frac{dV}{dt} = B\frac{d\varphi}{dt}(R_2^2 - R_1^2) = B\omega_{sh}(R_2^2 - R_1^2) \tag{3-21}$$

式中，ω_{sh} 为瞬时角速度，rad/s。

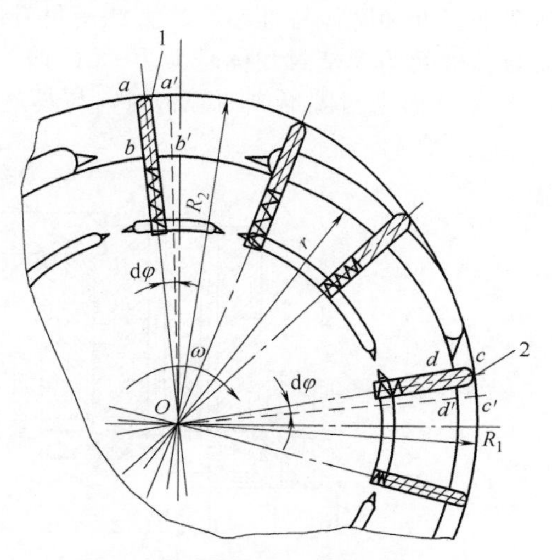

图 3-14 流量与转速计算几何示意图

瞬时角速度为

$$\omega_{sh} = \frac{Q_{sh}}{B(R_2^2 - R_1^2)} \tag{3-22}$$

从式 (3-22) 看出马达流量与马达瞬时角度位置无关。马达瞬时流量恒定，则马达瞬时角速度恒定，从而实现马达转速无结构性脉动，为实现超低速性能打好基础。

连续回转电液伺服马达理论转矩 T_{th} 为

$$T_{th} = P_L D_m = B(R_2^2 - R_1^2)P_L \tag{3-23}$$

式中，P_L 为负载压力，Pa。

瞬时输出转矩 T_{sh} 为

$$T_{sh} = P_L D_{sh}\eta_m = B(R_2^2 - R_1^2)P_L\eta_m \tag{3-24}$$

由式 (3-23) 和式 (3-24) 可知，当 $\eta_m = 100\%$时，马达的瞬时转矩恒等于理论转矩，即马达在结构上实现了理论输出转矩的无脉动。

3.2.4.3 提高马达综合性能的关键技术措施

(1) 提高马达的超低速特性

马达的超低速特性，不仅与马达本身的结构有关，而且与马达的负载特性、控制策略、液压控制回路等因素有关。从马达结构上看，影响超低速特性的主要因素包括马达转速和理论转矩的脉动、泄漏特性、摩擦力矩非线性引起的爬行、马达工作腔油液在压力撤换过程中产生的压力冲击等。

摩擦特性是影响马达超低速性能的重要因素。马达采用新型结构，通过调控减压阀的出口压力可以保证在整个圆周范围内，叶片径向所受的液压力基本上是平衡的，这样叶片和定

子的摩擦力主要由弹簧产生，从而大大降低马达的摩擦力矩，同时改善了马达的启动摩擦力矩特性。

马达的泄漏特性不但影响马达的静特性，例如运行的平稳性、容积效率等，而且影响马达的动特性，例如稳定性、阻尼特性等。在不能完全避免泄漏的情况下，在结构设计上应尽量使马达的泄漏量较小且变化平稳，马达采用的O形圈与聚四氟乙烯密封环相结合的组合密封形式是连续回转电液伺服马达的主要密封元件，组合密封性能的好坏对马达泄漏特性造成的影响很大。目前对于马达组合密封的设计依然停留在依靠经验来设计的阶段。连续回转电液伺服马达内部密封结构示意图如图3-15所示，ω为马达转速。对连续回转电液伺服马达泄漏特性和摩擦特性影响较大的密封有四处，分别为图3-15中标号为1、4的前、后轴承盖与转轴间的动密封和标号为2、3的前、后端盖与转轴间的动密封。马达其他位置的密封均是以O形密封圈形成的静密封，与马达泄漏特性和摩擦特性无关。

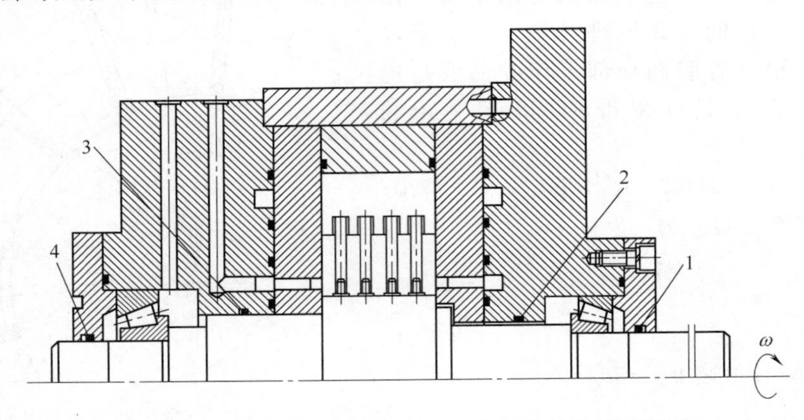

图3-15　连续回转电液伺服马达内部密封结构示意图

(2) 马达定子内曲面过渡曲线的设计

马达定子内曲面过渡曲线的性质，对马达的综合性能有重要影响。选择过渡曲线时，应在保证最大程度地减小“硬冲”和“软冲”的前提下，使叶片的受力状态良好。现在常用的过渡曲线，如等加速等减速曲线、正余弦曲线、阿基米德螺线都满足不了此要求。马达的转速（流量）及理论转矩均与定子过渡曲线的形状无关，因此可以把设计过渡曲线的侧重点放在改善叶片受力状态及曲线本身的动态特性上。据此，可以考虑采用近年来受到广泛重视的高次曲线。

(3) 提高马达频响

影响马达频响的因素主要有马达的总体结构形式、马达的排量、马达工作容腔的刚度、马达有效工作容积的大小、负载特性、油源压力等。马达的总体结构应尽量简单，以提高马达的刚度。马达的排量应根据系统频带和要求的最大加速度择优而定。根据经验，带惯性负载的马达液压固有频率应取为系统频带宽度的1.3～1.5倍为宜。构成马达工作容腔构件的刚度直接影响液体等效弹性模数，为了提高马达的液压固有频率，要设计具有足够刚度的工作容腔。理论分析证实，采用固定端面配油和组合装配方式可以有效地提高马达的刚度和可靠性。马达有效工作容积的大小直接影响阀控马达动力机构的液压固有频率，为了减小有效工作容积，将伺服阀直接安装在马达上，同时在满足最小流速的前提下，尽量减小配油通道的长度和直径。通过提高系统的供油压力，也可以提高马达的频响。

(4) 提高马达控制系统的精度

系统精度主要取决于系统反馈元件的精度。电液伺服马达、电液伺服阀、伺服放大器的精度也有很大的影响。对伺服马达而言，主要是消除运动时的死区，保证转动精度和轴承精度，这除了依靠加工和装配以及选用高精度轴承保证外，还在马达轴与负载之间采用涨紧式联轴器进行连接，以保证无间隙传动和足够的接触刚度。该连接方式同轴度好，工作安全可靠。

为了提高阀控马达系统的控制精度，除采用位置闭环外，还采用速度反馈和加速度反馈。采用速度反馈除可以抑制回路中的各种非线性外，还可以提高马达-负载的液压固有频率。加速度反馈则可以提高系统的阻尼比和刚度，改善低速性能，提高系统的动态响应。

（5）缓解压力冲击

连续回转电液伺服马达在工作过程中，马达叶片在高低压腔之间不断切换，开关频繁。在高低压接通瞬间，由于油液的压力脉动和高压腔到低压腔过流面积瞬间扩大，势必会对叶片造成一定的压力冲击，从而严重影响连续回转电液伺服马达的低速性。为了降低马达叶片在高低压腔切换时的压力冲击，保证其压力过渡平稳，传统上是在马达配油盘腰型槽处设计缓冲槽，常用的缓冲槽有 U 形槽、孔形槽、半圆形槽和三角锥形槽以及复合槽等形式。一般三角锥形缓冲槽较为常见。

3.2.5 大直径中空电液伺服马达

大直径中空电液伺服马达是转轴大直径中空、输出回转运动、液压驱动的执行机构，主要用于驱动仿真转台，它可以避免空心轴电机作为转台内框带来的对被测件信号的强电磁干扰，也可以避免液压马达端置式内框在被测件安装空间上的限制。因此，大直径中空电液伺服马达是大功率、低电磁噪声三轴转台内框的理想执行机构。

3.2.5.1 工作原理

图 3-16 为大直径中空电液伺服马达的工作原理图。大直径中空电液伺服马达由伺服阀、阀块、缸体、中空转轴、轴承、轴承座、端盖、定叶片、动叶片和密封组件（图中无表示）组成。伺服马达的工作腔由缸体 4、固定在缸体上的定叶片 3（两片）、中空转轴 5、固定在中空转轴上的动叶片 6（两片）组成。油源输出的高压油经 P 口由伺服阀导入伺服马达的高压工作腔 A（或 B），低压工作腔 B（或 A）的油液由伺服阀经 T 口回油箱，两个工作腔内油液压差作用在马达动叶片上产生使中空转轴输出回旋运动。

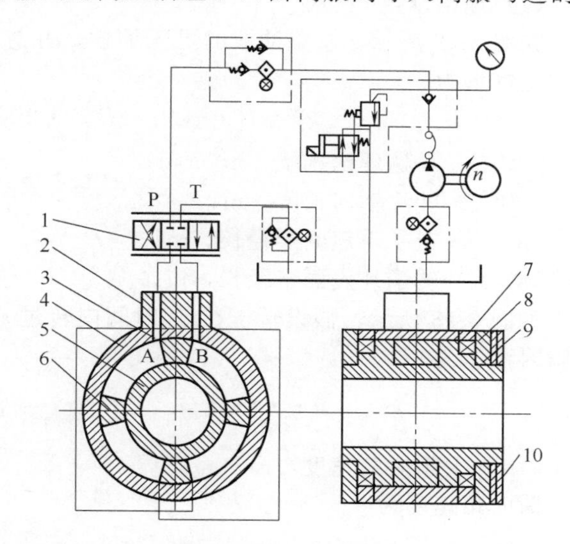

图 3-16 大直径中空电液伺服马达原理与结构示意图

1—伺服阀；2—阀块；3—定叶片；4—缸体；5—中空转轴；6—动叶片；7—轴承座；8—轴承；9—端盖；10—圆感应同步器

由轴的大直径中空特征导致的主要设计困难如下。

① 中空转轴直径大，但作为转台中框和外框的负载，不允许中空转轴的壁很厚，以至于轴转动惯量过大，因此伺服马达抗变形设计任务艰巨。

② 中空转轴直径大使得伺服马达工作腔容积大，系统固有频率低，阀控中空电液伺服马达系统频宽扩展困难。

③ 中空转轴直径大导致伺服马达工作容腔外泄漏间隙周向增加，高可靠性密封与低摩擦要求之间矛盾突出，系统低速性能改善困难。

合理的结构设计和适宜的控制策略是解决上述难点的有效措施。

3.2.5.2 结构

为了克服大直径中空电液伺服马达设计面临的困难，伺服马达在结构上采用轴肩式结构，如图 3-17 所示。

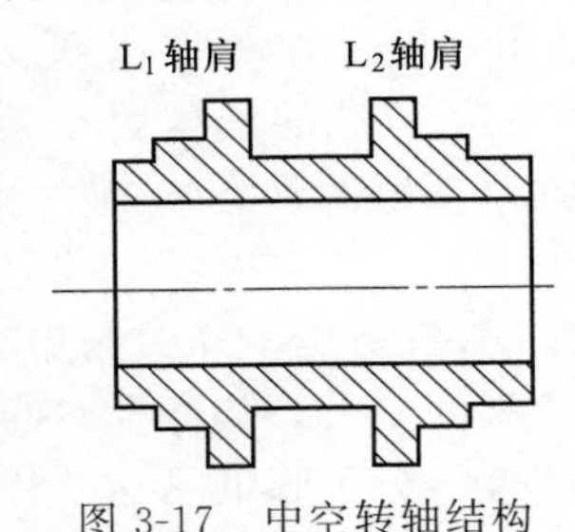

图 3-17 中空转轴结构

特殊结构的中空转轴是中空电液伺服马达轴肩式结构的重要组成部分，如图 3-17 所示。在中空转轴的外表面中部加工有两道凸起的轴肩 L_1、L_2，动叶片固定在 L_1 和 L_2 之间。轴肩 L_1、L_2 在转轴的外表面起到了加强筋的作用，使得转轴在较薄壁厚条件下具有很强的抗径向变形能力。有限元分析表明，对于中空直径 500mm 的转轴，在 14MPa 油压作用下，转轴内壁的最大径向变形仅 0.05mm，小于转子与定叶片之间为确保密封效果而预留的配合间隙尺寸，从而可调和转轴转动惯量与径向抗变形能力之间的矛盾，确保伺服马达在运行过程中不出现卡死现象。轴肩式结构可以增强伺服马达工作腔的刚度，提高大直径中空电液伺服马达系统固有频率。大直径中空电液伺服马达的液压固有频率为

$$\omega_h=\sqrt{\frac{2E_yD_m^2}{V_tJ_t}} \tag{3-25}$$

式中 J_t——马达轴上的转动惯量；

V_t——马达工作腔与进出口接连管道上的总容积；

D_m——马达的排量；

E_y——等效容积弹性模数。

转轴轴肩作为马达工作腔的侧壁承受油压产生的横向作用力。由于轴肩与转轴一体，马达工作腔轴向刚度比端盖式马达要高，有效提高等效容积弹性模数，从而提高系统的固有频率。

3.2.5.3 理论分析

(1) 理论排量

如图 3-18 所示，忽略油液的可压缩性，并忽略叶片、定子及转子之间的泄漏，则马达的理论排量为

$$V=B\cdot\pi(R_1^2-R_2^2)\cdot 2/(2\pi)=B(R_1^1-R_2^2) \tag{3-26}$$

式中 V——马达理论排量，m^3/rad；

B——叶片轴向长度，m；

R_1——定子内表面半径长，m；

R_2——转子外表面半径长，m。

如图 3-18 所示，假设转子在 dt 时间内转过 $d\varphi$ 角，则瞬时流量为

$$q_{sh}=V\frac{d\varphi}{dt}=V\omega_{sh} \tag{3-27}$$

式中，ω_{sh} 为瞬时角速度，rad/s。

瞬时角速度为

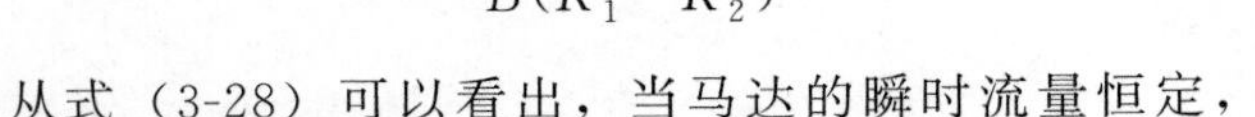

$$\omega_{sh}=\frac{q_{sh}}{B(R_1^1-R_2^2)} \tag{3-28}$$

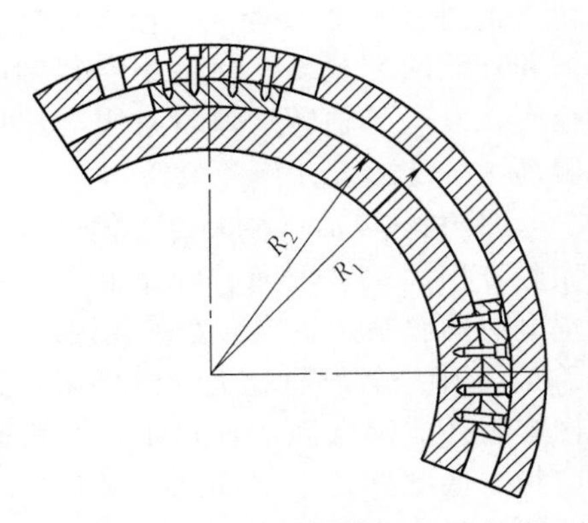

图 3-18 理论排量计算几何示意图

从式 (3-28) 可以看出，当马达的瞬时流量恒定，

即马达的输入流量油源无脉动时，马达的瞬时角速度也恒定，即马达实现了转速无脉动。因此该马达流量结构性脉动的消除为提高超低速性能创造了极为有利的条件。

（2）理论转矩和瞬时转矩

假设马达无泄漏，则马达理论输出转矩 T_{th} 为

$$T_{th}=\Delta pV=\Delta pB(R_1^1-R_2^2) \tag{3-29}$$

式中，Δp 为马达进出口压差，Pa。

瞬时输出转矩 T_{sh} 为

$$T_{sh}=\Delta p\frac{q_{sh}}{\omega_{sh}}=\Delta pB(R_1^1-R_2^2) \tag{3-30}$$

由式（3-29）和式（3-30）可以看出，马达的瞬时转矩恒等于理论转矩，即马达在结构上实现了输出转矩的无脉动。

3.2.5.4 中空电液伺服马达技术特点

（1）密封问题

马达采用的是中空轴结构，要求各个部件存在严格的配合，在高低压腔之间采用了组合式密封，这种密封的特点是采用聚四氟乙烯与O形密封圈的组合式密封结构。这种结构利用O形圈的弹性变化来使密封泄漏较小。聚四氟乙烯与零件表面接触，其耐磨性好，且摩擦系数很小，特别是聚四氟乙烯的静摩擦系数与它的动摩擦系数接近，这对提高液压马达的低速特性十分有利。

（2）变形问题

马达动叶片两侧的高压油腔和低压油腔产生的压力差作用于动叶片上，形成驱动力带动中空轴和动叶片旋转。马达顺时针方向运动时，进油腔的压力作用使中空轴发生变形，逆时针方向运转时马达回油腔的压力作用使中空轴发生变形。变形时，其动叶片与中空轴、中空轴和定叶片之间的间隙也发生变化，且与马达转动位置有关。此外，温度场的变化也会使壳体发生未知的变形，但其引起变形与马达转动位置无关，且变形量较小，可忽略。

3.3 液压马达的选用及注意事项

3.3.1 选用

选用液压马达时，应尽可能与系统中的液压泵相匹配，以减少损失，提高效率。选用时，应先确定马达的主要参数，然后根据系统工作性质及其要求的运行性能最后确定马达的类型参数等。

（1）确定液压马达的主要参数

液压马达的主要参数有排量、工作压力、输出转矩和调速范围。

液压马达所需的排量 V 可根据下式计算：

$$V=\frac{T}{\Delta p\eta_m} \tag{3-31}$$

式中 T——液压马达实际输出转矩，N·m；

Δp——液压马达进、出口压力差，MPa；

η_m——液压马达的机械效率。

确定液压马达的工作压力时，为了提高马达的使用寿命，通常需使其工作压力略低于其额定工作压力。根据马达的排量和工作压力，选择马达的型号、规格，并注意使马达的调速

范围满足工作机械的使用要求。

液压马达所需输入流量可根据其排量和旋转角速度来计算。

$$q=\frac{V\omega_{max}}{\eta_V} \tag{3-32}$$

式中 ω_{max}——液压马达的最大旋转角速度，rad/s；

η_V——液压马达的容积效率。

由上式可见，液压马达的排量增大，则系统所需的流量也随之增大，液压泵的输出流量增大。有时，为了降低系统的流量，可以考虑提高系统的工作压力，以使马达的排量减小。

(2) 确定液压马达的工作性能

① 启动性能。液压马达由静止到开始转动的启动状态，其输出的转矩要比运转中的转矩小，这给液压马达的启动造成了困难，所以，启动性能对液压马达来说非常重要。启动转矩降低的原因是静止状态下的摩擦系数最大，在摩擦表面出现相对滑动后摩擦系数明显减小，这是机械摩擦的普遍性质。

考虑到各种类型的液压马达具有一定的结构差异，其启动性能也不相同。如齿轮马达的机械效率只有0.6左右，高性能低速大转矩马达的机械效率可达0.9。因此，需要根据系统的工作性质，具体选用具有相应启动机械效率的液压马达。特别是需要液压马达带载启动时，必须注意选择启动性能较好的液压马达。

② 转速及低速稳定性。液压马达的转速取决于泵的供油流量和马达本身的排量，输入马达的流量是根据系统执行工作需求确定的，不是马达自身的参数。一般马达内部难免有泄漏，因而导致实际转速比理想情况要低。特别是马达在低速下运转时，往往无法保证稳定的转速，而出现时转时停的所谓爬行状态。因此，在选择低速马达时，应注意它的低速稳定性。

③ 调速范围。液压马达常需要带动负载从低速上升到高速，因此必须要求其能在较大的速度范围内正常工作，否则，需要配置相应的变速机构。因此，在选择马达时，应尽可能选用调速范围较大的马达。一般马达的调速范围采用允许的最大转速和最小转速之比 $i=n_{max}/n_{min}$ 表示，调速范围大的马达应具有较好的高速性能和低速稳定性。

(3) 确定液压马达的种类

齿轮马达和齿轮泵基本上可以互逆，但由于转速脉动较大，噪声大，齿轮马达应用不广。双作用叶片泵在结构上稍加改进即可作马达使用，但只宜在中速以上使用。柱塞式液压马达性能比较好，额定压力高、容积效率高，而且绝大多数液压泵和液压马达稍加改进即可互换使用。

3.3.2 注意事项

(1) 安装注意事项

安装时要充分考虑马达的正常工作要求。

① 马达的主动轴与其他机械连接是要保证同轴，或采用挠性连接。

② 要了解马达的主动轴承受径向力的能力，对于不能承受径向力的泵和马达，不得将带轮等传动件直接装在主轴上。

③ 马达泄漏油管要畅通，一般不接背压，当泄漏油管太长或因某种需要而接有背压时，其背压大小不得超过低压密封（轴封）所允许的数值。

④ 外接的泄漏油管应接在能保证马达的壳体内充满油液之处，防止停机时壳体里的油全部流回油箱。

⑤ 对于停机时间较长的马达，不能直接满载运转，应待空运转一段时间后再正常使用。

⑥ 安装装配马达时，要注意各螺钉拧紧力矩的大小。

(2) 使用注意事项

① 瞬时最高压力不能和最高转速同时出现。液压马达通常允许在短时间内在超过额定压力 20%～50%的压力下工作，但瞬时最高压力不能和最高转速同时出现。液压马达的回油路背压有一定限制，在背压较大时，必须设置泄漏油管。

② 最大转矩和最高转速不应同时出现。

③ 实际转速不应低于马达最低转速，以免出现爬行。当系统要求的转速较低，而马达在转速、转矩等性能参数下不易满足工作要求时，可在马达及其驱动的主机间增设减速机构。为了在极低转速下平稳运行，马达的泄漏必须恒定，要有一定的回油背压和至少 $35mm^2/s$ 的油液黏度。

④ 为了防止作为泵工作的制动马达发生汽蚀或丧失制动能力，应保证此时马达的吸油口有足够的补油压力，它可以通过闭式回路中的补油泵或开式回路中的背压阀来实现。当液压马达驱动大惯量负载时，应在液压系统中设置与马达并联的旁通单向阀来补油，以免停机过程中惯性运动的马达缺油。

⑤ 对于不能承受额外轴向力和径向力的液压马达，或者液压马达虽可以承受额外轴向力和径向力，但负载的实际轴向力和径向力大于液压马达允许的轴向力或径向力时，应考虑采用弹性联轴器连接马达输出轴和工作机构。需要低速运转的马达，要核对其最低稳定转速。需长时间缩紧马达以防止负载运动时，应使用在马达轴上的液压释放机械制动器。

⑥ 通常对低速马达的回油口应有足够的背压，特别是对内曲线马达更应如此，否则滚轮有可能脱离曲面而产生撞击。轻则产生噪声，降低寿命，重则击碎滚轮，使整个马达损坏。一般背压值约为 0.3～1.0MPa，转速越高，背压值应越高。

⑦ 马达启动前千万要往马达壳体内注满工作油。

⑧ 避免在系统有负载的情况下突然启动或停止。在系统有负载的情况下突然启动或停止，制动器会造成压力尖峰，泄压阀不可能快速反应保护马达免受损害。

⑨ 经常检查油箱的油量。这是一项简单但重要的防患措施。如果漏点未被发现或未被修理，那么系统会很快丧失足够的液压油，而在泵的入口处产生旋涡，使空气被吸入，从而产生破坏作用。

⑩ 尽可能使液压油保持清洁。大多数液压马达故障的背后都潜藏着液压油质量的下降。故障多半是固体颗粒（微粒）、污染物和过热造成的，但水和空气也是重要因素；使用具有良好安全性能的工作油，工作油的号数要适用于特定的系统。

⑪ 勿将热油突然供入冷态的液压马达中，以防发生配合面咬伤事故。

⑫ 注意捕捉异常信号。善于捕捉故障信号，及时采取措施。声音、振动和温度的微小变化都意味着马达存在问题。马达已被用旧，存在着内部泄漏，而且泄漏会随温度的升高而增加。由于内部泄漏能使密封垫和衬套变形，所以也可能发生外部泄漏。对于马达内泄的判断，一般的维修经验是：先将马达的回油管截止，停止系统冲洗并断开马达与冲洗管路的连接，再将系统压力调至最低，启动油泵后，逐渐将压力调至正常范围，在马达的测压点及泄油口处可以观察到壳体压力变化和泄漏量，必要时可以进行正反两个方向的实验。发出咔哒声意味着存在空隙；坏的轴承或套管可能会发出一种不寻常的嗡嗡声，同时有振动；当马达摸起来很热时，那么这种显著的温度上升就预示着存在故障。马达性能变差的一个可靠迹象能在机器上看出来。如果机器早晨运行良好但在这一天里逐渐丧失动力，这就说明马达内部抗磨损的性能在变差，马达内部磨损，存在着内部泄漏，而且泄漏会随温度的升高而增加。由于内部泄漏导致的发热温升会使密封垫和衬套变形、老化，便可能发生外部泄漏。

第4章 液压缸

液压缸能将液体的压力能转化为机械能，用于驱动工做机构做直线运动或摆动。液压缸结构简单、工作可靠、维修方便，可与杠杆、连杆、齿轮齿条、棘轮棘爪、凸轮等机构组合实现多种机械运动，其应用比液压马达更为广泛。

4.1 液压缸的概述

液压缸的结构形式多种多样，其分类方法也有多种：按运动方式可分为直线往复运动式和回转摆动式；按受液压力作用情况可分为单作用式、双作用式和组合式；按结构形式可分为活塞式、柱塞式、多级伸缩套筒式、齿轮齿条式等；按安装形式可分为拉杆、耳环、底脚、铰轴等安装类型；按压力等级可分为16MPa、25MPa、31.5MPa等；按控制特点可分为普通液压缸和伺服液压缸。

4.1.1 液压缸的类型

4.1.1.1 活塞式液压缸

活塞式液压缸可分为单杆式和双杆式两种结构形式，其固定方式有缸体固定和活塞杆固定两种，按液压力的作用情况分为单作用式和双作用式。

(1) 单杆双作用液压缸

如图4-1所示为单杆双作用液压缸示意图，它只在活塞的一侧设有活塞杆，因而两腔的有效作用面积不同，无活塞杆的一腔习惯上称无杆腔或大腔，带活塞杆的一腔则称有杆腔或小腔。

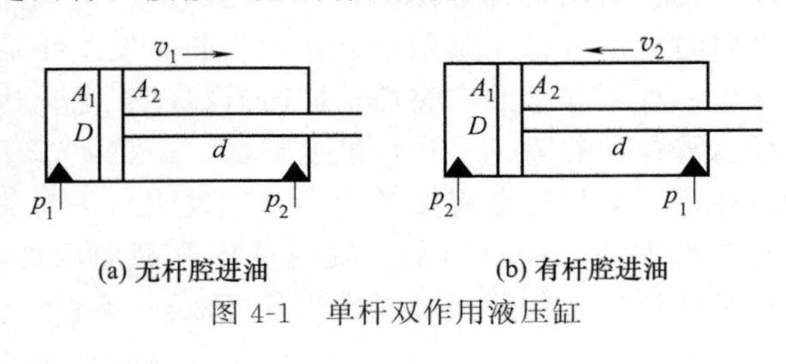

图4-1 单杆双作用液压缸

① 无杆腔进油。若液压缸无杆腔和有杆腔的活塞有效作用面积分别为 A_1 和 A_2，活塞杆直径即缸体内径为 D，活塞杆直径为 d，当无杆腔进油压力为 p_1，有杆腔回油压力为 p_2，输入液压缸的流量为 Q，不计摩擦力和泄漏量，则活塞的运动速度 v_1 和能产生的推力 F_1 分别为

$$v_1=\frac{Q}{A_1}=\frac{4Q}{\pi D^2} \tag{4-1}$$

$$F_1=p_1A_1-p_2A_2=\frac{\pi}{4}D^2p_1-\frac{\pi}{4}(D^2-d^2)p_2=\frac{\pi}{4}D^2(p_1-p_2)+\frac{\pi}{4}d^2p_2 \tag{4-2}$$

② 有杆腔进油。当有杆腔进油无杆腔回油时，活塞的运动速度 v_2 和能产生的拉力 F_2 分别为

$$v_2=\frac{Q}{A_2}=\frac{4Q}{\pi(D^2-d^2)} \tag{4-3}$$

$$F_2=p_1A_2-p_2A_1=\frac{\pi}{4}(D^2-d^2)p_1-\frac{\pi}{4}D^2p_2=\frac{\pi}{4}D^2(p_1-p_2)-\frac{\pi}{4}d^2p_1 \tag{4-4}$$

由于 $A_1>A_2$，故 $v_1<v_2$，$F_1>F_2$。活塞杆伸出时，可产生的推力较大，速度较小；活塞杆缩回时，可产生的拉力较小，但速度较高。

③ 差动连接。所谓差动连接就是将单杆双作用液压缸的两腔同时接通压力油油路。在忽略两腔连通油路压力损失的情况下，两腔的油液压力相等，但由于无杆腔液压力的作用面积大于有杆腔，活塞所受向右的作用力大于向左的作用力，活塞杆伸出，并将有杆腔的油液流进无杆腔，加快了活塞杆的伸出速度。

可得出活塞杆的运动速度为

$$v_3=\frac{4Q}{\pi d^2} \tag{4-5}$$

差动连接时，$p_1\approx p_2$，活塞能够产生的推力 F_3 为

$$F_3=p_1A_1-p_2A_2\approx\frac{\pi}{4}D^2p_1-\frac{\pi}{4}(D^2-d^2)p_1=\frac{\pi}{4}d^2p_1 \tag{4-6}$$

由式（4-5）和式（4-6）可以看出，差动连接时液压缸的实际有效作用面积是活塞杆的横截面积。与非差动连接无杆腔进油工况相比，在输入油液压力和流量相同的条件下，活塞杆伸出速度较大而推力较小。

（2）双杆双作用液压缸

当两活塞杆直径相同即有效工作面积相等、供油压力和流量不变时，活塞或缸体在两个方向的运动速度 v 和推力 F 也都相等。

4.1.1.2 柱塞式液压缸

柱塞式液压缸与活塞式液压缸的区别是液压缸伸出杆上没有活塞，柱塞与导向套配合，以保证良好的导向，柱塞与缸筒不接触，因而对缸筒内壁的精度要求很低，甚至可以不加工。柱塞式液压缸工艺性好，成本较低，特别适用于行程较长的场合。柱塞端面是受压面，其面积的大小决定了柱塞缸的输出速度和推力。柱塞工作时恒受压，为保证压杆的稳定，柱塞必须有足够的刚度，故柱塞直径一般较大，重量也较大，水平安装时易产生单边磨损，故柱塞缸适宜于垂直安装使用。水平安装使用时，为了减轻重量，有时柱塞采用空心结构。在柱塞缸行程较长时，为防止柱塞因自重下垂，通常要设置柱塞支承套和托架。

柱塞缸结构简单，制造容易，维修方便，常用于长行程设备，如龙门刨床、导轨磨床、叉车等。

4.1.1.3 双作用伸缩套筒式液压缸

伸缩套筒式液压缸又称多级缸，它由两级或多级活塞缸套装而成。前一级活塞缸的活塞杆就是后一级活塞缸的缸筒，伸出时从前级到后级依次伸出，有效工作面积逐次减小，当输入流量相同时，外伸速度逐次增大；当负载恒定时，液压缸的工作压力逐次增大。缩回的顺序一般是从后级到前级（从小活塞到大活塞），收缩后液压缸的总长度较小。多级缸结构紧凑，适用于安装空间受到限制而行程要求很长的场合，如汽车起重机的伸缩臂液压缸、自卸车的举升液压缸等。

4.1.1.4 摆动液压缸

摆动液压缸又称摆动液压马达，它能实现往复摆动，将液压能转化为摆动的机械能（转矩和角速度）。摆动液压缸的结构比连续旋转运动的液压马达结构简单，其中叶片式摆动缸应用较多。

摆动液压缸有单叶片式和双叶片式两种。对于单叶片式摆动液压缸，当缸的一个油口通压力油，而另一个油口接通回油时，叶片在液压力的作用下往一个方向摆动，带动输出轴旋转一定的角度（小于360°）；当进、回油的方向改变时，叶片便带动输出轴向反方向摆动。双叶片式摆动液压缸的摆动角一般不超过150°，在供油压力不变时，摆动轴可输出转矩是单叶片式的2倍；在供油量一定的情况下，摆动角速度是单叶片式的一半。

4.1.1.5 齿轮齿条活塞式液压缸

齿轮齿条活塞式液压缸由带有齿条杆的双活塞缸和齿轮齿条机构所组成。活塞的往复运动经齿轮齿条机构变成齿轮轴的往复转动。

对于常用液压缸，一般由缸体组件（缸筒、端盖等）、活塞组件（活塞、活塞杆等）、密封件、连接件等基本部分组成。此外，某些液压缸还设有缓冲装置、排气装置等。了解了各部分的特点对设计选用、拆检维修具有十分重要的作用。

4.1.2 液压缸的结构

4.1.2.1 密封装置

限制或防止液体泄漏的措施称为密封，密封件属于辅助元件。在液压系统中，密封的作用不仅是防止液压油的泄漏，还要防止空气和尘埃侵入液压系统。液压油泄漏分内泄漏和外泄漏两种。内泄漏指油液从高压腔向低压腔的泄漏，所泄漏的油液并没有对外做功，其压力能绝大部分转化为热能，使系统的容积效率降低，损耗功率，造成执行元件的运动速度减慢。外泄漏不仅损耗油液，而且污染环境，是不允许的。

液压系统对密封的要求为：在一定压力下，密封性能可靠，受温度变化影响小；对相对运动表面产生的摩擦力小，磨损小，磨损后最好能自动补偿，耐油性和抗腐蚀性要好，使用寿命要长；结构简单，便于拆装。

按工作状态的不同，密封分为静密封和动密封两种。在正常工作时，无相对运动的零件配合表面之间的密封称为静密封（如液压泵的泵盖和泵体间的密封）；具有相对运动的零件配合表面之间的密封称为动密封（如齿轮泵的齿轮端面和侧板间的密封）。静密封可以达到完全密封，动密封则不能，有一定的泄漏量，但泄漏的油可以起润滑作用，对减小摩擦和磨损也是必要的。常见的密封方法有以下几种。

（1）间隙密封

间隙密封是一种简单的密封方法。它依靠相对运动零件配合面间的微小间隙来限制泄漏，达到密封的效果。由缝隙流量公式可知，泄漏量与缝隙厚度的三次方成正比，因此可采用减小间隙的办法减少泄漏，另外，零件的表面粗糙度、精度及相对运动的方向等对密封性能也有影响。

间隙密封的间隙一般为0.01～0.05mm，这表明配合面的加工精度要求较高。另外，还在圆柱形活塞的外表面上开设几道环形沟槽（称平衡槽），环形沟槽的宽一般为0.3～0.5mm、深为0.5～1mm、间距为2～5mm。平衡槽的作用为：

① 减小活塞可能受到的径向液压不平衡力，防止液压卡紧现象的发生，使活塞圆周各方向的径向液压力趋于平衡，活塞能自动对中，以减小摩擦力；

② 增大油液泄漏的阻力，减小偏心量，提高密封性能；

③ 储存油液，使活塞能自动润滑。

间隙密封的优点为：结构简单，摩擦阻力小，磨损少，适用于作动密封。其缺点为：由于间隙不可能为零，达不到完全密封，磨损后若不能补偿，密封性能将变差，环形间隙密封的间隙不易修复；平面间隙密封磨损后，虽能通过加压的办法进行补偿，如齿轮泵的浮动轴套、侧板等，但会增加摩擦阻力。

（2）活塞环密封

活塞环密封依靠装在活塞环形槽内的金属（或非金属）环紧贴密封面内壁实现密封。其密封效果较间隙密封好，适应的压力和温度范围很宽，能自动补偿磨损和温度变化的影响，能在高速条件下工作，摩擦力小，工作可靠，寿命长，但其也不能实现完全密封，为提高密封效果，往往采用多道密封环（在装配时应按规定将各道密封环的开口相互错开），且活塞环的加工复杂，密封面内壁加工精度要求较高。对于金属密封环一般用于高压、高温和高速的场合（如发动机的活塞与缸套间的密封等）；另外工程机械的动力换挡变速箱的摩擦离合器的旋转密封大多采用非金属活塞环密封，但密封压力较低，使用时被密封内表面常磨出环形沟槽，影响密封性能。

（3）密封件密封

密封件密封依靠在配合零件之间装上密封元件而达到密封效果。该类密封的优点为：随着压力（在一定压力范围内）的提高，密封效果自动增强，磨损后有一定的自动补偿能力。其缺点为：对密封元件的抗老化、抗腐蚀、耐热、耐寒、耐磨等性能要求较高。密封件密封适用于相对运动速度不太高的动密封和各种静密封。

按密封元件断面形状和用途不同，密封元件可分为O形密封圈、唇形密封圈、旋转轴密封圈、防尘密封圈等。

① O形密封圈。O形密封圈的工作原理如图4-2所示。O形圈密封属于挤压密封，使用时将O形密封圈装入环形密封槽中，密封槽的深度小于O形圈断面的直径，故O形密封圈产生挤压和弹性变形。在无液压力时，依靠在密封圈和金属表面间产生的弹性接触力实现初始密封。当密封腔充入压力油时，压力油作用于密封圈，密封圈产生更大的弹性变形，弹性接触力增大，因而密封能力增强，提高了密封效果。

O形密封圈的主要优点是结构紧凑，制造容易，成本低，拆装方便，动摩擦阻力小，寿命长，因而O形密封圈在一般液压设备中应用很普遍，尤其是静密封的配合表面。O形密封圈的密封能力与元件本身的材质及其硬度有关。当使用压力过高时，密封圈的一部分可能被挤入间隙中去，引起局部应力集中，以致被咬掉，所以当工作压力较高时，应选硬度高的密封圈，被密封零件间的间隙也应小一些。一般来说，在静密封中，当工作压力大于

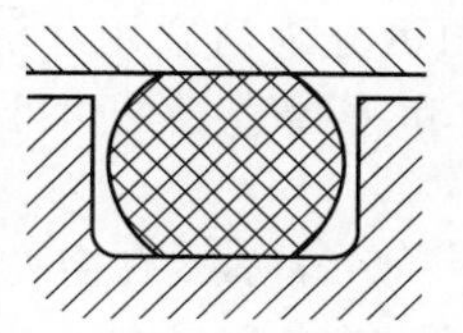

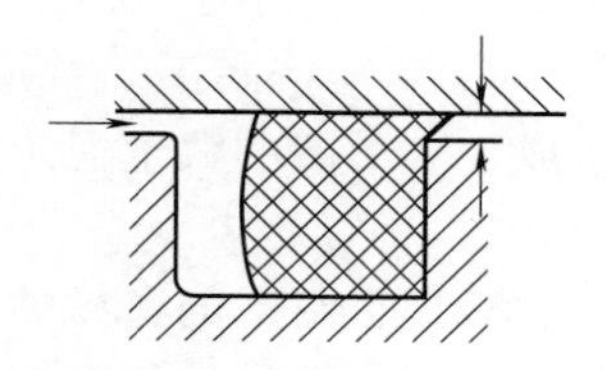

图4-2 O形密封圈的工作原理

32MPa 时，或在动密封中，当工作压力大于 10MPa 时，O 形密封圈就会被挤入间隙中而损坏。为此，当单向受压时在低压侧应安装挡圈，双向交替受压时在两侧安装挡圈，如图 4-3 所示。挡圈的材料常用聚四氟乙烯或尼龙，其厚度为 1.25～2.5mm。

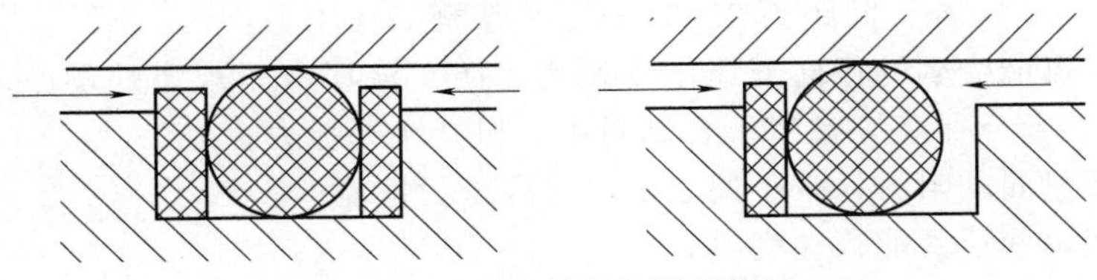

图 4-3　O 形密封圈挡圈的使用

② Y 形密封圈。

a. 宽断面 Y 形密封圈的截面形状呈 Y 形，属唇形密封圈，具有结构简单，摩擦阻力小，寿命长，密封性、稳定性和耐压性都较好等优点，多用于往复运动且压力不高的液压缸中。

Y 形密封圈的密封作用是依赖于其唇边对偶合面的紧密接触，在液压力的作用下产生较大接触压力，达到密封的目的。液压力在一定范围内越大，唇边越贴紧偶合面，接触压力也越大，密封性能越好。因此，Y 形密封圈从低压到高压的压力范围内都表现了良好的密封性，还能自动补偿唇边的磨损。Y 形密封圈在安装时其唇口端应对着液压力高的一侧，当压力变化较大时，要加支承环，如图 4-4 所示。该密封的缺点是配合面相对运动速度高或压力变动大时易翻转而损坏。宽断面 Y 形密封圈一般适用于工作压力小于 20MPa、工作温度为 −30～100℃、工作速度小于 0.5m/s 的场合。

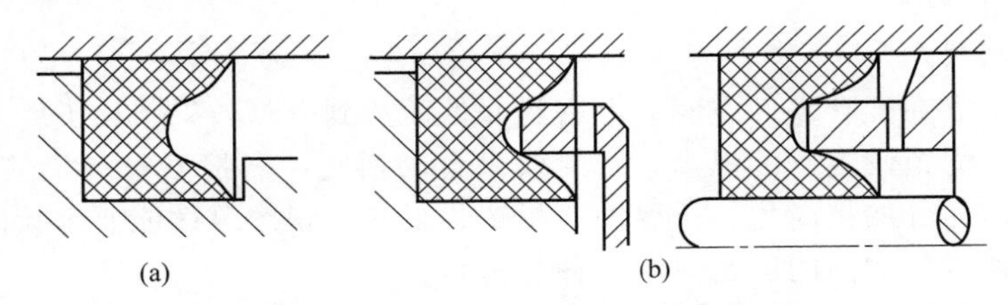

图 4-4　Y 形密封圈支承环的安装

b. 窄断面 Y 形密封圈是宽断面 Y 形密封圈的改型产品，其断面的长宽比等于或大于 2，也称 Yx 形密封圈。它有等边高唇和不等边高唇两种，后者又有孔用和轴用之分。Yx 形密封圈装于孔沟槽内的为轴用型，装于轴沟槽内的为孔用型。不等边 Yx 密封圈的低唇边与运动密封面接触，滑动摩擦阻力小，耐磨性好，寿命长；高唇边与非运动表面有较大的接触压力，摩擦阻力大，不易窜动，且增大了支承面积，故工作时不易翻转。Yx 形密封圈一般适用于工作压力小于 32MPa、工作温度为 −30～100℃的场合。

③ V 形密封圈。V 形密封圈可分为活塞用和活塞杆用两种，由压环、V 形圈和支承环组成。V 形圈的数量视工作压力和密封直径的大小而定。安装时，密封环的开口应面向压力高的一侧。

V 形密封圈的密封性能良好，耐高压，寿命长，通过选择适当的密封环个数和调节压紧力，可获得最佳的密封效果。但 V 形密封圈的摩擦阻力和轴向结构尺寸较大，它主要用于活塞及活塞杆的往复运动密封，适宜在工作压力小于 50MPa、温度在 −40～80℃条件下工作。

④ 旋转轴唇形密封圈。旋转运动配合表面所用的密封圈，除可用 O 形密封圈外，应用

较为广泛的是内包骨架旋转轴唇形橡胶密封圈，一般由弹性橡胶、金属骨架和弹簧三部分组成。在自由状态下，旋转轴唇形密封圈装在轴上后，其唇边对轴产生一定的径向压力，但该压力在运动一段时间后便会减小，以致消失，因而需要增加弹簧力予以补偿。

该种密封圈结构简单，尺寸紧凑，成本低，工作环境适应性好，维护保养简便，一般寿命为500～1500h，常用于旋转速度为5～12m/s和油压小于0.2MPa的旋转密封处。目前在液压元件中主要用于液压泵和液压马达的输入输出轴端密封，以防壳体内的油液向外泄漏。

⑤ 防尘密封圈。在灰尘较多的环境下工作的液压元件，为防止灰尘及空气进入，需在其往复或旋转运动的杆上或伸出轴上加防尘圈。常用的防尘圈有骨架式、无骨架式、O-唇形复合防尘圈、双唇形组合防尘圈等几种，应用较为普遍的为无骨架防尘圈。防尘圈的材料多用耐油橡胶，也有用聚四氟乙烯的。无骨架防尘圈的特点是支承部分尺寸较大，强度高；结构简单、拆装方便、除尘效果较好。

⑥ 同轴密封件。随着液压技术的不断发展，系统对密封的要求越来越高，普通密封圈单独使用已不能很好地满足密封性能要求，特别是使用寿命和可靠性方面的要求，因此产生了将包括密封圈在内的两个以上的元件组合使用的同轴密封装置。

方形同轴密封件是由截面为矩形的塑料滑环与O形密封圈组合的同轴密封件，常用于活塞与缸筒的动密封。其中滑环紧贴密封偶合面的内表面，O形圈为滑环提供弹性预压紧力，在介质压力为零时即构成密封。由于靠滑环组成密封接触面而不是O形圈，因此摩擦阻力小且稳定，可以用于40MPa的高压。往复运动密封时，速度可达15m/s；往复摆动密封时，速度可达5m/s。方形同轴密封件的缺点是抗侧倾能力差，安装不太方便。

阶梯形同轴密封件，是由阶梯形的塑料支持环和O形圈组合的同轴密封件，常用于液压缸活塞杆的动密封。支持环与密封偶合面之间形成狭窄的环带密封面，其工作原理类似于唇形密封。

4.1.2.2 缸体组件

缸体组件是指缸筒、缸盖（含缸盖与导向套为整体形）及其连接件。

常见的缸体组件的连接形式如图4-5所示。

(1) 法兰连接

法兰连接方式［图4-5 (a)］结构简单，加工和拆装较方便，连接可靠，缸筒端部一般用铸造、镦粗或焊接方式制成较大外径的凸缘，加工上螺栓孔或内螺纹，用以螺栓或螺钉连接。其径向尺寸和重量都较大，常用于压力较高的大、中型液压缸上。

(2) 卡键连接

卡键连接［图4-5 (b)］分为内卡键连接和外卡键连接两种结构形式。卡键连接工艺性好，连接可靠，结构紧凑，拆装方便，卡键槽对缸筒强度有所削弱，内卡键连接在装配活塞组件时需用特制附件将卡键槽填平，否则会损坏Y形密封圈。该结构常用于无缝钢管缸筒与端盖的连接，在工程机械用液压缸上是一种常见的连接方式。

(3) 螺纹连接

螺纹连接有内螺纹［图4-5 (f)］和外螺纹［图4-5 (c)］两种方式。其特点为重量轻、外径小、结构紧凑，但缸筒端部结构复杂，外径加工时要求保证内外径同轴，拆装需专用工具，旋转端盖时易损坏密封圈，一般用于小型液压缸。

(4) 拉杆连接

拉杆连接结构形式［图4-5 (d)］通用性好，缸筒易加工，拆装方便，但端盖的体积较大，重量也较大，拉杆受力后会拉伸变形，影响端部密封效果，只适用于长度不大的中低压缸或气缸。

（5）焊接式连接

焊接式连接［图 4-5（e）］外形尺寸较小，结构简单，但焊接时易引起缸筒变形，主要用于柱塞式液压缸和单杆液压缸的后端部连接。

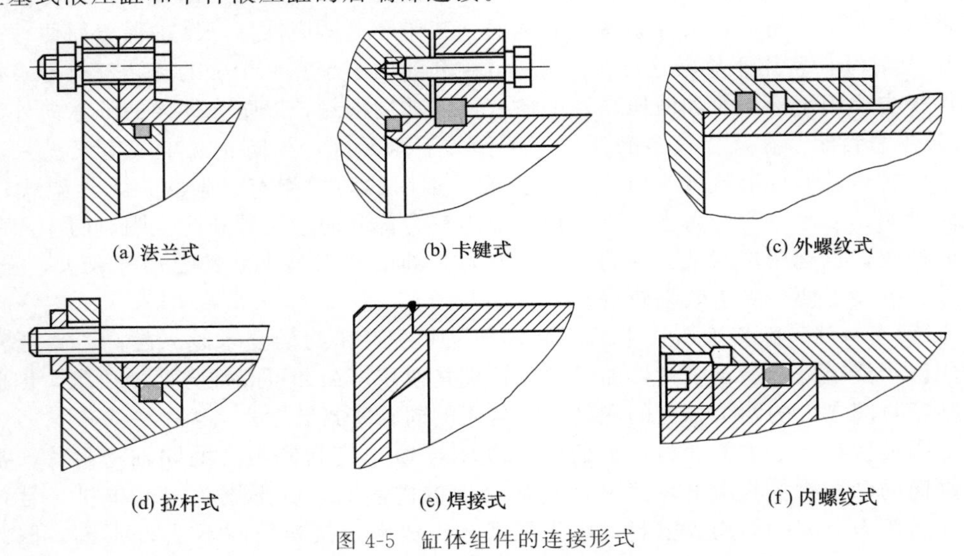

图 4-5 缸体组件的连接形式

4.1.2.3 缸筒、缸盖和导向套

缸筒是液压缸的主体，它与端盖、活塞等零件构成密封容腔，承受液压力，因此要有足够的强度和刚度，以抵抗液压力和其他外力的作用。缸筒常用冷拔无缝钢管经镗孔、铰孔、滚压或珩磨等精密加工工艺制造，表面粗糙度 Ra 值一般要求 0.1～0.4μm，以使活塞及其密封件、支承件能良好滑动并保证密封效果，减少磨损。

缸盖装在缸筒两端，与缸筒形成密封容腔，同样承受很大的液压力，因此缸盖及其连接件都应有足够的强度，同时在结构上应使液压缸的拆装方便。

导向套对活塞杆起导向和支承作用。一些液压缸将导向套与缸盖做成一体，这样结构简单，但磨损后必须连同缸盖一起更换。如图 4-6 所示为一种典型的导向套的结构简图。导向套外圆柱面与缸筒内壁为静密封，一般用槽 C 内 O 形密封圈实现密封；导向套内孔与活塞杆为动密封偶合面，靠 A 槽内唇形密封圈密封，注意密封圈唇口向里，即与压力油腔相接触；B 槽内应安装防尘圈，以防外部灰尘侵入油缸内部。

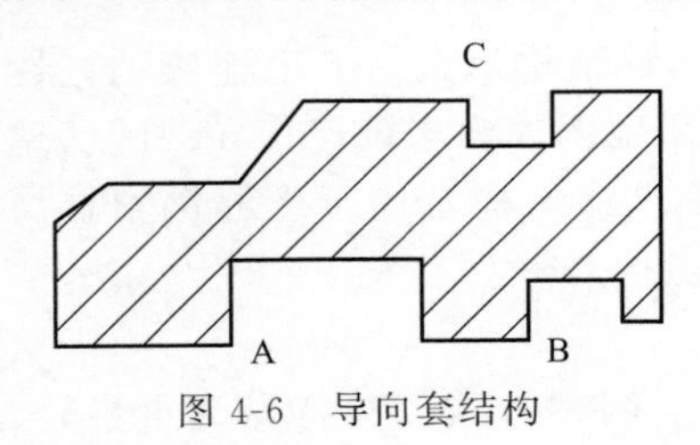

图 4-6 导向套结构

4.1.2.4 活塞组件

活塞组件由活塞、活塞杆和连接件等组成。随工作压力、安装方式和工作条件的不同，活塞组件有多种连接形式。

（1）活塞组件的连接形式

活塞与活塞杆的连接有多种形式。焊接式连接结构简单，轴向尺寸小，但损坏后需整体更换。锥销式连接活塞组件的连接形式加工容易，装配简单，但承载能力小，且需要采取必要的防止锥销脱落的措施。螺纹连接结构简单，拆装方便，但一般要加螺母防松措施。卡键连接强度较高，拆装较方便，但结构较复杂。在工程机械上液压缸活塞组件的常见连接形式为螺纹连接和卡键连接。

（2）活塞和活塞杆

活塞受液压力的作用在缸筒内做往复运动，因此活塞必须具备一定的强度和良好的耐磨性。活塞有整体式和组合式两类，图 4-7 所示为整体式活塞的典型结构。对于双作用液压缸来讲，它是靠活塞组件将缸筒分成两个相对密封的工作腔，是防止液压缸内泄漏的关键，所以活塞与相关零件的密封至关重要。活塞与活塞杆之间属于静密封，一般在活塞杆上用 O 形密封圈密封就可满足要求；活塞与缸筒内壁之间为动密封，为防止两腔交替高压时油液的泄漏，常设置两个唇形密封圈，装于两沟槽 B 中，且唇口相背；为避免两金属零件表面直接接触而产生刮伤，一般在沟槽 C 中装有尼龙或其他材料的支承环。

活塞杆是连接活塞和工作部件的传力零件，它必须具有足够的刚度和强度，活塞杆无论是空心还是实心，其材料常用钢。活塞杆在导向套内往复运动且在工作时往往有部分裸露在外，容易受外界物体的碰撞，因此应具有较好的表面硬度、耐磨性和防锈能力，故活塞杆外圆表面常采用镀铬处理。

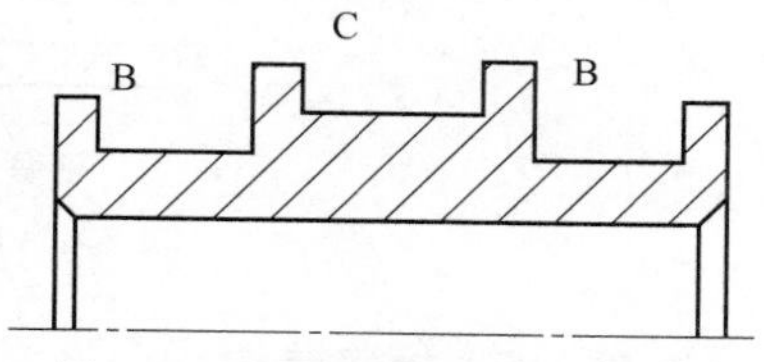

图 4-7 整体式活塞的典型结构

4.1.2.5 缓冲装置

在液压缸拖动质量较大的部件做快速往复运动时，运动部件具有很大的动能，这样当活塞运动到液压缸的终端时，会与端盖发生机械碰撞，产生很大的冲击和噪声，可造成液压缸的损坏；同时活塞与活塞杆的连接处也会产生很大的冲击载荷，甚至能发生连接受损而活塞杆脱落。为减小冲击，一般应根据使用要求在液压缸内设置缓冲装置，或在液压系统中设置缓冲回路。

缓冲的一般原理是：当活塞快速运动到接近缸盖时，通过节流的方法增大回油阻力，使液压缸的排油腔产生足够的缓冲背压，活塞因运动受阻而减速，从而避免与缸盖快速相撞。

图 4-8 所示的液压缸缓冲装置，当缓冲柱塞的凸肩进入缸盖上的内孔时，缸盖与柱塞间形成环形缓冲油腔，被封闭的液压油只能经环形间隙排出，产生缓冲压力，从而使活塞减速得以缓冲。这种装置在缓冲过程中，由于回油通道的节流面积不变，故缓冲开始时，产生的缓冲制动力很大，其缓冲效果较差，液压冲击较大，且实现减速所需行程较长，但该装置结构简单，便于设计和降低成本，所以在一般系列化的成品液压缸中多采用这种缓冲装置。这种结构可以改进缓冲凸肩为圆锥形。缓冲环形间隙随柱塞进入缸盖内孔位移的增大而减小，即节流面积随缓冲行程的增大而减小，节流阻力逐渐增加，使机械能的吸收较均匀，缓冲效果较好，但仍有液压冲击。为继续提高缓冲效果，可以在缓冲凸肩上开设三角节流沟槽，节流面积就会随缓冲行程的增大而逐渐减小，其缓冲压力变化也会较平缓。

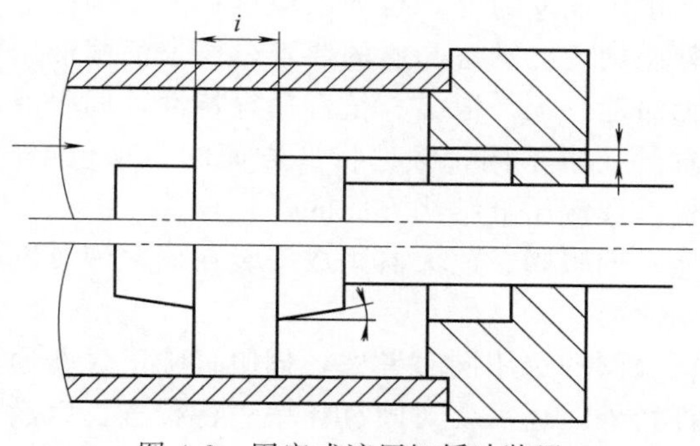

图 4-8 固定式液压缸缓冲装置

如图 4-9 所示为可调节流孔式缓冲装置，当缓冲凸肩进入缸盖内腔时，主回油口被柱塞关闭，回油只能通过节流阀回油，调节节流阀的过流面积，可以控制回油量，控制回油压力，从而控制活塞的缓冲速度。当活塞反方向运动时，压力油通过单向阀快速进入液压缸内，并作用到活塞的整个有效面积上，故活塞不会因推力不足而产生启动缓慢现象。这种缓冲装置可以根据负载情况通过调整节流阀来改变缓冲压力的大小，因此适用范围较广。

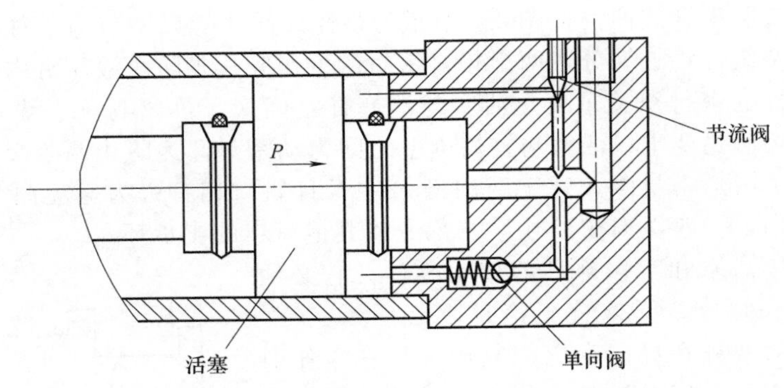

图 4-9 可调节流孔式液压缸缓冲装置结构形式

4.1.2.6 排气装置

液压系统中常会有空气混入，使系统工作不平稳，产生振动、噪声及工作部件爬行和前冲等现象，严重时会使系统不能正常工作，因此设计液压缸时应考虑排气装置。

在液压系统安装完毕后或者停止工作一段时间后需要启动系统时，必须把液压系统中的空气排出去。对于要求不高的液压缸往往不设专门的排气装置，而是将油口布置在缸筒两端的最高处，空载往复运动数次，这样也能使空气随油液排往油箱，再从油面逸出；对于速度稳定性要求较高的液压缸或大型液压缸的两侧最高处设置专门的排气装置，如排气塞、排气阀等。如图 4-10 所示为排气塞的结构。当松开排气塞螺钉后，让液压缸全行程空载往复运动若干次，带有气泡的油液就会排出，然后拧紧排气塞螺钉，液压缸便可正常工作。

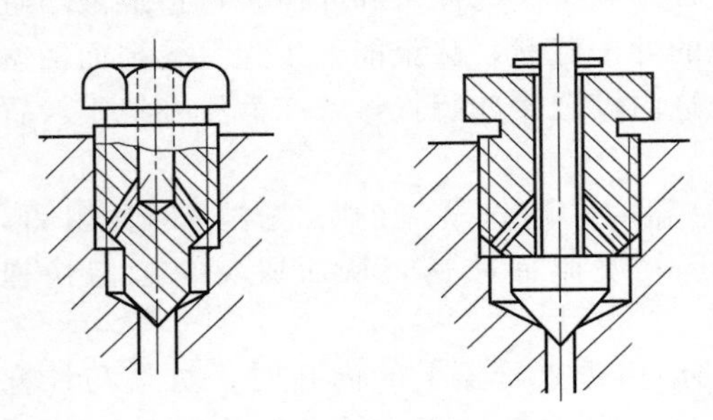

图 4-10 排气塞结构

4.2 新型液压缸

4.2.1 伺服液压缸

普通液压缸以传递动力为主，要求液压缸内泄漏较小，运动速度不是很快。伺服液压缸是应用在电液伺服系统中的一种特殊液压缸，除了传递动力外，对伺服液压缸的控制性能的要求也很高。伺服液压缸需要满足伺服系统的静态精度、动态品质的要求，要求伺服液压缸具有低摩擦系数、高动态响应、低速无爬行、无滞涩、无外泄漏、长寿命等特性，伺服液压缸的最低启动压力、泄漏量等指标与普通液压缸的要求不同，频率特性方面的要求也不同，这些特性主要取决于密封及支承导向的结构形式以及液压缸结构方面的优化设计。

伺服液压缸一般采用集成式设计，将传感器、伺服阀、放大器集成安装在伺服液压缸的内部或端面上，实现位置、力、速度的闭环控制。

在设计计算伺服液压缸时，伺服缸需要与伺服阀的选用同时考虑，伺服缸除了像普通液压缸一样根据负载力、速度选取适当的缸径、杆径外，还需要对固有频率进行校核，以满足系统或伺服阀的要求。为提高响应速度，伺服阀应尽量安装在缸体上，减少伺服阀与伺服缸之间的管路，同时避免使用软管。

在伺服液压缸的结构设计时，伺服缸的密封和导向设计极为重要，一般不能沿用普通液压缸的密封与支承导向。伺服液压缸要求启动压力低，即摩擦力低，通常双向活塞杆伺服液压缸的启动压力不高于0.2MPa，单向活塞杆伺服液压缸的启动压力不高于0.1MPa。普通液压缸根据密封形式和压力等级的不同，最低启动压力比伺服液压缸的最低启动压力要高。密封和支承导向的低摩擦才能保证伺服缸无爬行、无滞涩、高响应，无外泄漏、长寿命等要求也都和密封与支承导向密切相关。密封与支承导向的不同是伺服缸与普通缸的最大区别。目前有很多成熟的专门用于伺服缸的密封产品，既可以保证密封效果又可以保证低摩擦。设计伺服缸的关键是选择和设计密封与支承导向部分，同时还要考虑伺服缸的刚性和安装传感器的方法，以及考虑系统的频率特性对伺服缸运动部件进行轻量化设计等。

伺服液压缸总体上各个方面要求比普通液压缸高，但内泄漏方面要求不高。伺服缸的内泄漏量一般要求不大于0.5mL/min，或其他专门技术条件规定的内泄漏量。普通液压缸的内泄漏量根据密封和结构尺寸大小而不同。普通液压缸的内泄漏影响了液压缸的容积效率，影响了液压缸的静止锁定性能，因此一般要求内泄漏量越小越好，或者没有内泄漏。伺服液压缸的内泄漏可以减小摩擦，实现液体润滑与支承，减小活塞磨损，提高使用寿命，内泄漏还能起到液体阻尼的作用，增加控制系统的稳定性，而且控制精度通过由传感器构成的闭环反馈控制实现，因此，伺服液压缸存在合适的内泄漏是有益的。

4.2.2 CK系列带内置传感器的伺服缸

阿托斯CK系列带内置传感器的伺服缸符合ISO 6020-2标准，集成了传感器、控制阀，结构紧凑，可靠性高、控制精度高，安装方便。额定压力为16MPa，最高压力为25MPa；采用双作用结构，活塞杆内有位移传感器，根据位移传感器的工作原理分为磁致式CKF伺服缸、数字式CKM伺服缸、磁力控制式CKN伺服缸、电阻式CKP伺服缸、感应式CKV伺服缸。

4.2.3 带MR传感器的电液伺服缸

在液压系统中，常用伺服液压缸构成位置伺服系统，充分发挥了电子和液压两方面的优点，既能产生很大的力，又具有高精度和快速响应特性，还有很好的灵活性和适应能力，得到了广泛的应用。特别是随着工业自动化水平的提高和智能操作的发展，电液位置伺服系统的应用越来越广泛。工作环境对传感器的抗干扰、抗污染能力的压力区也越来越高，传统的传感器在不同环境条件下工作受到限制，迫切需要适应恶劣环境条件下的传感器。

目前出现了一种磁电阻（MR）位移传感器，采用磁电阻位移传感器研制了磁电阻电液伺服缸，称为MR电液伺服缸。

4.2.3.1 MR传感器

MR传感器由3部分组成：①刻有凹凸槽的磁标记尺；②测量磁标记的磁阻敏感元件；③信号处理电路板。

MR传感器是利用磁电阻效应（即某些金属、合金和化合物等在磁场力作用下，在外加电场方向的电流分量发生大小变化时会表现出其电阻大小发生变化）来工作的。将这些材料做成薄膜型磁阻敏感元件，并和永久磁铁以及内部处理电路集成封装在一起，组成传感器头，再加上外接的磁标记尺就组成了MR位移传感器。其工作原理如下：

从具有这种特性的MR芯片中选出2个相同特性的芯片（MR1、MR2）串联连接，在2个MR芯片上用永久磁铁加以均等的偏磁场。将2个MR芯片的连接部分引出输出接头，输出电压为V_0，见图4-11。在串联的MR芯片两端加直流电压V时，输出电压V_0是电压

V 的一半，这个静态电压又称作中点电压。

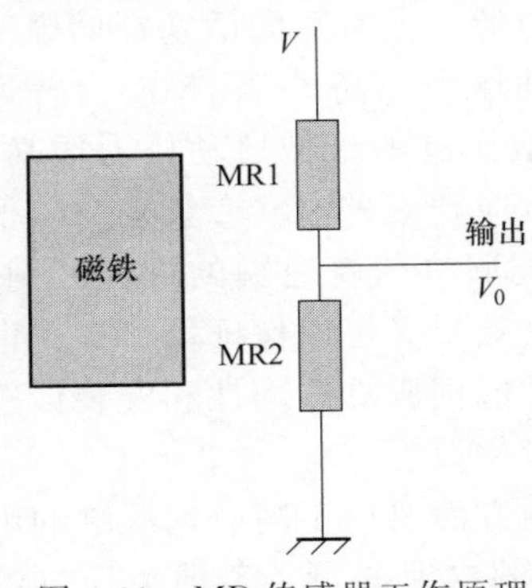

图 4-11　MR 传感器工作原理

当在 2 个 MR 芯片上加不同强度磁场时，就会导致 2 个 MR 芯片的阻值发生变化，此时的输出电压与中点电压呈不同值。如图 4-11 所示，MR1 上加以强磁场后，因它的电阻值比 MR2 大，故输出电压比中点电压低，相反 MR2 上加上强磁场后，其输出电压比中点电压高。

同样考虑动态磁场时的检测状况，如图 4-12 所示。当 2 个 MR 芯片的一方与类似铁片的磁性体接近时，磁力线朝着铁片方向偏转，MR2 上产生比 MR1 强的磁场。这样 MR2 的阻值就会增大，输出电压也随之变高，当物体连续往复运动时，就可输出类似正弦波的信号。当用 4 个 MR 芯片相差一定角度连接成电桥后，就可以根据物体按不同方向运动时输出信号的超前与滞后的关系来判断物体的方向了。

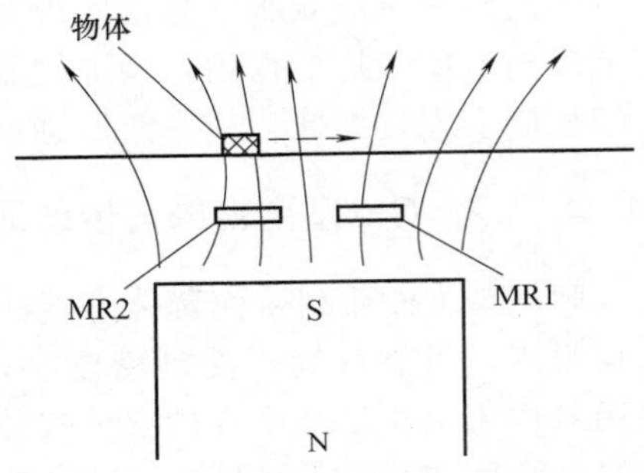

图 4-12　MR 芯片中磁场的变化

MR 传感器具有分辨率较高，量程大，线性度好；工作温度范围宽；无接触性传感器间接测量，可靠性高和使用寿命长；耐振，抗冲击能力强；防腐性能好，不受油渍、溶液、灰尘、空间电场及寄生电容等影响，工作性能稳定等特点。同时，由于 MR 传感器内部集成了数字处理电路，所以它还具有直接输出数字信号、便于计算机处理的优点。把这种传感器头安装在液压缸上，再在活塞杆上加工出一系列有尺寸要求的等距离凹凸槽，使之起到磁标尺的作用，就可以制造出 MR 液压缸。另外，MR 传感器还可应用于测量齿轮转速，精密地控制电动机的转动，检测带有磁性的物体（如纸币的防伪）及其他的应用中等。

4.2.3.2　MR 液压缸

MR 液压缸结构简图如图 4-13 所示。从 MR 电液伺服液压缸的结构简图上可以看出，MR 液压缸在结构上与普通伺服缸的区别主要在于：①MR 液压缸的活塞杆是专用的；②在液压缸端盖上外挂有 MR 传感器。

活塞杆作为执行件，在传递功率和力的同时，还起到了磁标记尺的作用。在活塞杆的表面上加工出一系列等距离的环状凹凸槽后，为了防止泄漏，对凹槽还需要进行工艺处理，最常用的方法是在凹槽处填充特殊材料。此外，为了增强活塞杆表面的硬度，提高耐磨性和防腐性，还需要在活塞杆的表面进行相应的工艺处理。这样，传感器的凹凸槽就组成了一个完整的传感器。

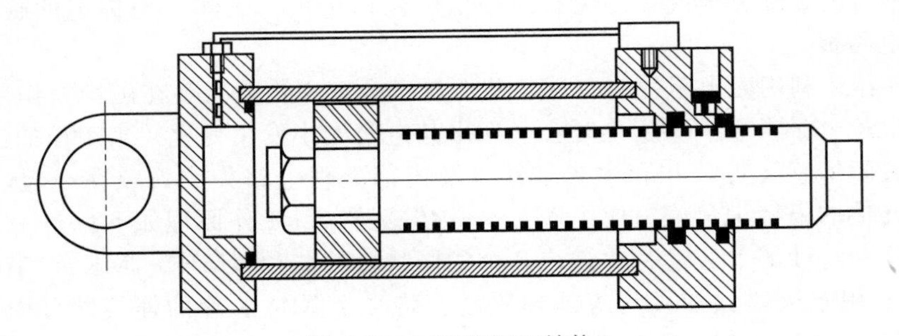

图 4-13　MR 液压缸结构

活塞杆在运动过程中，每经过一个凹凸槽，就会使磁阻敏感元件电阻大小发生一次周期性的变化，经过传感器内部固有的集成电路处理后，就可直接输出周期性的一个或多个方波，方波数的多少取决于内部的处理电路，从而产生脉冲，触发外接触发电路和计数电路。这样，活塞杆工作时，每移动一个凹凸槽，计数器就被触发计数一次或多次，移动了多少个凹凸槽，就会触发计数出相应的次数，液压缸的位移就可以通过所计数到的脉冲数和凹凸槽距离之间的特定关系来确定。

由于MR液压缸的多种优越性能，使得它在飞机与船舶舵机控制系统、雷达、火炮控制系统、精密冲床、振动实验台以及六自由度仿真转台等方面有着广泛的应用。一方面用来提供动力，传递功率；另一方面可以进行位移检测，实现位置控制。此外，MR液压缸还可应用于压铸机、游乐场的模拟游戏机、木材加工机械以及矿山机械、建筑机械、地下机械等野外作业而要求对位移进行检测且环境条件又相对恶劣的场合。特别是由于MR传感器是进行模块化封装的，防水性能好，故对有位移检测和位置控制要求的水下作业，与传统的电液伺服液压缸相比，MR液压缸的优势是显而易见的。可见，MR液压缸的潜在市场、经济效益和社会效益是相当可观的。相信在不远的将来，MR液压缸的应用场合将越来越广泛。

4.2.4 数控液压缸

数控液压伺服系统采用了计算机进行控制，集机械、电子、液压于一体，具有控制精度高、应用范围广、可靠性高等优点。数控液压伺服系统由控制器、驱动器、数控阀、数控执行元件、液压泵站等部分构成。控制器是单片机或者数字计算机，输出的信号经过驱动器放大处理后驱动步进电动机或电磁线圈动作，电动执行器驱动液压阀芯动作，从而实现对执行元件的驱动，通过传感器构成闭环反馈控制。数控液压缸是数控阀与液压缸的集成。一种数控液压缸的结构如图4-14所示。

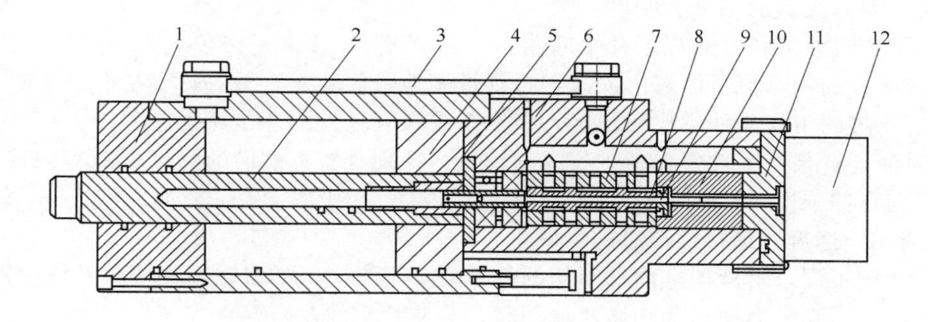

图4-14 数控伺服液压缸

1—端盖；2—活塞杆法兰；3—油管；4—活塞；5—反馈螺杆副；6—油缸右端组件；7—阀体；8—阀杆；9—连接轴；10—定位块；11—法兰；12—步进电动机

数控液压缸的工作原理是：当有电脉冲输入时，步进电动机产生角位移，带动芯轴产生角位移。由于反馈螺母被两个球轴承固定，不能轴向移动。螺母与活塞杆中的反馈螺杆刚性连接，在活塞杆静止的条件下也不能转动，使阀芯产生直线位移。带动阀杆产生轴向位移，打开阀的进回油通道，压力油经阀套开口处进入液压缸，液压油推动活塞杆做直线位移运动。由于活塞杆固定在机床导轨上不能转动，迫使活塞杆中的反馈螺杆做旋转运动，带动伺服阀的反馈螺母旋转，旋转方向与芯轴方向相同，使芯轴回到原位。当芯轴退回到零位时，阀杆关闭了进回油口，液压缸停止运动。活塞杆运动的方向、速度和距离由计算机程序控制。

4.3 液压缸的选用及使用

液压缸的种类繁多，在使用时需要根据工况选择合适的液压缸，同一工况也存在多种方案可供选择。在液压缸的使用过程中，需要注意液压缸如何安装、如何维护、故障如何排查等事项。

4.3.1 液压缸的选用

液压缸选用不当，不仅会造成经济上的损失，而且有可能出现意外事故。选用时，应认真分析液压缸的工作条件，选择适当的结构和安装形式，确定合理的参数。选用液压缸主要考虑以下几点要求：a. 结构形式；b. 液压缸作用力；c. 工作压力；d. 液压缸和活塞杆的直径；e. 行程；f. 运动速度；g. 安装方式；h. 工作温度和周围环境；i. 密封装置；j. 其他附属装置（缓冲器，排气装置等）。

4.3.1.1 标准液压缸的选用

选用液压缸时，应该优先考虑使用有关系列的标准液压缸，这样做有很多好处。首先是可以大大缩短设计制造周期，其次是便于备件，且有较大的互换性和通用性。另外标准液压缸在设计时曾进行过周密的分析和计算，进行过台架试验和工作现场试验，加之专业厂生产中又有专用设备、工夹量具和比较完善的检验条件，能保证质量，所以使用比较可靠。我国各种系列液压缸的标准化正在积极推行，目前重型机械、工程机械、农用机械、汽车、冶金设备、组合机床、船用液压缸等已形成了标准或系列。

4.3.1.2 液压缸主要参数的选定

选用液压缸时，根据运动机构的要求，不仅要保证液压缸有足够的作用力、速度和行程，而且还要有足够的强度和刚度。

选用液压缸时应该注意以下几个问题：

① 液压缸的额定值不能超出太大，否则过多地降低其安全系数，容易发生事故。

② 液压缸的工作条件应比较稳定，液压系统没有意外的冲击压力。

③ 对液压缸某些零件要重新进行强度校核，特别是验算缸筒的强度、缸盖的连接强度、活塞杆纵向弯曲强度。

4.3.1.3 速度对选择液压缸的影响

运动速度不同，对液压缸内部结构的技术要求也不同。如果是用在伺服系统中需要选用伺服液压缸。特别是高速运动和微速运动时，某些特定的要求就更为突出。

液压缸在微速运动时，应该特别注意爬行问题。因此，在解决液压缸微速运动的爬行问题时，在结构上应采取相应的技术措施，其中主要注意以下几点：

① 选择滑动阻力小的密封件，如滑动密封、间隙密封、活塞环密封、塑料密封件等；

② 活塞杆应进行稳定性校核；

③ 在允差范围内，尽量使滑动面之间间隙大一些，这样，即使装配后有一些累积误差，也不致使滑动面之间产生较大的单面摩擦而影响液压缸的滑动；

④ 滑动面的粗糙度应控制；

⑤ 导向套采用能浸含油液的材料，如灰铸铁、铝青铜、锡青铜等；

⑥ 采用合理的排气装置，排除液压缸内残留的空气。

高速运动液压缸的主要问题是密封件的耐磨性和缓冲问题。

① 一般橡胶密封件的最大工作速度为 60m/min，但从使用寿命方面考虑，工作速度最

好不要超过 20m/min。因为密封件在高速摩擦时要产生摩擦热，容易烧损、黏结，破坏密封性能，缩短使用寿命。另外，高速液压缸应采用不易发生拧扭的密封件，或采用适当的防拧扭措施。

② 必要时，高速运动液压缸要采用缓冲装置。确定是否采用缓冲装置，不仅要看液压缸运动速度的高低以及运动部件的总质量与惯性力，还要看液压缸的工作要求。只在液压缸上采取缓冲措施往往不够，还需要在回路上考虑缓冲措施。

4.3.1.4 温度对液压缸选择的影响

一般的液压缸适于在－10～＋80℃范围内工作，最大不超过－20～＋105℃的界限。因为液压缸大都采用丁腈橡胶作密封件，其工作温度当然不能超出丁腈橡胶的工作温度范围，所以液压缸的工作温度受密封件工作性能的限制。另外，液压缸在不同温度下工作，对其零件材料的选用和尺寸的确定也应有不同的考虑。在高温下工作时，密封件应采用氟化橡胶，它能在＋200～＋250℃高温中长期工作，且耐用度也显著地优于丁腈橡胶。

4.3.1.5 依据环境选择液压缸

有的液压缸常在恶劣的条件下工作。如挖掘机常在风雨中工作，且不断与灰土砂石碰撞；在海上或海岸工作的液压缸，很容易受到海水或潮湿空气的侵袭；化工机械中的液压缸，常与酸碱溶液接触。因此，根据液压缸的工作环境，还应采取相应措施。

(1) 防尘措施

在灰土较多的场合，如铸造车间、矿石粉碎场等，应特别注意液压缸的防尘。粉尘混入液压缸内不仅会引起故障，而且会增加液压缸滑动面的磨损，同时又会析出粉状金属，而这些粉状金属又进一步加剧液压缸的磨损，形成恶性循环。另外，混入液压缸的粉尘，也很容易被循环的液压油带入其他液压装置而引起故障或加剧磨损，因此防尘是非常重要的。

(2) 防锈措施

在空气潮湿的地方，特别是在海上、海水下或海岸作业的液压缸，非常容易受腐蚀而生锈，因此防锈措施非常重要。有效的防锈措施之一是镀铬。金属镀铬以后，化学稳定性好，能抵抗潮湿空气和其他气体的侵蚀，抵抗碱、硝酸、有机酸等的腐蚀，同时，镀铬以后硬度提高，摩擦系数降低，所以大大增强了耐磨性。但它不能抵抗盐酸、热硫酸等的腐蚀。在海水中工作的液压缸，最好使用不锈钢等材料。另外，液压缸的螺栓、螺母等也应考虑使用不锈钢或铬铝钢。

(3) 活塞杆的表面硬化

有些液压缸的外部工作条件很恶劣，如铲土机液压缸的活塞杆常与砂石碰撞，压力机液压缸的活塞杆或柱塞要直接压制工件等，因此必须提高活塞杆的表面硬度，其主要方法为高频淬火。

4.3.1.6 依据受力工况选择液压缸

不同设备的工况不同，液压缸的受力情况也不同，需要考虑具体受力工况选用液压缸。

(1) 振动

有的设备存在频繁的振动，因此需要考虑具有防松结构和耐振的液压缸。

(2) 惯性力

液压缸负载很大、速度很高时，会受到很大的惯性力作用，使油压力急剧升高，缸筒膨胀，安装紧固零件受力突然增大，甚至开裂，因此需要选用带缓冲结构的液压缸。

(3) 横向载荷

液压缸承受较大的横向载荷时，容易挤掉液压缸滑动面某一侧的油膜，从而造成过度磨损、烧伤甚至咬死。在选用液压缸滑动零件材料时，应考虑以下措施：

① 活塞外部熔敷青铜材料或加装耐磨圈；
② 活塞杆高频淬火，导向套采用青铜、铸铁或渗氮钢。

4.3.2 液压缸的安装注意事项

液压缸的安装不当，将给它的正常工作带来许多故障。这些故障多数是以动作不灵的形式表现出来，但实际上是安装零件的损坏引起的。

安装支座式轴线固定液压缸时，安装底座要有足够的刚度，安装前应该核算底座在液压缸推力的反作用力作用下产生的变形是否在允许值范围内。如果底座发生翘曲，那么在活塞杆的滑动部位和活塞与缸筒的配合部位就会产生附加侧向力，运行时导致磨损增大和缸壁的拉伤。

对于行程较大的液压缸，因温度的变化，缸体会产生伸缩现象。如果缸体两端完全固定，变形后无处可伸缩，必然会导致缸体内孔变形、缸壁弯曲或底座翘曲，因此应采取一头固定，另一头浮动的安装方法。另外，为避免缸体太长而产生中间下垂挠曲，中间最好加装一个使缸体在轴向可以伸缩的浮动支承，使缸体得到支撑。

活塞杆与负载的连接点应在液压缸的轴线上，安装时应该使缸内不产生憋劲现象。检查时，可将活塞杆停留在首、尾和中间三个位置上，如果活塞杆头部与负载能顺利地装上或拆开，就说明情况良好。

安装耳轴、耳环、球头等结构的液压缸时，由于缸体的轴线要在垂直平面或一定锥角范围内摆动，所以支承座内孔轴线与缸体轴线的垂直度一定要保证，以避免横向或偏心负载力对缸体作用而产生挠曲。其连接间隙不能太大，如间隙过大，当负载较大时，耳轴或耳环销轴不是产生弯曲，就是根部有剪切和弯曲合成应力的作用，使该处变成危险截面。

4.3.3 液压缸的故障诊断

随着科学技术的迅速发展，液压设备越来越多，越来越复杂。由于液压系统的工作是在封闭的壳体和管道内进行的，不能从外部直接观察，测量、安装等存在不方便，加之液压系统对污染很敏感，故障点比较多，所以液压传动系统的故障发生率相对于机械传动来说是比较高的，而且一旦出现故障，往往要花费较多的时间去寻找原因。液压缸作为液压系统的组成部分，分析液压缸的故障原因及其解法方法，可以为液压系统的故障诊断提供方法。同时液压缸的故障也是和液压系统密切相关的，需要有整体的观点，不能孤立地看待。

要准确、及时地排除液压缸的故障，关键在于查明产生故障的原因。一般来说，液压缸出现故障的可能性比起液压泵、液压阀及管道要低得多。但是，由于使用不当、维护不良、系统设计不合理、安装调整不正确，也会出现一些故障，其产生的原因也不相同。从故障现象上划分，液压缸的故障主要表现为动作不灵、漏油和破损三种情况。其中，大量的故障是以动作不灵敏表现出来的。从结构上来划分主要是结构件的损坏和密封件的损坏。

（1）液压缸动作问题

液压缸的动作问题主要表现为不能动、动作慢、爬行、动作无力等。有由液压缸本身的故障造成的，也有由液压系统匹配问题造成的。

通过检测液压缸的入口压力和流量可以进行问题的排查。如果压力、流量都没有，即没有工作液体进入液压缸，说明是液压系统有故障，而并非是液压缸本身的问题。这时，应按一定程序从液压缸起，顺序查找原因，直到液压泵止。溢流阀的阀芯与阀座密封不好而产生泄漏，使工作液体自动流回油箱，往往是产生缸内无工作液体的主要原因。电磁阀的弹簧损坏，电磁线圈烧坏以及开关切换不灵等问题也应加以注意。如果有压力而没有流量，且压力也没有达到设计要求，则是液压系统的供油压力问题，如果压力达到设计要求，此时液压缸不动作，则需要考虑液压缸对负载的驱动能力和液压缸本身的摩擦力或者液压缸的安装憋劲等问题。液压缸产生单边受力憋劲和拉缸烧死时，也会产生油压符合规定但不产生动作的现象，产生拉缸烧死是由小伤痕的发展和接触压应力过大造成的，往往发生在活塞与缸壁之间。憋劲是因制造装配质量不好和设计结构上的问题造成的。为避免憋劲，液压缸运行前，应进行检查：去掉负载，降低压力，使液压缸做单独运行，观察是否有异常现象，在各不同位置上，检查是否能顺利地加上负载，加载后以低速和最小启动压力做运行试验，观察是否发生异常。液压缸所承载的负载出现问题，也会使液压缸不动作。偏心负载不仅影响活塞杆的刚性，而且会产生转动力矩使滑动部位的接触应力增大而产生拉伤烧死现象。遇到这种情况，回路压力增高，并产生异常的振动或爬行，必须立即停止工作，避免事故的继续扩大。运动部件间的摩擦阻力过大，特别是V形密封圈这种靠压紧量密封的密封圈，如果压得太紧，摩擦阻力非常大，势必影响液压缸的出力和运动速度。此外，还要注意背压力是否存在和过大。

如果液压缸的动作过慢，则可以根据流量测试计算是否是液压缸的内泄漏严重造成的，否则就是液压系统提供的流量过小造成的。内泄漏量过大是影响速度达不到要求的主要原因。若液压缸的运动速度随着行程的位置不同有下降，则是由缸内憋劲而使运动阻力增大所致，缸筒内孔的几何精度超差，缸筒产生了塑性扩张变形也会使活塞运动停止或速度变慢。

液压缸的爬行现象跟液压缸的动静摩擦力相差太大有关，也跟液压油里面混入气体有关。液压缸工作前必须充分排除缸内空气。一般地说，不管什么液压缸，都应有排气装置，而且排气口应设在缸的最高位置或空气容易积聚的部位。

（2）液压缸的泄漏问题

液压缸的泄漏一般分为内泄漏和外泄漏两种情况。内泄漏主要影响液压缸的技术性能，使之达不到设计的工作出力、运动速度。外泄漏不仅污染环境，容易造成火灾，而且经济损失大。所谓内泄漏是指液压缸内部高压腔与低压腔之间密封不好，引起高压腔的压力油向低压腔渗漏，它发生在活塞与缸壁、活塞内孔与活塞杆连接处。外泄漏是指液压缸缸体与缸盖、缸底、油口、排气阀、缓冲调节阀等外部连接部位密封不严引起的泄漏，就其泄漏产生的原因而言，都是密封性能不好而产生的。就其工作情况而言，可分为固定部位的泄漏和运动部位的泄漏两种。

固定部位的泄漏主要是指静密封与焊缝等部位的泄漏。密封槽的底径、宽度和压缩量的设计不当，就会引起密封件的损坏。密封件在槽中扭曲，密封槽具有毛刺、飞边以及倒角不合适，装配时密封圈划痕损伤、瞬时高压冲击等都会损坏密封圈，产生泄漏。

密封面配合间隙过大，如果密封件硬度低而又没有装密封保护挡圈，在高压和冲击力的作用下，就会被挤出密封槽而损坏，如果缸筒的刚性小，那么它在瞬时冲击力的作用下就要产生弹性变形。由于密封圈的变形速度比钢质缸筒的变形速度慢得多，跟不上间隙增大速度，而被挤进间隙之中失去密封作用。待冲击压力消失后，缸筒变形迅速恢复，而密封件的恢复速度却慢很多，于是密封件又被咬在间隙之中。这种现象的反复作用，不仅使密封件产生剥皮式的撕裂损坏，而且产生严重泄漏。用螺栓或连接杆连接的液压缸，因其刚性不足而在压力的作用下产生伸长现象时，缸盖就会松开而使密封件被挤出。

橡胶密封件的散热性差，在高速往复运动时，润滑油膜容易被破坏而使强度和摩擦阻力增大，加速密封件的磨损。密封槽过宽，槽底粗糙度太高时，随着压力的变化，密封件前后移动，磨损也会加剧。另外，材料选用不当、截面直径超差、存放时间过长会引起老化龟裂。拉伸力减退以及槽深超差等，都是产生泄漏的原因。

焊接连接在液压缸上采用较多，裂纹是焊接中经常出现的问题，也是产生外漏的原因之一。裂纹的产生主要是焊接工艺不当造成的。如果焊条材料选用不当，焊条潮湿，对含碳量较高的材料焊前不进行适当预热，焊后不注意保温，冷却速度过快，都会引起应力裂纹。缸筒上的焊接部位承受弯曲、扭转、拉伸等复杂应力作用，焊接工艺应该尽量避免再增加其他应力。必要时，应进行适当的热处理。气孔、夹渣和假焊是引起外漏的又一原因。焊缝较大时为了保证焊接强度和焊接变形尽量小及不产生焊接裂致，应采取分层焊接。在分层焊接中，第一层的焊渣如未彻底清除就焊第二层，势必使焊渣在两层之间形成夹渣现象；在每一层的焊接中，都必须保证焊缝清洁，不能沾上油和水，否则就会在焊接中形成气孔。焊接部位预热不够、焊接电流不够大，是形成焊接不牢和溶焊不完全的假焊现象的主要原因。

运动部位的泄漏是指有相对运动的部件之间的动密封处发生的泄漏。滑动部位的泄漏是指活塞与缸筒内孔、活塞杆与缸盖的密封处发生的泄漏。对液压缸来说，如果完全控制这些部位的泄漏，不仅会加速摩擦发热，而且还会使密封件的使用寿命缩短；若泄漏严重，则影响使用性能和污染环境。滑动部位的泄漏还有最主要的一点，就是密封件的单边磨损。这一点对水平安装的液压缸来说表现得尤为突出。引起单边磨损的原因，一是运动件间配合间隙过大或单边磨损，造成密封圈压缩余量不均；二是当活塞杆完全伸出后，因自重而产生弯曲力矩，使活塞在缸内发生倾斜。用活塞环作为活塞密封件，可防止泄漏过大，但应注意以下几点。第一，严格检查缸筒内孔的尺寸精度、粗糙度和几何形状精度；第二，活塞与缸壁间的间隙要比其他密封形式小，活塞宽度要大一些；第三，活塞环槽不能太宽，否则其位置不稳定，将增加侧面间隙以致产生泄漏；第四，活塞环的数量要合适，太少时密封作用不大。

（3）液压缸的机械损坏问题

液压缸的机械损坏多是由于作业力和压力超出结构件的承受能力，持续或者高频交变高压产生的材料的塑性变形等造成了结构损坏。比如重载或高速运动的结构件突然停止，控制缸的阀的开启过快和关闭过快都会产生压力冲击，瞬间高压会使液压缸的机械结构件产生塑性变形造成损坏，以及外力的突然超载，安全阀的开启时间慢等都会造成液压缸的机械损坏。有的液压缸安装有液压锁，封闭腔内液压油的高压无法卸荷，长期高压会使缸筒产生塑性变形。还有封闭容腔里油液由于温度的升高产生的高压也会使缸筒产生塑性变形。活塞杆的机械损坏可以引起密封件的受力不均匀，加速密封件的磨损，产生外泄漏和内泄漏，若为严重变形还会使运动无法进行，造成动作失效。缸筒的严重塑性变形使内泄漏增大，表现为动作变慢、压力无法建立、液压锁锁不住等。为避免上述故障的产生，在液压系统设计时需要考虑预防措施，比如合理设计液压缓冲，在液压锁后面设置安全阀，考虑冲击载荷下安全阀的开启时间等。

4.3.4　典型液压缸的拆装案例

许多机械设备的动作由多个液压缸的协同动作来完成，熟悉常见缸的结构原理、拆装要求、故障检查与诊断方法对以后的工作具有重要的意义。工程机械液压系统所用液压缸的结构种类较多、区别较大，因此仅对工程机械上一种常用的单杆双作用液压缸的结构做以简单介绍。

如图 4-15 所示为卡键连接的单杆双作用液压缸结构简图。它主要由缸筒 6、缸底 1、活塞杆 7、活塞 4 及导向套 8 等组成。

缸底与缸筒一般为焊接结构，工艺简单。导向套与缸筒之间用内卡键 10 连接，便于拆装。活塞杆由无缝钢管焊接而成，其下端用卡键组件 2 与活塞连接，易于拆装与维修。活塞与活塞杆之间无相对运动，属于静密封，用 O 形密封圈防止内泄漏。活塞与缸筒之间要往复运动，属于动密封。在活塞上两端的环形槽内背对背地装设Y形密封圈3，这种密封圈的唇边在液体压力作用下紧贴到缸筒内壁和活塞外表面上，压力愈高，贴得愈紧，故密封性能良好。为防止活塞移动时密封圈卷边，在密封圈背部可装与缸筒内壁接触的材料为尼龙或聚四氟乙烯的挡圈，唇边前面可装带有凸缘的挡板，其凸缘插到Y形槽内，防止密封圈唇边翻卷。为防止拉伤缸筒内表面，活塞不与缸筒内表面直接接触，而是通过套在挡板上的尼龙套或在两Y形密封圈之间增设尼龙支承环与缸筒内壁接触。导向套与缸筒之间也无相对移动，用O形密封圈密封。导向套与活塞杆之间有相对移动，采用Y形和O形两道密封圈密封，密封效果良好。为了防止活塞杆缩回时带进尘埃，导向套前端还装有防尘圈。

导向套的作用是保证活塞杆沿缸筒轴线移动、防止活塞擦伤缸筒内壁。导向套需采用耐磨性较好的材料，以适应其工作要求。为了提高密封性，缸筒内表面和活塞外表面均需要精加工，活塞杆外表面还需要镀铬，以增加耐磨性。

活塞杆全缩回状态时，其后端要与缸底保持一定间隙，防止撞击缸底。当活塞杆带动负载以较快速度移动时，例如速度大于0.1m/s，为防止行程终点产生撞击，需设置缓冲装置。工程机械液压缸多采用内部节流缓冲方式。

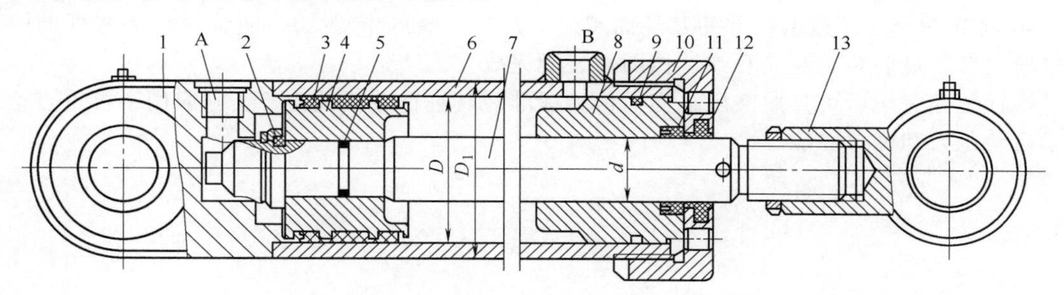

图4-15 卡键连接的单杆双作用液压缸的结构

1—缸底；2—卡键组件；3—Y形密封圈；4—活塞；5,9—O形密封圈；6—缸筒；7—活塞杆；8—导向套；10—内卡键；11—卡键帽；12—防尘圈；13—活塞杆耳环；A,B—进出油口

(1) 液压缸的拆解步骤

应按下面的顺序拆卸。

① 将液压缸外部擦拭干净，准备干净的容器，例如油盆。将活塞杆完全拉出、压回数次，在拉出或压回时应在无杆腔油口或有杆腔油口放置一油盆，以备接油缸内的残留油液，尽可能把油缸内残余油液排出。

② 将被拆液压缸装于拆装台架上，将缸筒固定。

③ 用卡簧钳将弹性挡圈取下。

④ 将被拆液压缸活塞杆拉出适当长度，注意保护好活塞杆表面。将导向套8压向缸筒内，直至导向套前端面越过内卡键10，取出内卡键10。

⑤ 用自制附件填平卡键槽，附件材料可用尼龙并做成三瓣形状，外径与卡键槽的直径相同，内径与缸筒内径尺寸相同，将活塞杆7向外拉出，使导向套随活塞、活塞杆一起脱离缸筒6。

⑥ 将活塞杆组件放置于木质台架上，用卡簧钳取下弹性挡圈、卡键帽11和外卡键后，可拆下活塞4和导向套8。

此时液压缸的拆卸工作基本完成，可进行零件的检查。

(2) 零件检查与更换

液压缸解体后，应检查缸筒内表面是否有纵向拉痕，形状误差是否超标，根据情况进行修理或更换；检查活塞杆的外表面是否有拉痕，表面镀铬层是否有脱落，形状误差是否超标，并视具体情况进行修理或更换；原则上在装配前应将油缸内所有密封件全部更换。

在安装密封件时，应将被密封零件彻底清洗干净并涂清洁液压油，橡胶密封件应用清洁液压油清洗。在安装O形密封圈时，应注意不要让零件锐边、毛刺划伤密封圈，密封圈在其沟槽内应自然弹出且不得有扭转变形；在安装唇形密封圈时，应注意密封圈的开口方向，由于该种密封圈在常温下较硬，安装比较困难，故可在清洁液压油中加温（温度要适宜，否则密封圈会损坏），使其变软后安装。

（3）液压缸的装配过程

① 在装配前将密封件涂抹清洁润滑脂。

② 依次将弹性挡圈、套筒、装有密封圈和防尘圈的导向套8组件套装在活塞杆7上，然后安装活塞组件，再依次安装卡键、卡键帽11和弹性挡圈。

③ 将缸筒内卡键槽用自制附件填平并涂抹润滑脂，然后将活塞、活塞杆组件谨慎装入缸筒，使活塞前端面越过卡键槽适当距离，但不要装入太深，以防在无导向套的情况下活塞刮伤缸筒内表面，随后取出卡键槽内的附件。

④ 将导向套8压进缸筒并使其端面越过卡键槽，装入卡键10，谨慎拉出活塞杆的同时带出导向套，最后装上套筒和弹性挡圈，装配完成。

油缸装配完毕后可参照液压缸出厂检验标准对其进行性能试验。实际应用中可重点检查最小启动压力和密封性能。

第5章 液压控制阀

5.1 液压控制阀的概述

液压控制阀与液压泵、液压执行元件等共同组成一个完整的液压系统，以完成特定的工作任务。液压控制阀可以控制液压系统中液流的流动方向、压力高低和流量大小，使液压系统按照预期的动作运行。可以说，没有控制阀（元件）的液压系统是没有任何用处的，所以液压控制阀是液压系统的必要组成部分，它们性能的好坏很大程度上决定了整个液压系统性能的优越程度。

5.1.1 液压控制阀的分类

液压控制阀的品种繁多，除了不同品种、规格的通用阀外，还有许多专用阀和复合阀。就液压控制阀的基本类型来说，可按以下几种方式进行分类。

（1）按功能分类

① 方向控制阀（如单向阀、换向阀等）。

② 压力控制阀（如溢流阀、减压阀和顺序阀等）。

③ 流量控制阀（如节流阀、调速阀等）。

这三类阀还可根据需要组合成一些具有两种以上功能的专用阀和复合阀，这样使得其结构紧凑，连接简单，又提高了效率。

（2）按控制方式分类

① 定值或开关控制阀。这类液压控制阀借助于手轮、手柄、凸轮、电磁铁和液体压力等方式，将阀芯位置或阀芯上的弹簧设定在某一工作状态，定值地控制液体的压力、流量和流动方向，它们统称为开关阀，这种阀多用于普通液压阀。

② 比例控制阀。这类阀的输出（流量、压力）可按照输入信号的变化规律连续成比例地进行调节。它们常采用比例电磁铁将输入的电信号转换成力或阀的机械位移量进行控制，也可以采用其他形式的电气输入控制器件。由于比例控制阀结构简单、工作可靠、价格较低，性能高于普通定值控制阀，并且可以通过电信号进行连续控制，因此在许多场合都有应用。

③ 伺服控制阀。这种阀能将微小的电气信号转换成大的功率输出，以控制系统中液体的流动方向、压力和流量，工作性能类似于比例控制阀。与比例控制阀相比，除了在结构上有差异外，主要在于伺服控制阀具有优异的动态响应和静态性能。但它的价格较贵，使用维护要求较高，多用于高精度、快速响应的闭环控制系统。

④ 电液数字控制阀。这种阀是用数字信息直接控制系统中液体的流动方向、压力和流量。

(3) 按安装连接方式分类

① 螺纹式（管式）连接。这种连接方式的阀是通过阀体上的螺纹孔直接与管路相连（大型阀则用法兰连接）。由于该类阀不需要连接安装板，因此连接比较简单，但各个液压控制阀只能分散布置，装卸维护不方便。

② 板式连接。采用这种连接方式的阀须配专用的连接板，管路与连接板相连，而阀仅用螺钉固定在连接板上，因此装卸时不影响管路，宜将液压阀集中布置，装卸维护方便。

③ 集成块式连接。这种连接方式把几个阀用螺钉固定在一个集成块的不同侧面上，在集成块上打孔，来沟通各阀的孔道，组成回路。由于拆卸阀时不用拆卸与它们相连的其他元件，因此这种安装连接方式应用较广。

④ 叠加式连接。这种连接方式的控制阀的上下面均为连接接合面，各连接口分别在这两个面上，通过螺钉将阀体叠装在一起构成回路。每个阀除其自身功能外，还起通道作用，不用管道连接，结构紧凑，沿程压力损失小。

⑤ 插装式连接。这种连接方式的阀没有单独的阀体，由阀芯、阀套等组成的单元体插装在插装块的预制孔中，用连接螺纹或盖板固定，并通过插装块内的通道把各插装式阀连通组成回路。插装块起到阀体和管路的作用，它是适应系统集成化而发展起来的一种新型安装连接方式。

5.1.2 液压控制阀的基本参数

(1) 公称通径

公称通径代表阀的通流能力大小，对应阀的额定流量。与阀进出口连接的油管的规格应与阀的通径相一致。阀工作时的实际流量应小于或等于它的额定流量，最大不得大于额定流量的 1.1 倍。

(2) 额定压力

额定压力代表阀在工作时允许的最高压力。对于压力控制阀，实际最高压力有时还与阀的调压范围有关；对于换向阀，实际最高压力还可能受其功率极限的限制。

5.1.3 液压控制阀的选择

液压控制阀的选择，除按系统功能需要选择各种类型的液压控制阀外，还需考虑额定压力、许可流量、安装形式、操作方式、性能特点以及价格等因素，并尽可能地选择标准系列的通用产品，在不得已的情况下，再自行设计专用的控制元件。

5.1.3.1 额定压力的选择

液压控制阀额定压力的选择，可根据系统设计的工作压力选择相应压力级的液压控制阀，并应使所选液压控制阀的额定压力稍大于系统最高工作压力。高压系列的液压控制阀，一般都能适用于该额定压力以下的所有工作压力范围。当然，高压液压元件在额定压力条件下制定的某些技术指标，在不同工作压力情况下会有些不同，有些指标会变得更好。在各压力级的液压控制阀逐步向高压发展，并统一为一套通用高压系列产品的趋势下，液压控制阀额定压力的选择将会更方便。

系统实际工作压力，如果稍高于液压控制阀所标明的额定压力，一般来说，在短期内是允许的。但如果长期处在这种状态下工作，将会影响产品的正常寿命，也将影响液压阀某些性能指标。

5.1.3.2 通过流量的选择

对液压控制阀流量参数的选择，可以产品标明的公称流量为依据。如果产品能提供通过不同流量时的有关性能曲线，则对元件的选择使用就更为合理了。

一个液压系统各部分回路通过的流量不可能都是相同的。因此，不能单纯依据液压泵的额定流量来选择阀的流量参数。而应该考虑到液压系统在所有设计工作状态下各部分阀可能通过的最大流量。如换向阀的选择则要考虑到系统中采用差动液压缸，在换向阀换向时，液压缸无杆腔排出的流量比有杆腔排出的流量大得多，甚至可能比液压泵输出的最大流量还大；再如当选择节流阀、调速阀时，不仅要考虑可能通过该阀的最大流量，还要考虑到该阀的最小稳定流量；又如某些回路通过的流量比较大，如果选择与该流量相当的换向阀，在换向时可能会产生较大的压力冲击，为了改善系统工作性能，可选择大一挡规格的换向阀；某些系统，大部分工作状态通过的流量不大，偶尔会有大流量通过，考虑到系统布置的紧凑，以及阀本身工作性能的允许，或者压力损失的瞬时增加，在许可的情况下，不按偶然的大流量工况选取，仍按大部分工作状况的流量规格选取控制阀，阀在短时超流量状态下使用也是允许的。

5.1.3.3 安装方式的选择

液压控制阀的安装方式是指阀的进出油口与系统管路或其他液压阀的连接方式，一般有管式配置、油路块板式配置和集成配置等三种。

（1）管式配置

直接采用油管将各类液压元件连接起来形成管式回路。

（2）油路块板式配置

油路块又称阀块，它是一块较厚的液压元件安装板。板式阀类元件通过螺钉安装在板的正面，管接头安装在板的其他侧面，各元件之间的油路全部由阀块内的加工孔道形成，如图5-1所示。

（3）集成配置

集成配置分为集成块式配置和叠加式配置。

① 集成块式配置。集成块是一块通用化的六面体，四周除一面安装通向执行元件的管件接头外，其余三面均可安装阀类元件，各个元件由阀块内钻孔形成的油道连通。一个液压系统往往由几个集成块组成，块的上下两面作为块与块之间的结合面，各集成块与顶盖、底板一起用长螺栓装配起来，一般进油口与回油口开在底板上，通过集成块的公共孔道直接通顶盖，如图5-2所示。

② 叠加式配置。这种配置方式要采用叠加式液压元件，叠加式液压元件是自成系列的液压控制阀件，每个叠加阀既起控制阀作用，又起通道的作用。因此，叠加式配置基本不需另外的连接件，只需用长螺栓直接将各叠加阀叠装在底板上，即可组成所需的液压系统。

设计液压系统各类元件安装方式时，要根据所选液压阀的规格大小、液压系统的简繁及

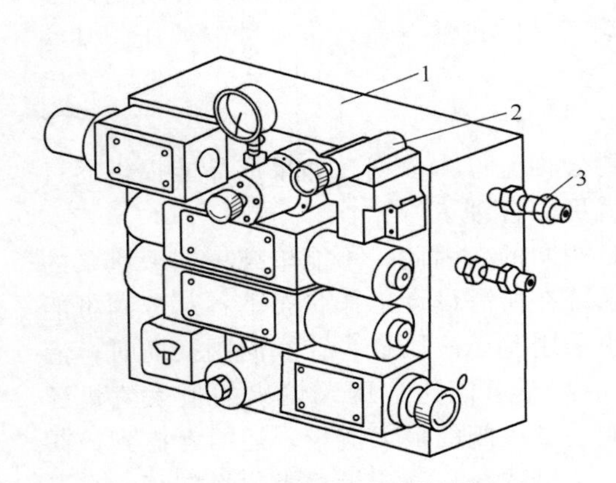

图 5-1　油路块板式连接配置
1—油路块；2—阀体；3—管接头

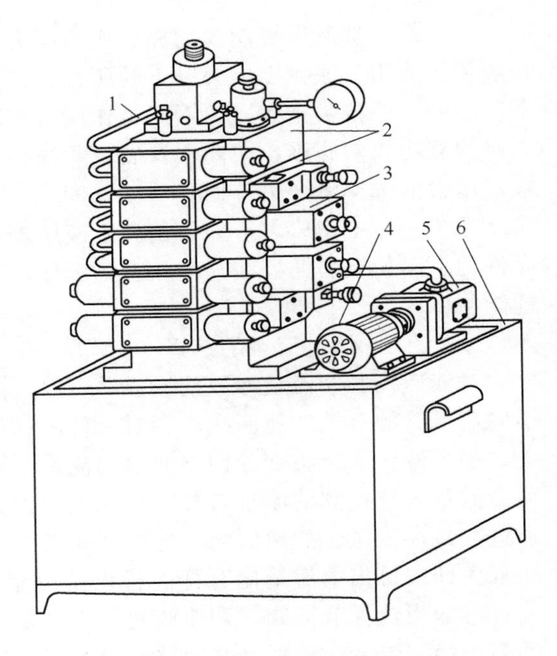

图 5-2　集成块式配置
1—油管；2—集成块；3—阀；4—电动机；
5—液压泵；6—油箱

布置特点而定。对于固定设备上的液压系统，常将控制元件和调节装置集中安置在主机以外的液压站上，以便于安装与维修，并消除了动力源的振动与油温的变化对主机工作精度的影响。如果液压系统较简单，流量小，元件较少，安装位置又较宽敞，可采用管式配置；反之，可采用油路块板式配置。如果系统很复杂，元件又多，宜采用集成配置。

5.1.3.4　操作方式的选择

液压控制阀有手动控制、机动控制、液压控制和电气控制等多种操作类型，可根据系统的操纵需要和电气系统的配置能力进行选择。如小型的和不常用的系统，工作压力的调整可直接靠人工调节溢流阀进行；如果溢流阀的安装位置离操纵位置较远，直接调节不方便，则可加装远程调压阀，以进行远距离控制；如果液压泵启闭频繁，则可选择电磁溢流阀，以便采用电气控制，还可选择初始或中间位置能使液压泵卸荷的换向阀，以获得同样的要求。

在许多场合，采用电磁换向阀，容易与电气控制系统组合，以提高液压系统的自动化程度。而某些场合，为简化电气控制系统，并使操作简单，则宜选用手动换向阀等。

5.1.3.5　性能特点的选择

液压系统性能要求的不同，对所选择的液压阀的性能要求也不同，而许多性能又受到结构特点的影响。如用于保护系统的安全阀，要求反应灵敏，压力超调量小，以避免大的冲击压力，且能吸收换向阀换向时产生的冲击。

对换向速度要求快的系统，一般选择交流型电磁铁的换向阀；反之，对换向速度要求慢的系统，则可选择直流型电磁铁的换向阀。如液压系统对阀芯复位和对中性能要求特别严格，则可选择液压对中型或者弹簧对中型结构；如果一般的调速阀由于温度或压力的变化，不能满足执行机构运动的精度要求，则要选择带压力补偿装置或温度补偿装置的调速阀；如果使用液控单向阀，且在反向出油背压较高，但控制压力又不可能提到很高的场合，则应选择外泄式结构。

5.1.3.6 经济性方面的选择

在满足工作要求的前提下，应尽可能地简化系统，降低造价，以提高主机的经济指标。如对某些调速要求不高的回路，可采用行程调节型节流阀，以省略调速阀，获得近似的效果。对电液换向阀使用较少的系统，控制方式可设计为内部压力油控制，以省略控制液压泵及控制管路等。反之，对电液换向阀使用较多的高压系统，为节省总的功率，反而希望采用外部压力油控制。

5.2 几种典型压力控制阀

5.2.1 溢流阀

液压泵的工作压力是由外负载决定的，当外负载很大，使系统的压力超过液压泵的机械强度和密封性能所决定的额定压力时，整个系统就不能正常工作，必须限制系统工作压力在所需要的压力范围内。溢流阀的基本功能为：当系统的压力超过或等于溢流阀的调定压力时，系统的油液通过阀口溢出一部分回到油箱，防止系统的压力过载，起安全保护作用。溢流阀分为直动式和先导式两种形式。对溢流阀的要求是：压力调节范围大，调压偏差小，压力振摆小，动作灵敏，过流能力大，噪声小。

5.2.1.1 溢流阀的结构原理

(1) 直动式溢流阀

直动式溢流阀是依靠作用在阀芯主油路上的液压油压力，直接与作用在阀芯上的弹簧力相平衡来控制阀芯启闭的溢流阀。直动式溢流阀的阀芯形式有滑阀式、锥阀式和球阀式三种。

图 5-3 所示为 P 型低压直动式溢流阀结构和图形符号，P 是进油口，T 是回油口，进口压力油经阀芯 3 中间的阻尼孔 a 作用在阀芯 3 的底部端面上，当进油压力较小时，阀芯 3 在弹簧 2 的作用下处于下端位置，P 和 T 两油口不能相通。当进油压力升高，阀芯 3 下端产生的作用力超过弹簧的压紧力 F 时，阀芯 3 上升，阀口被打开，多余油液排回油箱。阀芯 3

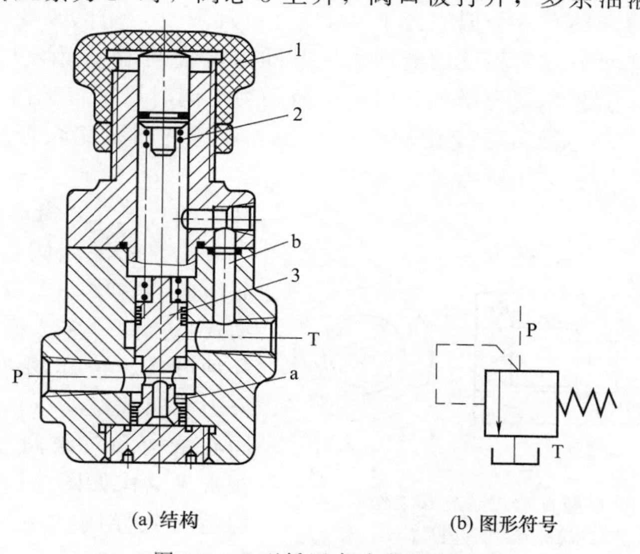

图 5-3 P 型低压直动式溢流阀

1—螺母；2—弹簧；3—阀芯；a—阻尼孔；b—孔；P—进油口；T—回油口

上阻尼孔 a 的作用是增加液阻，以减小阀芯的振动，提高阀的工作平稳性。调节螺母 1 改变弹簧的压紧力，也就调整了溢流阀进油口处的油液压力。由阀芯间隙处泄漏到弹簧腔的油液，经阀体上的孔 b 通回油口 T 排入油箱。当溢流阀稳定工作时，作用在阀芯上的力应是平衡的。

若忽略阀芯自重、摩擦力和稳态轴向液动力，则阀芯的受力平衡方程为

$$pA_R=F_s \tag{5-1}$$

式中 p——进油口压力；

A_R——阀芯承受油液压力的面积；

F_s——弹簧的调定作用力。

由式（5-1）可得

$$p=\frac{F_s}{A_R}=\frac{k(x_0+\Delta x)}{A_R} \tag{5-2}$$

式中 k——阀芯弹簧的刚度；

x_0——平衡弹簧的预压缩量；

Δx——平衡弹簧的附加压缩量。

由以上分析可知：溢流阀正常工作过程中，阀芯开口的变化量很小，因此，弹簧的附加压缩量 Δx 也是较小的，p 值将基本保持不变，从而系统压力控制在调定值附近。若系统压力升高，阀芯上移，阀口开大，溢流阻力减小，则系统压力下降；当压力低于调定压力时，阀芯下降，阀口关小，溢流阻力增大，限制了系统压力的继续下降。由式（5-2）可见，弹簧力的大小与控制压力成正比。因此，若要提高被控压力，一方面可通过减小阀芯的有效作用面积来实现；另一方面则需加大弹簧力，因受结构限制，所以需要采用较大刚度的弹簧。这样，在阀芯位移相同的情况下，弹簧力变化较大。因此，这种阀的定压精度低，一般用于压力小于 2.5MPa 的小流量场合。

如图 5-4 所示为锥阀式 DBD 型直动式溢流阀工作原理。在锥阀的右部有一个阻尼活塞 3，活塞的侧面铣扁，以便压力油引到活塞底部。阻尼活塞的作用有两个：一是在锥阀开启或闭合时起阻尼作用，用来提高阀的调压稳定性；二是对锥阀起导向作用，以提高阀的密封性能。此外，锥阀的端部有一个偏流盘 1，盘上开有环形槽，用以改变锥阀出油口的液流方向。偏流盘受到与弹簧力方向相反的液动力，并随溢流量的增加而增大。当溢流量增加时，由于锥阀开口增大，引起弹簧力增加，但由于液动力也同时增加，抵消了弹簧力的增量。因此，这种阀的进口压力不受流量变化的影响，其 p-q 特性曲线比较理想，启闭特性好，有利于提高阀的通流流量和工作压力。

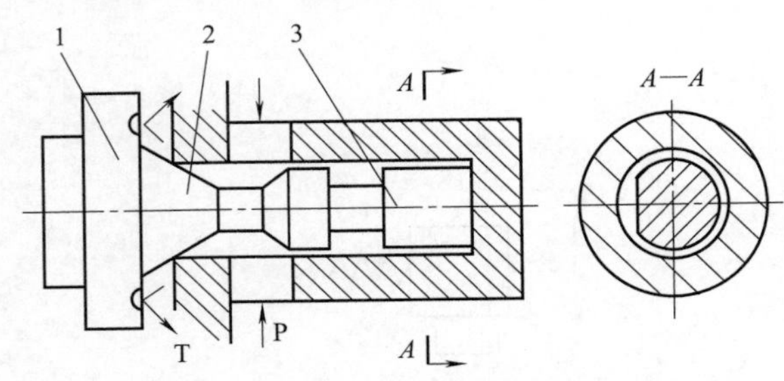

图 5-4 锥阀式 DBD 型直动式溢流阀工作原理

1—偏流盘；2—锥阀阀芯；3—阻尼活塞

（2）先导式溢流阀

先导式溢流阀由主阀和先导阀两部分组成。其中，先导阀部分就是一种直动式溢流阀（多为锥阀式结构）。主阀有各种形式，按其阀芯配合形式不同，可分为滑阀式结构（一级同心结构）、二级同心结构和三级同心结构。先导式溢流阀常见结构如图 5-5 和图 5-6 所示，它们均是由先导阀和主阀两部分组成。先导阀为锥阀，实际上是一个直动式溢流阀，主阀也是锥阀。其中，图 5-5 所示的先导式溢流阀为三级同心结构，即主阀芯与阀体孔有三

处同心，图示位置主阀芯及先导锥阀均被弹簧压靠在阀座上，阀口处于关闭状态。主阀进口P接系统压力油，出口T接油箱。压力油从主阀芯2的下腔，经主阀芯2上的阻尼孔8进入主阀芯的上腔和先导锥阀6的前腔。当系统压力 p 小于先导阀设定的压力时，先导阀口关闭，阀内无油液流动，主阀芯上下腔油压相同，承压面积相等，故主阀芯被弹簧压在阀座上，主阀口亦关闭；当系统压力 p 达到（或略大于）先导阀设定的压力时，先导阀口打开，主阀上腔的油液从先导阀阀口、先导阀弹簧腔、主阀弹簧腔、主阀芯的中心孔、出油口T回到油箱，油液流过阻尼孔8产生压力损失，使主阀芯两端形成了压力差，主阀芯在此压差作用下克服主阀弹簧力向上移动，主阀口开启并溢流，从而维持系统压力基本不变。通过调节手轮，可以设定系统压力。

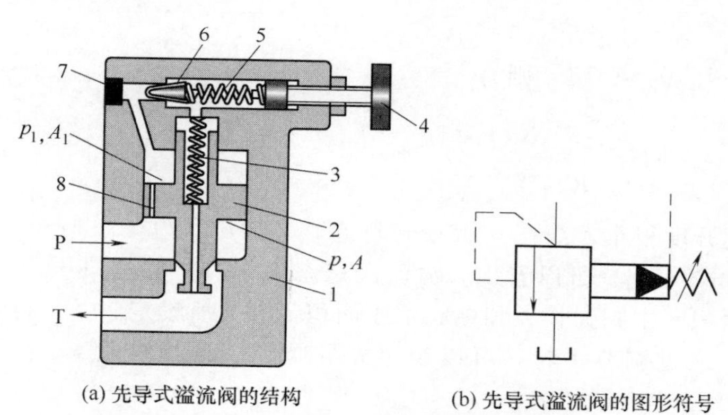

(a) 先导式溢流阀的结构　　(b) 先导式溢流阀的图形符号

图5-5　先导式溢流阀的结构及图形符号

1—阀体；2—主阀芯；3—主阀弹簧；4—调节手轮；5—导阀弹簧；6—先导锥阀；7—螺堵（遥控口）；8—阻尼孔

先导式溢流阀的阀体上有一个遥控口7，当将此口通过二位二通阀接通油箱时，主阀芯上端的弹簧腔压力接近于零，主阀芯在很小的压力下便可移动到上端，阀口开至最大，这时系统的油液在很低的压力下通过主阀口流回油箱，实现卸荷作用。如果将遥控口接到另一个远程调压阀上（其结构和溢流阀的先导阀一样），并使远程调压阀的调定压力小于先导阀的调定压力，则主阀芯上端的压力就由远程调压阀来决定。使用远程调压阀后便可对系统的溢流压力实行远程调节。

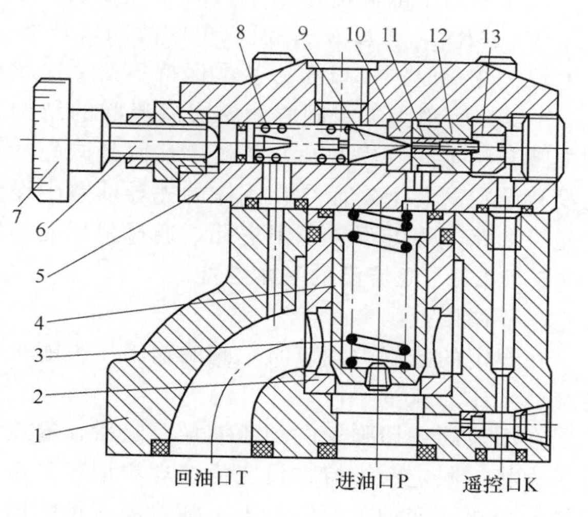

图5-6　二级同心先导式溢流阀的结构

1—阀体；2—主阀套；3,8—弹簧；4—主阀芯；5—先导阀阀体；6—调节螺钉；7—调节手轮；9—先导阀阀芯；10—先导阀阀座；11—柱塞；12—导套；13—消振垫

忽略主阀芯和先导阀芯上受到的稳态液动力、摩擦力、重力等，先导式溢流阀的静态特性可由如下方程描述。

主阀芯的力平衡方程为

$$pA=p_1A_1+K_1(y_0+y) \tag{5-3}$$

先导阀芯的平衡方程为

$$p_1 A_x = K_2 (x_0 + x) \tag{5-4}$$

式中 K_1，K_2——主阀弹簧、先导阀弹簧刚度；

y_0，x_0——主阀弹簧、先导阀弹簧预压缩量；

y，x——主阀和先导阀的阀口开度；

A_1，A——主阀上下腔作用面积，$A_1/A=1.03\sim1.05$（小面积差保证阀口的可靠关闭）；

A_x——先导阀承载面积。

把式（5-4）代入式（5-3），可得

$$p = \frac{A_1 K_2 (x_0 + x)}{A A_x} + \frac{K_1 (y_0 + y)}{A} \tag{5-5}$$

为明确分析，取 $A_1/A=1$，则有

$$p = \frac{K_2 x_0 \left(1 + \frac{x}{x_0}\right)}{A_x} + \frac{K_1 y_0 \left(1 + \frac{y}{y_0}\right)}{A} \tag{5-6}$$

通常，先导阀开度很小，约在 0.05mm 附近，主阀开度约在 0.5mm 以内，即有 $x << x_0$，$y << y_0$，由式（5-6）可以看出，溢流阀稳态工作时，其进口压力完全由先导阀弹簧力、先导阀承压面积、主阀弹簧力和主阀承压面积等参数所设定，并使得进口压力维持在设定值而基本不变。通过调节手轮，可以设定先导阀弹簧预压缩量 x_0，从而设定新的进口压力。

实际中，溢流阀的溢流量随着系统工况的变化而变化，随着溢流量增大，阀口开度会有相应的增大，同时阀芯受到的液动力、摩擦力也会发生一定的变化，使得溢流阀的进口压力会有所升高，即也存在调压偏差问题，但先导式溢流阀的调压偏差要小很多。

先导油路中的溢流量很小，溢流主要发生在主阀阀口。在式（5-6）中，有 $A_x << A$、$K_2 > K_1$、$K_1 y_0 < K_2 x_0$，所以主阀的阀口开度 y 的变化对进口压力的影响很小，即溢流量发生较大变化时，进口压力基本保持不变，这就是先导式溢流阀调压偏差小的原因。

图 5-6 所示为二级同心先导式溢流阀的结构，工作原理与三级同心先导式溢流阀相同，其主阀芯与主阀套内圆孔、阀套座孔两处同心。与三级同心先导式溢流阀不同的是固定阻尼孔没有设在阀芯上，而是在阀体的先导油路中设置了单独的阻尼器。实际溢流阀结构中，在其先导油路上多处设置了阻尼孔，通过阻尼孔的串、并联，提高溢流阀的工作稳定性。

5.2.1.2 溢流阀的基本性能

(1) 调压范围

在规定的范围内调节时，阀的输出压力能平稳地升、降，无压力突跳或迟滞现象。

(2) 压力流量特性

在溢流阀调压弹簧的预压缩量调定后，溢流阀的进口压力（即系统压力）即被设定，进口压力将被限定和维持在设定值，理想情况是希望进口压力被精确地控制在设定值，不随溢流量的变化而变动。但实际上，随着溢流量的增加，溢流阀的进口压力会略有升高。溢流阀进口压力随流量变化而波动的特性称为压力-流量特性或启闭特性，它可用来评价溢流阀的定压精度。图 5-7 所示为溢流阀的启闭特性曲线，即通过溢流阀的流量逐渐增大再逐渐减小，反映出溢流阀进口压力的变化情况。由于阀芯受到了摩擦力的影响，故阀的开启过程和闭合过程的特性曲线不重合。

(3) 压力损失与卸载压力

当调压弹簧预压缩量等于零，阀通过额定流量时，溢流阀进口压力称为压力损失；当先

导式溢流阀的遥控口直接接通油箱，主阀上腔压力为零，流经阀的流量为额定流量时，溢流阀的进口压力称为卸载压力。这两种工况下，溢流阀进口压力因只需克服主阀复位弹簧力和液动力，故其值很小，一般小于 0.5MPa。

（4）压力超调量和过渡时间

当溢流阀在溢流量发生由零至额定流量的阶跃变化时，它的进口压力，也就是它所控制的系统压力，会有如图 5-8 所示的动态过渡过程。此曲线的试验测定过程是：将处于卸荷状态下的溢流阀突然加载（一般是由小流量电磁阀切断通油箱的遥控口），阀的进口压力迅速升高至最大峰值，然后振荡衰减至稳定的调定值，再使溢流阀在稳态溢流时开始卸荷。经此压力变化循环过程后，可以得出以下动态特性指标。

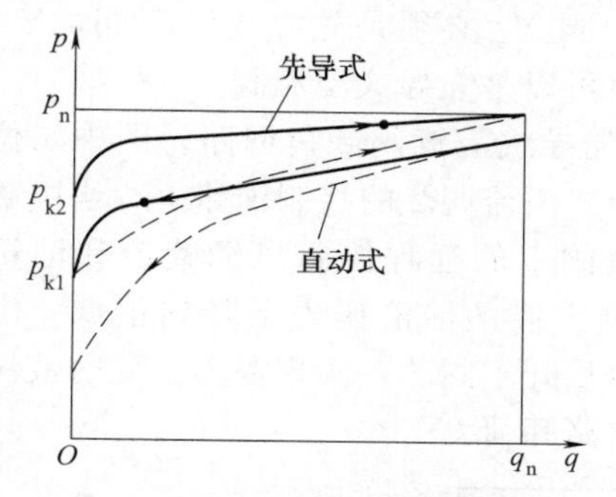

图 5-7 溢流阀的启闭特性曲线图

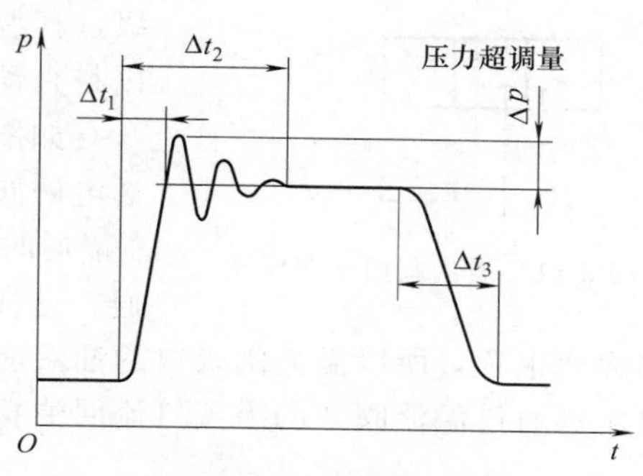

图 5-8 溢流阀的动态特性

① 压力超调量。最大峰值压力与调定压力之差 Δp 称为压力超调量。压力超调量越小，表明阀的稳定性越好。

② 过渡时间。指溢流阀从压力开始升高到稳定在调定值所需的时间，用符号 Δt_2 表示。过渡时间越短，表明阀的灵敏度越高。

还应指出，试验获得的响应特性实际上是阀与试验系统的综合性能。阀的动态响应过渡过程曲线与阀的试验系统有密切关系，尤其是管道液体对试验结果有明显影响。

5.2.1.3 溢流阀的应用举例

溢流阀是定量泵供油液压系统中不可缺少的元件。溢流阀在液压系统中的应用大致可分为溢流恒压、安全限压、提供过载保护、远程调压、造成背压和使系统卸荷。

如图 5-9 所示为溢流阀恒压油源，图中溢流阀用于定量泵系统溢流稳压。溢流阀通常接在泵的出口处，与系统的油路并联。溢流阀常开，随着执行元件所需油量的变化，阀的溢流量时大时小，使系统压力保持恒定。调节溢流阀弹簧的弹力，即可调节系统的供油压力。

如图 5-10 所示的溢流阀用作安全阀，图中溢流阀用于变量泵系统，以限制系统压力超过最大允许值，防止系统过载。当溢流阀在正常工作状态下，溢流阀阀口处于关闭状态，这

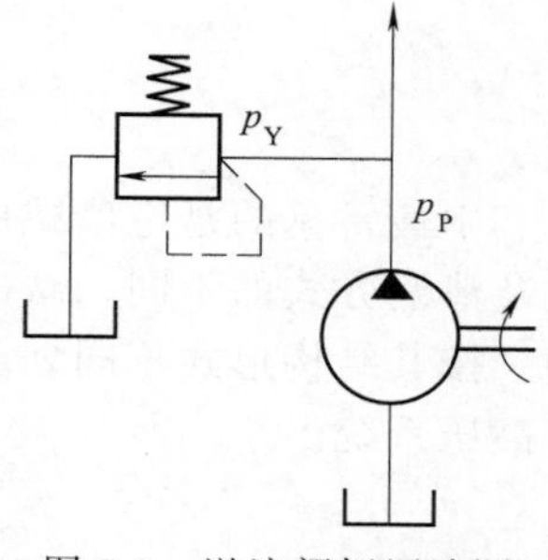

图 5-9 溢流阀恒压油源

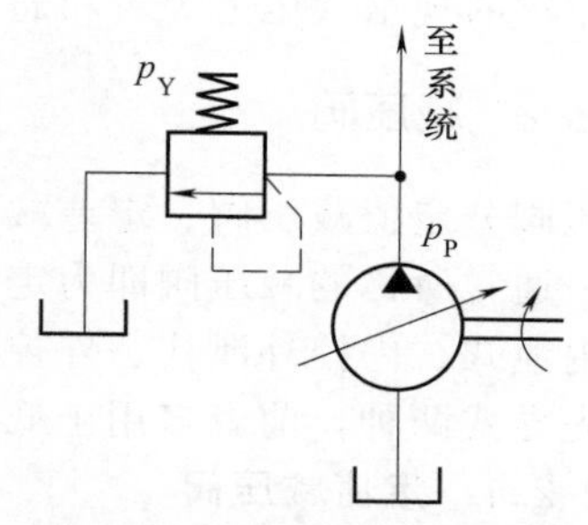

图 5-10 溢流阀用作安全阀

时液压泵供应的压力油全部进入液压缸，没有油液流过溢流阀；当系统压力由于某些原因（如管路堵塞或系统过载）而升高，超过溢流阀的调节压力值时，溢流阀的阀口打开，油液经溢流阀泄出，系统压力回到正常值。因此，溢流阀可防止系统过载，起安全保护作用。

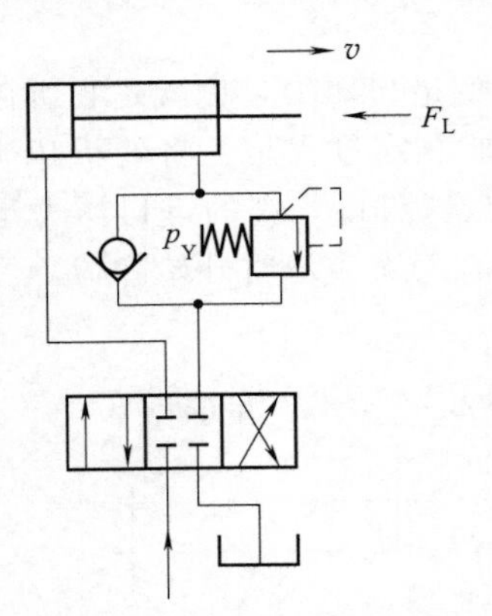

图 5-11 溢流阀用作背压阀

若在液压系统的回油路上设置一溢流阀，则相当于串接一个可调节的液压阻力器，从而形成一回油背压力，这样可提高液压缸等执行元件运动的平稳性，起到背压阀的作用，如图 5-11 所示。

如图 5-12 所示的溢流阀用作远程调压阀，其实质为一种采用直动式溢流阀与先导式溢流阀两个溢流阀组成的多级远程调压回路。图中阀 Y_1 必须是先导式溢流阀，Y_2 可以是直动式溢流阀，也可以是先导式溢流阀。

如图 5-13 所示为先导式溢流阀卸荷回路，图中二位二通电磁阀 3 安装在先导式溢流阀 2 的控制油路上，当电磁阀 3 接通时，先导式溢流阀 2 的远程控制口经管道和油箱相通，这样阀 2 主阀弹簧上腔的油液压力下降到很低。由于主阀弹簧很软，所以溢流阀入口的油液能以较低的压力顶开主阀芯，实现溢流。此时液压泵输出流量通过溢流阀 2 的溢流口流回油箱，即实现主油路卸荷。

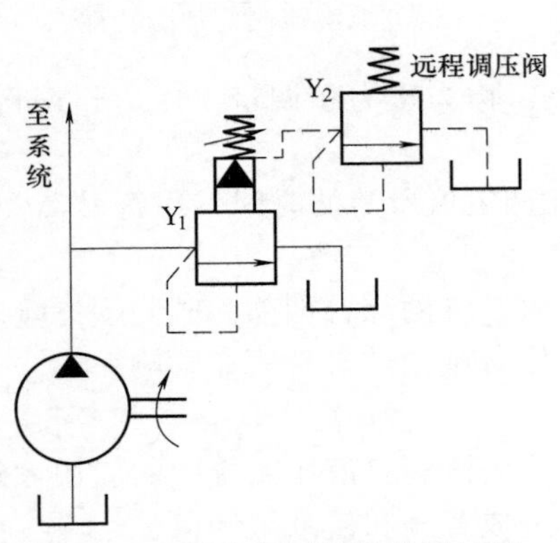

图 5-12 溢流阀用作远程调压阀

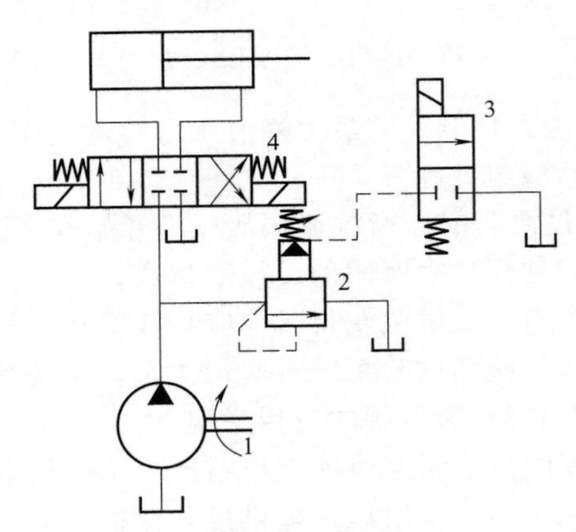

图 5-13 先导式溢流阀卸荷回路

1—液压泵；2—先导式溢流阀；
3—二位二通电磁阀；4—三位四通电磁换向阀

选择溢流阀的主要依据是它们在系统中的作用、额定压力、最大流量、压力损失数值、工作性能参数和使用寿命等。通常按照液压系统的最大压力和通过阀的流量，从产品样本中选择溢流阀的规格（压力等级和通径）。

5.2.2 减压阀

减压阀分定值减压阀、定差减压阀和定比减压阀三种，其中最常见的是定值减压阀。如不指明，通常所称的减压阀即为定值减压阀。根据控制方式及泄漏方式的不同，减压阀可分为内控内泄式、内控外泄式、外控内泄式和外控外泄式 4 种。按其结构形式不同划分，有直动式和先导式两种，前者多用于低压系统，后者多用于中、高压系统。

5.2.2.1 定值减压阀

定值减压阀可分为直动式和先导式两种类型，而在先导式定值减压阀中又有出口压力控制式和进口压力控制式两种控制方式。

(1) 直动式减压阀

直动式减压阀主要由阀体、阀芯、调压手柄及调压弹簧等组成，其工作原理及图形符号如图 5-14 所示。压力为 p_1 的油液由进油口 P 进入减压阀工作腔，经减压口后从出油口输入液压支路中。由于油液经减压口的缝隙时产生压力损失，所以，出油口输出的油液压力 p_2 低于进油口油液压力 p_1。油液在流向出油口的同时，一部分油液经出口侧通孔流入阀芯下腔，当这部分油液作用在阀芯底端所产生的向上推力小于调压弹簧的预紧力 F_s 时，阀芯处于最下端位置，减压口全开，不起减压作用，此时 $p_1 \approx p_2$，如图 5-14（a）所示。

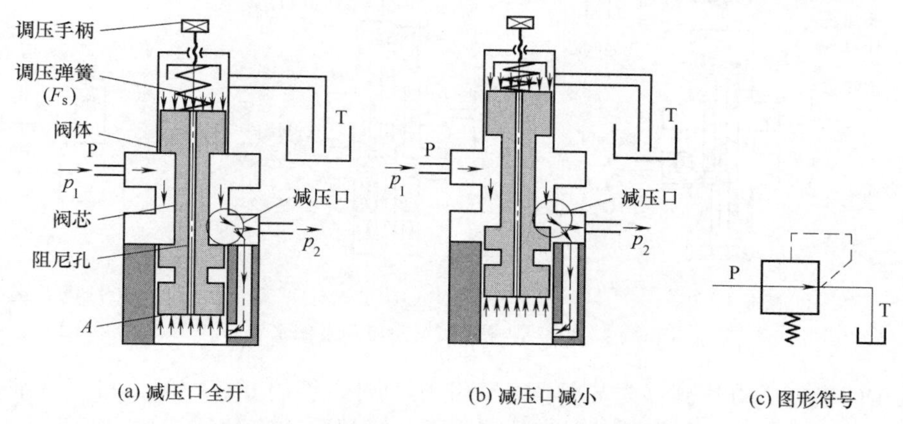

(a) 减压口全开　(b) 减压口减小　(c) 图形符号

图 5-14　直动式减压阀工作原理及图形符号

当出口油液的压力大于调压弹簧预紧力，即 $p_2A \geqslant F_s$ 时，阀芯在下腔油液压力作用下克服调压弹簧的预紧力向上移动，使减压口减小，如图 5-14（b）所示。此时，油液经减压口时产生压力损失，使出口压力 p_2 减小并稳定在调压弹簧的反力范围。根据出口压力与调压弹簧力的平衡关系 $p_2A=k(x_0+\Delta x)$，可求得减压阀出口压力

$$p_2=k(x_0+\Delta x)/A \tag{5-7}$$

式中　k——弹簧刚度，N/m；

x_0——弹簧预压缩量，m；

Δx——减压口的变化量，m；

A——主阀芯底端的有效作用面积，m^2。

由上式可以看出，如果减压口变化量 Δx 很小，即远远小于弹簧预压缩量 x_0 时，减压阀出口压力 p_2 可以保持基本稳定。直动式减压阀的图形符号如图 5-14（c）所示。

直动式减压阀的调节精度受弹簧刚度影响较大，在高压大流量情况下，需要弹簧刚度较大，此时，减压口的微小变化量对压力控制精度的影响很大。因此，直动式减压阀在液压系统中单独使用的情况较少，通常采用直动式结构的定差减压阀作为调速阀的组成部分来使用，或者用于压力精度要求不是很高的中低压、小流量液压系统。

(2) 先导式减压阀

先导式减压阀由先导阀和主阀两部分组成，先导阀配有先导阀芯、调压弹簧及调压手柄等，先导阀芯通常采用锥阀形阀座结构，主阀包括主阀芯和主阀弹簧，其工作原理及符号见图 5-15。

先导式减压阀的主阀芯设有径向孔、轴向孔和轴向阻尼孔，压力为 p_1 的油液从进油口 P 进入阀腔，经减压口减压后，输入到后续低压支路。油液经减压口流向出口时，有一部分

经主阀芯径向孔和轴向孔进入主阀芯下腔，对主阀芯形成向上的推力 p_2A。还有一部分经阻尼孔进入主阀芯上腔，形成对主阀芯向下的推力和对先导锥阀向上的推力。当出口压力低于先导阀调定压力时，先导阀口关闭，阻尼孔内没有油液流动，主阀芯上、下端作用的油液压力相等，在主阀弹簧力作用下处于最下端位置，减压口全开，不起减压作用，$p_2 \approx p_1$，如图 5-15（a）所示。

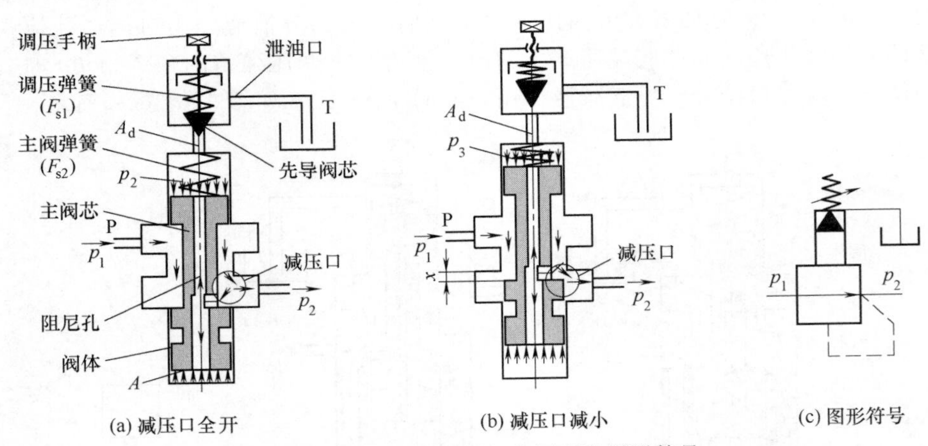

图 5-15　先导式减压阀工作原理及图形符号

当减压阀出口压力达到（先导锥阀）调定压力时，锥阀开启，阀出口部分油液经阻尼孔、先导锥阀口和阀盖上的泄油口流入油箱。由于阻尼孔内有油液流过而产生了压力损失，使得阻尼孔两端油液压力发生了变化，主阀芯上、下端产生压差，$p_2 > p_3$。当此压差对主阀芯产生的作用力大于主阀弹簧预紧力时，主阀上移使减压口减小，液阻增大，出口压力减小，直至出口压力 p_2 稳定在先导锥阀所调定的压力值。此时，若忽略阀口变化引起的稳态液动力，先导阀和主阀受力平衡方程为 $p_3A_d = k_{s1}x_{0s1} + \Delta x_{s1}$ 及 $p_2A = p_3A + k_{s2}(x_{0s2} + x_{s2\max} - \Delta x_{s2})$。联立上述二式，可求得减压阀出口压力

$$p_2 = (x_{0s1} + \Delta x_{s1})k_{s1}/A_d + (x_{0s2} + \Delta x_{s2\max} - \Delta x_{s2})k_{s2}/A \tag{5-8}$$

式中　k_{s1}，k_{s2}——先导阀和主阀弹簧刚度，N/m；

A_d，A——先导阀和主阀的有效作用面积，m^2；

x_{0s1}，Δx_{s1}——先导阀弹簧预压缩量和先导阀开口量，m；

x_{0s2}，$\Delta x_{s2\max}$，Δx_{s1}——主阀弹簧预压缩量、阀口最大开口量及阀口实际开口量，m。

如果减压阀进口压力 p_1 升高，而主阀芯仍位于 p_1 升高前的位置，则出口压力 p_2 也将升高，使主阀芯向上移动，减压口减小，p_2 又降低，在新的位置上取得平衡，而出口压力 p_2 基本保持不变，如图 5-15（b）所示。

液压系统工作过程中，由于减压阀的开口能随进口压力的变化而自行调节，因而能自动保持出口压力恒定。由于先导式减压阀的进、出油口均接压力油，所以泄油口需单独接油箱。调节先导阀弹簧预紧力 F_{s1}，可以改变减压阀的调定压力值，可以在主阀上腔接出遥控口，利用外接调压阀控制主阀上腔压力，实现远程调压或多级调压。图 5-15（c）为先导式减压阀的图形符号。

5.2.2.2　定差减压阀

定差减压阀的主要功能是使减压阀进、出口压力差为恒定值，图 5-16 所示为定差减压阀的工作原理及其图形符号。压力为 p_1 的高压油进入减压阀腔经节流减压口后减为低压 p_2 流出，并通过阀芯的轴向通孔进入阀芯左腔，如果合理分配阀芯左右端面的有效作用面积，

则可利用左右端油液压力差与弹簧预紧力相平衡来使进、出油口压差基本保持不变。其压差为

$$\Delta p=p_1-p_2=k(x+x_0)/[(D^2-d^2)\pi/4] \tag{5-9}$$

式中 k——弹簧刚度，N/m；

x_0，x——弹簧预压缩量和移动量，m；

D，d——阀芯大小端直径，m。

定差减压阀的精度主要取决于弹簧的刚度、工作压缩量和预压缩量，只要尽量减小弹簧刚度，使其工作压缩量与预压缩量相比非常小，即可使进、出口压力差近似不变。

定差减压阀通常与节流阀串联组合成调速阀，消除或减轻通过节流阀口流量所受压力变化的影响。

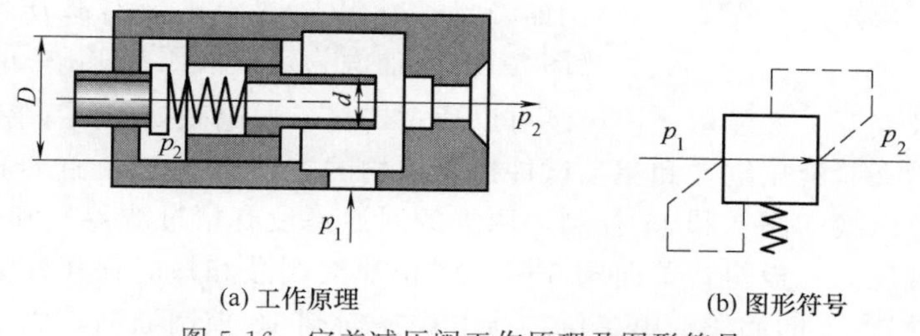

图 5-16 定差减压阀工作原理及图形符号

5.2.2.3 定比减压阀

定比减压阀能使进、出油口压力的比值维持恒定。图 5-17 所示为其结构图及图形符号。阀芯在稳态时可忽略稳态液动力、阀芯的自重和摩擦力，可得到力平衡方程为

$$p_1A_1+k_s(x_c+x)=p_2A_2 \tag{5-10}$$

式中 k_s——阀芯下端弹簧的刚度；

x_c——阀开口度 $x=0$ 时的弹簧的预压缩量。

若忽略弹簧力（刚度较小），则减压比为

$$\frac{p_2}{p_1}=\frac{A_1}{A_2} \tag{5-11}$$

由式（5-11）可见，选择合适的阀芯的作用面积 A_1 和 A_2，便可得到所要求的压力比，且比值近似恒定。

5.2.2.4 减压阀的静态特性

对减压阀的静态特性有如下要求。

（1）调压范围

定压减压阀的调压范围是指阀的出口压力的可调数值，在这个范围内使用减压阀，能保证阀的基本性能。

（2）流量、进口压力对出口压力的影响

理想的减压阀在进口压力 p_1、流量 q 发生变化时，其出口压力 p_2 应保持在调定值不变。但实际上，p_2 是随 p_1、q 而变化的，如图 5-18 所示。当减压阀的进口压力 p_1 保持恒定时，如果通过减压阀的流量 q 增加，则会导致出口略微下降。对于先导式减压阀，出口压力调得越低，它受流量的影响就越大。鉴于流量对减压阀的这种影响，目前在较新型的

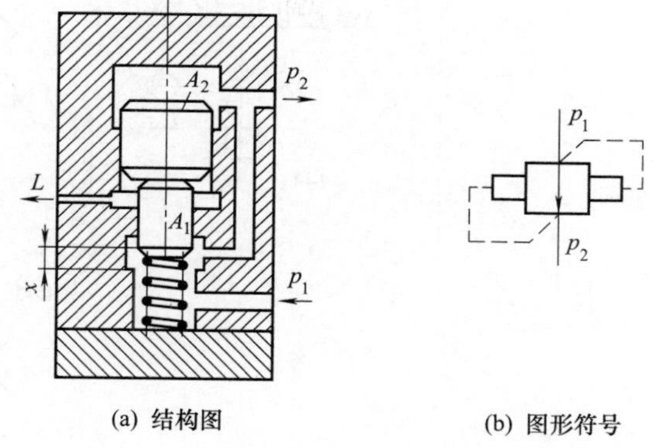

图 5-17 定比减压阀

减压阀中，已经采取了一些措施，以尽量减轻或消除这种影响。

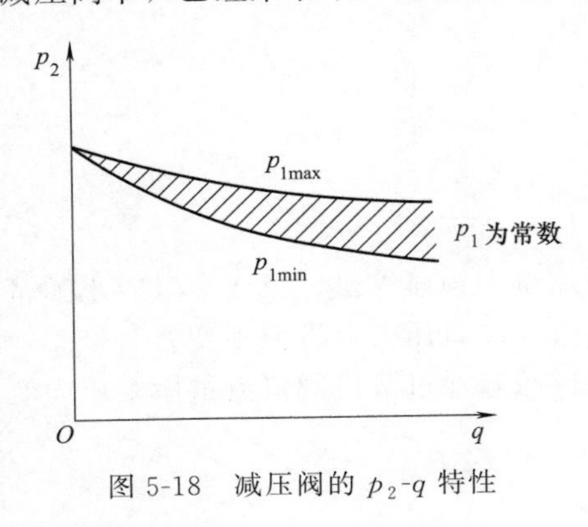

图 5-18 减压阀的 p_2-q 特性

5.2.2.5 减压阀的应用

(1) 减压稳压

减压稳压是减压阀在液压系统中的主要用途。对于机床及有些试验设备，通常是在工件（试件）夹紧后才能进行切削加工或试验等后续工作，并且要求后续工作中，工件处于可靠的夹紧状态，直到加工或试验工作结束。为此，要在负责夹紧的液压缸油路上串接定值减压阀组成减压回路，通过减压阀的减压稳压作用，保证夹紧力不受供油压力及其他因素的影响。例如，MF-600WX 试验机带有减压回路的液压系统（图 5-19），油源为定量液压泵 1，泵的压力由溢流阀 3 设定并由压力表及其开关 2 显示；液压泵可以通过二位三通电磁换向阀 4 控制实现卸荷。系统的两个执行器为夹紧液压缸 8 和驱动试件摆动机构的主液压缸 18，缸 8 和 18 的运动方向分别由三位四通电磁换向阀 7 和 17 控制，两缸的回油路设有精过滤器 9 和 16；缸 8 的夹紧力所需的压力由减压阀 5 设定，单向阀 6 用于防止油液倒灌和短时保压；缸 18 采用节流阀回油节流调速；导轨 14 的润滑油由二位二通电磁换向阀 10 控制通断，由进油调速阀 12 控制油流大小，进回油路设有精过滤器 11 和 13，以保证导轨不被污染。由于设置了减压阀 5 和单向阀 6，所以保证了主缸驱动试件摆动机构试验中试件的可靠夹紧。

对于采用了液动或电液动换向阀的液压系统（图 5-20），可以主油路和控制油路共用一个液压泵供油，主油路工作压力由溢流阀设定，通过在控制油路设置减压阀给液动或电液动换向阀 4 提供稳定可靠的控制压力。回路中的单向阀用于主油路中位卸荷时，保证减压阀有一定的进口压力。

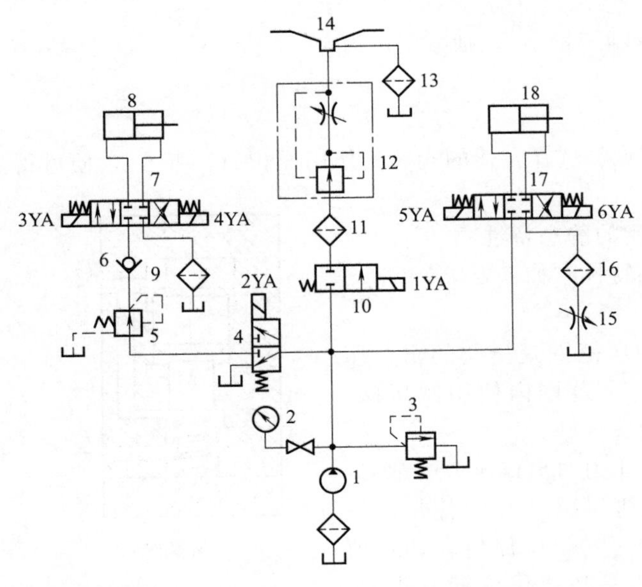

图 5-19 带有减压回路的试验机液压系统原理

1—定量液压泵；2—压力表及其开关；3—溢流阀；4—二位三通电磁换向阀；5—减压阀；6—单向阀；7，17—三位四通电磁换向阀；8—液压缸；9，11，13，15，16—精过滤器；10—二位二通电磁换向阀；12—调速阀；14—导轨；18—主液压缸

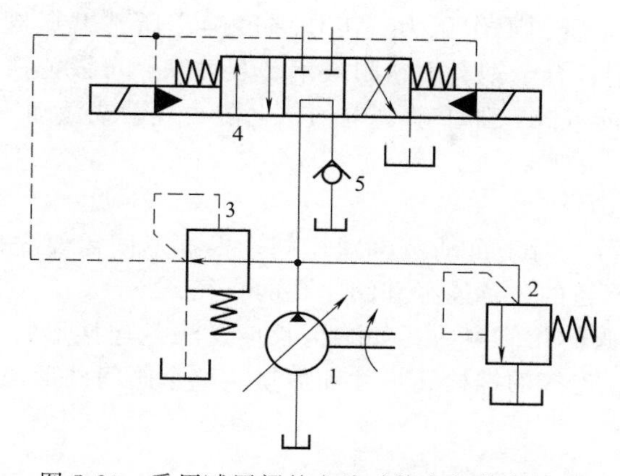

图 5-20 采用减压阀的电液动换向阀控制油路

1—变量液压泵；2—溢流阀；3—减压阀；4—三位四通电液动换向阀；5—单向阀

(2) 多级减压

利用先导式减压阀的遥控口外接远程调压阀，可以组成二级、三级等减压回路。例如，图 5-21 为二级减压回路，液压泵 6 的最大压力由溢流阀 5 设定。远程调压阀 2 是否起作用由二位二通换向阀 3 控制，使回路获得二级压力，但调压时必须使阀 2 与先导式减压阀 1 的调整压力满足 $p_2 < p_1$。固定节流器 4 用于避免压力变换时出现压力冲击。

通过在液压源处并接几个减压阀也可实现多级减压。例如图 5-22 所示的三级减压回路，液压泵 5 最高工作压力由溢流阀 4 设定，液压源处并接三个调压值互不相等的减压阀 1～3，得到了几条独立的减压回路。

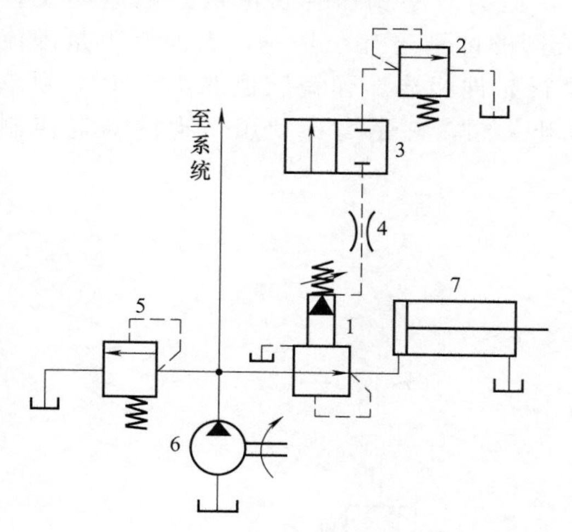

图 5-21 二级减压回路

1—先导式减压阀；2—远程调压阀；3—二位二通换向阀；4—固定节流器；5—溢流阀；6—定量液压泵；7—液压缸

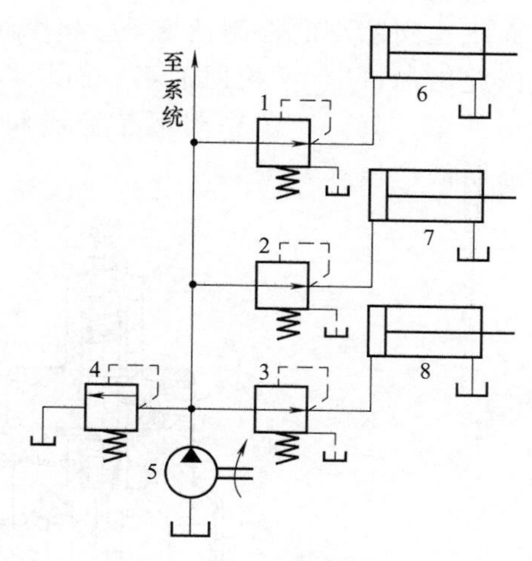

图 5-22 三级减压回路

1～3—减压阀；4—溢流阀；5—定量液压泵；6～8—液压缸

选择减压阀的主要依据是：

① 明确减压阀在设备或装置中的用途，确定阀门的工作条件，如适用介质、工作压力、工作温度等等。

② 确定与减压阀连接管道的公称通径和连接方式，如法兰、螺纹、焊接等。

③ 根据管线输送的介质、工作压力、工作温度确定所选减压阀的壳体和内件的材料，如铸钢、碳素钢、不锈钢、合金钢、不锈耐酸钢、灰铸铁、可锻铸铁、铜合金等。

④ 确定操作减压阀的方式，如手动、电动、电磁、气动或液动、电液联动等。

⑤ 选择减压阀的种类。

⑥ 确定减压阀的形式。

⑦ 确定减压阀的参数。对于自动蒸汽减压阀，根据不同需要先确定允许流阻力、排放能力、背压等，再确定管道的公称通径和阀座孔的直径。

⑧ 确定所选用减压阀的几何参数，如结构长度、法兰连接形式及尺寸、开启和关闭后减压阀高度方向的尺寸、连接的螺栓孔尺寸和数量、整个阀门外形尺寸等。

5.2.3 顺序阀

顺序阀是以压力作为控制信号，在一定的控制压力下能自动接通或切断某一油路的压力阀。由于其常用于控制多个执行元件的顺序动作，故名顺序阀。

按照控制方式的不同，顺序阀可分为两大类：一是直接利用该阀进油口压力来控制阀口启闭的内部压力控制顺序阀，简称内控顺序阀；二是用独立于阀进口的外来压力油控制阀口启闭的外部力控制顺序阀，简称液控顺序阀。按结构不同也可分为直动式和先导式两类，前者用于低压系统，后者可用于中、高压系统。

5.2.3.1 顺序阀的工作原理及结构

(1) 直动式顺序阀

图 5-23 所示为内控式直动式顺序阀的结构图和图形符号。阀芯为滑阀结构，其工作原理与直动式溢流阀相似，均为进油口测压，但为减小调压弹簧刚度，顺序阀设置了断面积比阀芯小的控制活塞 6。顺序阀与溢流阀的区别还有：其一，出油口不是溢流口，因此出油口 P_2 不接回油箱，而是与某一执行元件相连，弹簧腔泄漏油口 L 必须单独接回油箱；其二，顺序阀不是稳压阀，而是开关阀，它是一种利用压力的高低控制油路通断的“压控开关”。

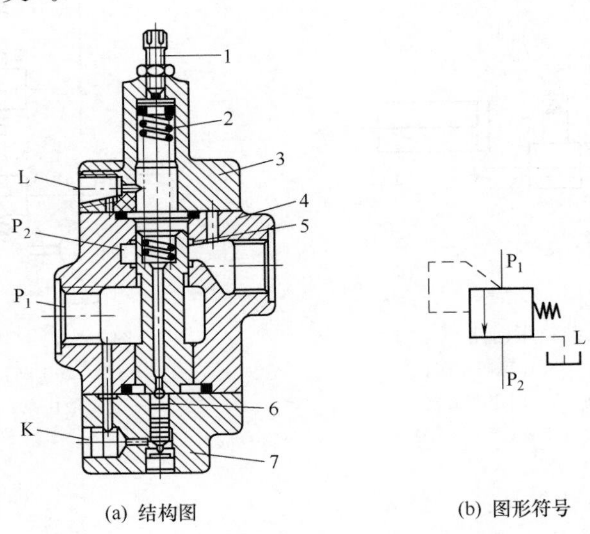

图 5-23 内控式直动型顺序阀

1—调节螺钉；2—调节弹簧；3—上盖；4—阀体；5—阀芯；6—控制活塞；7—底盖

图 5-23 所示的顺序阀，其进油腔与控制活塞相连，外控口 K 用螺塞堵住，外泄油口 L 单独接回油箱。当压力油从 P_1 口通入进油腔后，经过阀体 4 和底盖 7 上的孔，进入控制活塞 6 的底部。当进油压力 p 低于调压弹簧 2 的预调压力时，阀芯 5 处于图示的关闭位置，将进、出油口 P_1 和 P_2 隔开；当进油压力 p 增大且大于调压弹簧 2 的预调压力时，阀芯 5 升起，将进、出油口 P_1 和 P_2 接通。控制活塞 6 的断面积比阀芯 5 的断面积小是为了减小调压弹簧 2 的刚度。阀中控制由进油口 P_1 引入，外泄油口 L 单独接回油箱，这种控制形式称为内控外泄式。

(2) 先导式顺序阀

先导式顺序阀的结构原理和先导式溢流阀类似，区别在于：溢流阀出口通油箱，压力为零，其先导阀口的泄油可在内部连通回油口；顺序阀出口通向有压力的油路，故必须专设一个泄油口，使先导阀的泄油流回油箱，否则无法正常工作。

图 5-24 所示为内控式先导式顺序阀的结构图和图形符号。其主阀和先导阀均为滑阀式，压力油从进油口 P_1 进入顺序阀并作用在主阀一端。同时压力油一路经管道 3 进入先导阀 5 左端，作用在滑阀 4 的左端面上，另一路经阻尼孔 2 进入主阀芯 1 上端，并进入先导阀的中间环形部分。当进油压力低于先导阀的调整压力时，主阀芯 1 关闭，顺序阀无油流出；当进油压力超过先导阀的调整压力时，进入先导阀左端的压力将滑阀 4 推向右边，此时先导阀 5 的中间环形部分与顺序阀出口连通，压力油经阻尼孔 2、主阀芯 1 的上腔、先导阀 5 流向出油口 P_2，由于有液阻，主阀芯 1 上腔压力低于进口压力，主阀芯向上移动，使顺序阀进、出油口连通。由此分析可知主阀芯 1 的移动是主阀芯上、下压差作用的结果，与先导阀的调整压力无关，因此，顺序阀的进、出口压力近似相等。

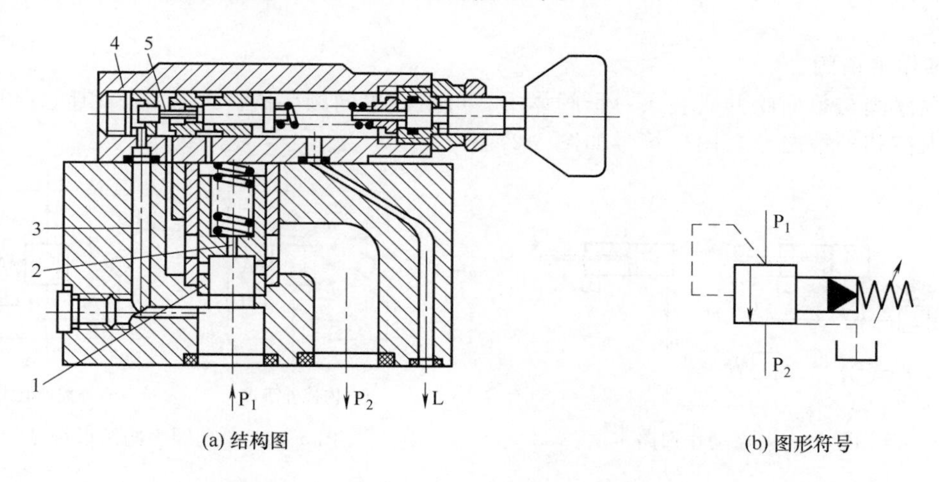

(a) 结构图　　(b) 图形符号

图 5-24 内控式先导式顺序阀

1—主阀芯；2—阻尼孔；3—管道；4—滑阀；5—先导阀

(3) 外控式顺序阀

图 5-25 所示为一种外控式顺序阀的结构和图形符号，其通过外控口 K 通入控制油液，当控制油液压力达到弹簧调整压力时，进、出油口流通。控制油液压力小于调整压力时，进、出油口封闭。通过以上分析可知，顺序阀的结构及工作原理与溢流阀相似，它们的主要差别如下。

① 溢流阀的进油口压力在通流状态下基本不变，而顺序阀在通流状态下其进油口压力

由出油口压力而定。如果出油口压力 p_2 比进油口压力 p_1 低得多，则 p_1 基本不变，而当 p_2 增大到一定程度时，p_1 也随之增加，则 $p_1=p_2+\Delta p$，Δp 为顺序阀上的损失压力。

② 溢流阀的泄油口通过阀体内部孔道与阀的出油口相通并流回油箱，为内泄式；顺序阀需单独引出泄油通道，为外泄式。

③ 溢流阀的出油口必须回油箱，顺序阀出油口可与负载油路相连接。

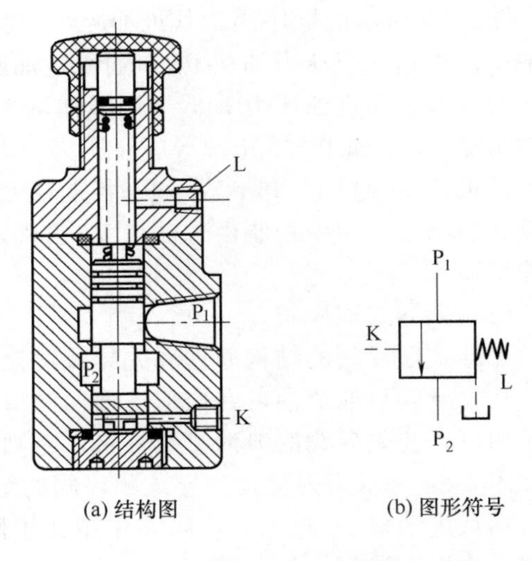

图 5-25　外控式顺序阀

5.2.3.2　顺序阀的基本应用

多执行元件的液压系统中，利用顺序阀可以使两个以上的执行元件按预定顺序动作，还可将顺序阀用作平衡阀、背压阀、卸荷阀等使用。

(1) 实现执行元件顺序动作

图 5-26 所示顺序动作回路中，为了实现缸 A、B 的顺序动作，要求缸 A 到达终点后缸 B 开始动作，应当在两缸进油路上并联一个顺序阀。工作时，泵口排出的高压油同时进入缸 A 和顺序阀，缸 A 在压力油作用下带动负载右行。为了使缸 B 滞后动作，将顺序阀的调定压力调至比缸 A 的负载压力高 0.5MPa，保证缸 A 运动时顺序阀关闭。当缸 A 到达终点后，其工作腔内的油液压力继续升高，达到顺序阀开启压力时，顺序阀进、出油口接通，缸 B 开始动作。

(2) 作平衡阀

将顺序阀与单向阀并联装入一个阀体中，可组成单向顺序阀。与顺序阀相同，单向顺序阀也有内控和外控之分，图形符号如图 5-27 所示。

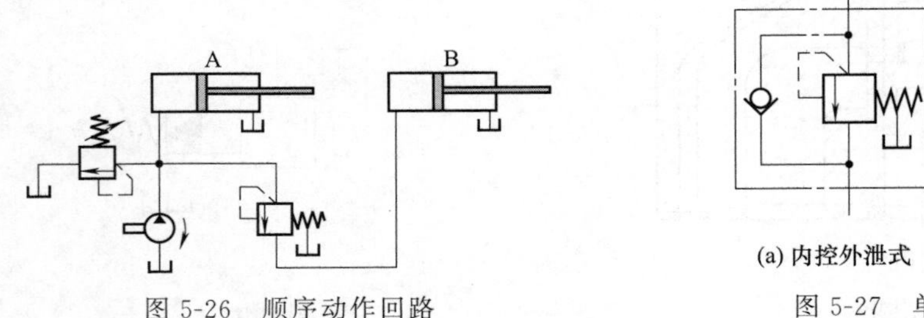

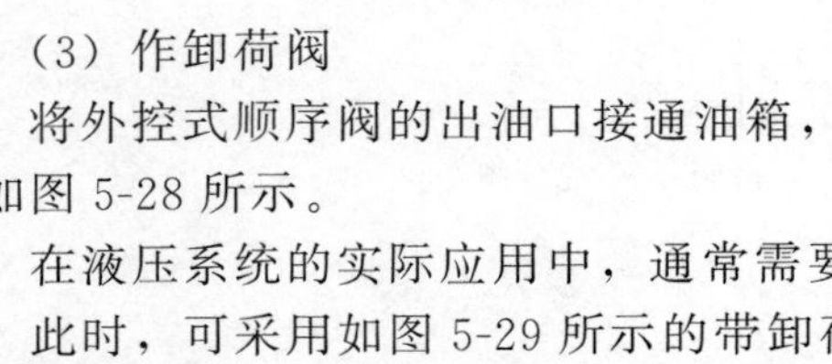

图 5-26　顺序动作回路

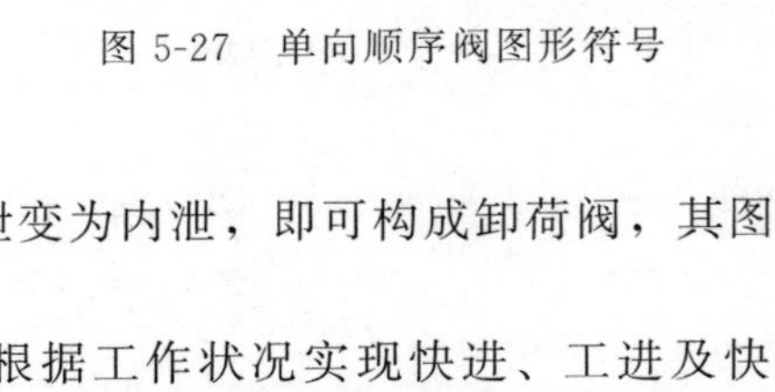

(a) 内控外泄式　　(b) 外控外泄式

图 5-27　单向顺序阀图形符号

(3) 作卸荷阀

将外控式顺序阀的出油口接通油箱，使阀的外泄变为内泄，即可构成卸荷阀，其图形符号如图 5-28 所示。

在液压系统的实际应用中，通常需要执行元件根据工作状况实现快进、工进及快退动作，此时，可采用如图 5-29 所示的带卸荷阀的双泵供油系统。当执行元件快速前进时，所需压力较低，低压大流量泵 B 输出压力较低的油液经单向阀与高压小流量泵 A 的油液汇合后进入系统，此时，作为卸荷阀的先导式顺序阀关闭；当执行元件带动负载进行工进运动时，系统压力升至卸荷阀的调定值，阀口开启，使低压大流量泵卸荷，由于单向阀的隔断作用，系统只由高压小流量泵 A 提供较小流量，从而实现执行元件带动负载做低速运动；当执行元件返程时，系统压力降低使顺序阀阀口关闭，双泵同时供油，采用双泵供油系统可使大流量泵在带动负载工作时产生卸荷，相应地减小系统功率损失。

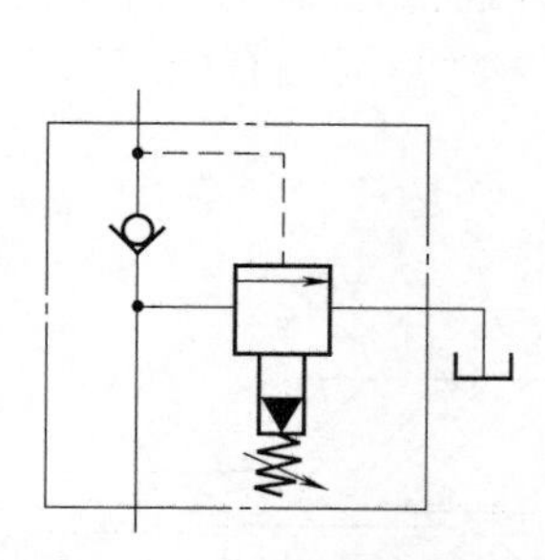

图 5-28 卸荷阀图形符号

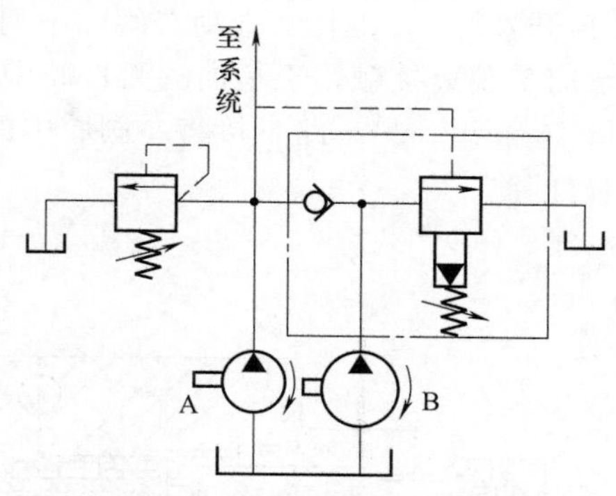

图 5-29 带卸荷阀的双泵供油系统

(4) 利用顺序阀保证回路的最低压力

图 5-30 所示为利用顺序阀来保证油路中最低压力的回路。当液压缸 A 的活塞开始上升后，利用顺序阀来保证通向液压缸 B 的油路中的最低压力。即当该油路中的压力超过顺序阀的调定压力时，液压缸 B 才能动作。这样，在液压缸 B 工作时，不致因油路压力过低而导致液压缸 A 的活塞因自重而下落。

顺序阀的选择依据是根据装配结构的不同，其需要实现的回路功能，如溢流阀、顺序阀和平衡阀的功能。顺序阀的启闭特性如果太差，则流量较大时一次压力过高，回路效率降低。启闭特性带有滞环，开启压力低于闭合压力，负载流量变化时应予以注意。开启压力过低的阀，在压力低于设定压力时会发生前漏，引起执行器误动作。通过阀的流量远小于额定流量时，会产生振动或其他不稳定现象，此时要在回路上采取措施。

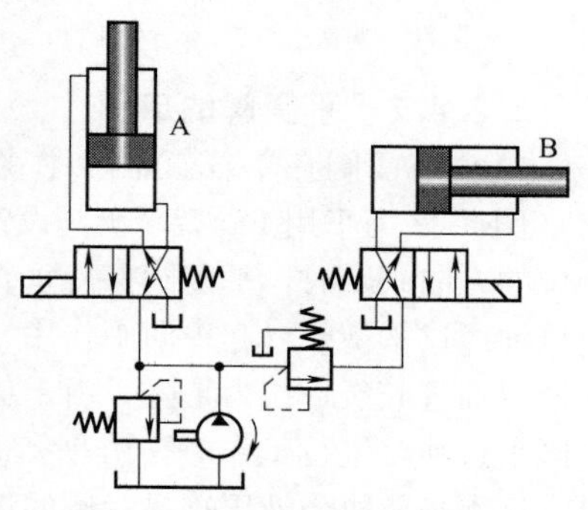

图 5-30 利用顺序阀保证回路的最低压力

5.2.4 平衡阀

5.2.4.1 平衡阀的工作原理及结构

平衡阀是一种特殊功能的阀，它具有良好的流量特性，有阀门开启度指示、开度锁定装置及用于流量测定的测压小阀。

与其他阀相比，平衡阀主要有以下特点：

① 有精确的开度指示；

② 具有直线型流量特性，即在阀门前后压差不变情况下，流量与开度大体上呈线性关系；

③ 有开度锁定装置，非管理人员不能随便改变开度；

④ 表连接，可方便地显示阀门前后的压差及流经阀的流量。

如图 5-31 所示为在工程机械领域得到广泛应用的一种平衡阀结构。当从右油口 10 进油时，液压油进入右阀腔后分为两路：一路通过右阀腔中阀芯 3 上的控制油口 12 顶开推杆 2，推杆 2 推动左阀腔中的阀芯 3 向左移动，从而使左阀腔中阀芯 3 与该阀腔中的活门 5 脱离接触，于是油缸有杆腔中的液压油通过有杆腔油口 13 进入左阀腔，然后由左油口 14 流出；另一路直接将右阀腔中的活门 5 向左顶开，然后通过无杆腔油口 11 进入油缸的无杆腔。同理，当从左油口 14 进油时，液压油进入左阀腔后分两路：一路通过左阀腔中阀芯 3 上的控制油口 12 顶开推杆 2，推杆 2 推动右阀腔中的阀芯 3 向右移动，从而使右阀腔中阀芯 3 与该阀腔中的活门 5 脱离接触，于是油缸无杆腔中的液压油通过无杆腔油口 11 进入右阀腔，然后由右油口 10 流出；另一路直接将左阀腔中的活门 5 向右顶开，然后通过有杆腔油口 13 进入油缸的有杆腔。

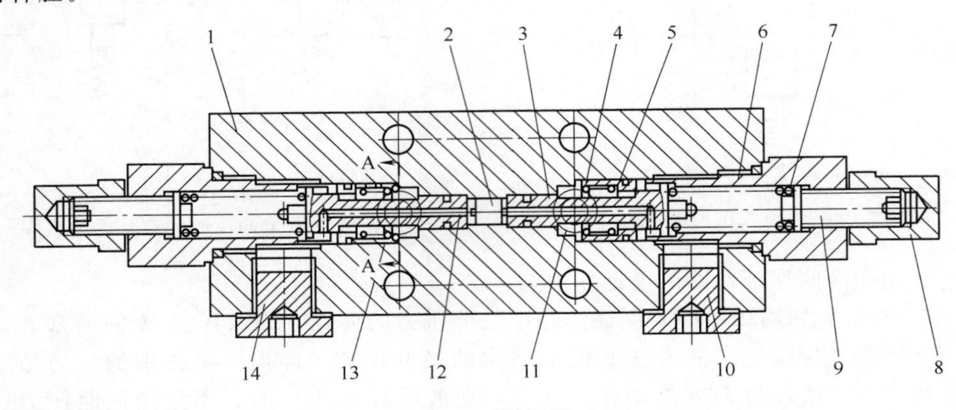

图 5-31　平衡阀

1—阀体；2—推杆；3—阀芯；4—弹簧；5—活门；6—螺套；7—调压弹簧；8—锁紧螺母；9—调压螺杆；10—右油口；11—无杆腔油口；12—控制油口；13—有杆腔油口；14—左油口

5.2.4.2　平衡阀的应用

(1) 平衡阀在单杆缸液压平衡回路中的应用

图 5-32 为采用 FD 型平衡阀设计的平衡回路，在换向阀处于中位（为了安全，应始终使用闭中位的方向阀）时，平衡阀保持垂直放置的液压缸不因自重而下落。当换向阀交叉油路供油时，液压油经过平衡阀（起单向阀作用），推动液压缸活塞提升负载。这时如果液压泵到平衡阀之间的液压油管破裂，压力下降，由于负载压力作用，主阀会立即关闭，油缸保持在工作位置。当换向阀平行油路进行工作时，由平衡阀的开口面积、开启压力和开口压差决定了液压阀反向的流量，这本身取决于液压缸另一侧的进口流量，从而防止液压缸失控。这时如果在方向阀与平衡阀之间发生管子破裂，就不会影响负载的下放操作，起到安全作用。

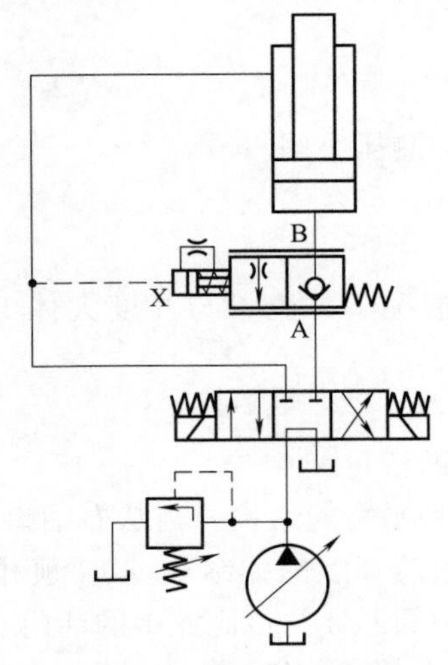

图 5-32　平衡阀在单杆缸液压平衡回路中的应用

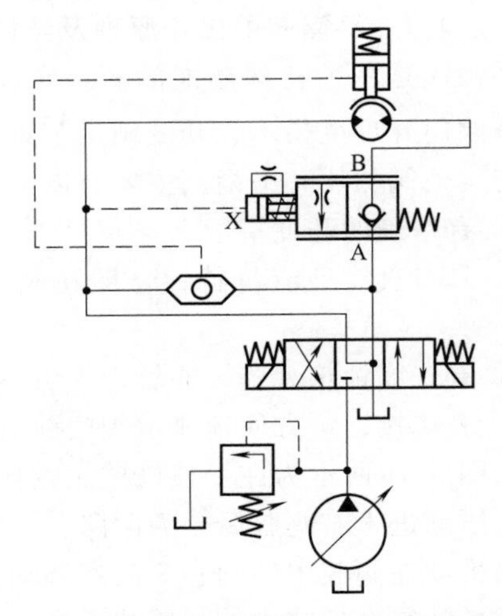

图 5-33　平衡阀在起重机的液压机械联合制动回路中的应用

（2）平衡阀在起重机的液压机械联合制动回路中的应用

如图 5-33 所示的液压马达采用内部控制制动的回路中，应用平衡阀时，换向阀在中位时两个油口一般都要连接油箱，这样才能保证马达回路中没有压力，靠弹簧力制动液压马达；如果采用外部制动控制，则没有这个限制。当马达起升重物时，换向阀的交叉回路进入工作，液压油在推动马达的同时通过梭阀给制动液压缸下腔供油，解除马达的制动，实现起重机的提升；在下放重物时，换向阀的平行回路进入工作，同样液压油在推动马达的同时通过梭阀给制动液压缸下腔供油，解除马达的制动，进行下放动作。下放速度由平衡阀的开口面积、开启压力和开口压差决定的液压阀反向流量决定，从而防止液压马达失控。这时如果在方向阀与平衡阀之间发生管子破裂，不会影响负载的下放操作，起到安全作用。

（3）平衡阀控制摆动负载缸中的应用

控制摆动负载液压缸是一个典型的变负载机构。如图 5-34 所示，在液压缸向右运动期间，其活塞腔的负载从最大正向负载到零负载，然后到最大反向负载。使用平衡阀能够使运动平稳在流量阀控制的速度下，不出现明显的速度波动。其控制原理很明显，在负载从最大到零的过程中，摆动液压缸运动速度由流量阀控制；在负载由零到最大反向负载的过程中，有超速运动的趋势，但平衡阀的作用使之在控制的运动速度下运动。

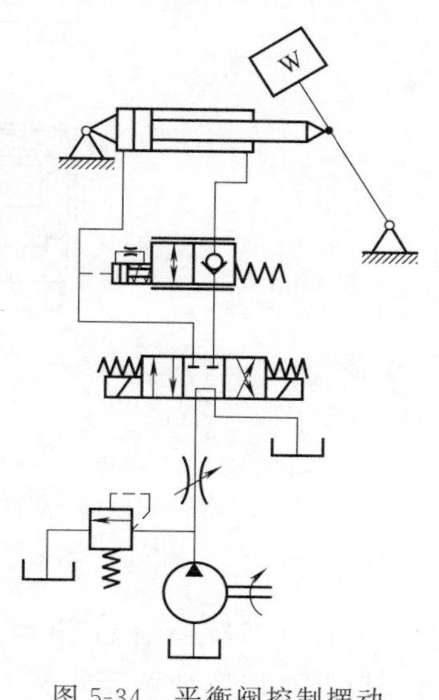

图 5-34 平衡阀控制摆动负载缸中的应用

选择平衡阀的过程：

① 首先计算出系统的冷（热）负荷；

② 根据负荷计算出系统末端设备的容量，再根据温差计算出管道的水流量；

③ 根据流量确定管道的尺寸，再根据流量和管径确定系统的阻力；

④ 根据系统的总流量和最不利管路的阻力，确定水泵的流量和扬程；

⑤ 选择其余支路剩余的扬程，选择平衡阀控制系统的流量和压差；

⑥ 根据实际需要的最大流量和压差乘上一定的安全系数，参照样本给出的参数选择相对应的平衡控制阀（样本中对应的也应该是最大流量）。

5.2.5 压力继电器

压力继电器又称压力开关，是一种把液体压力信号转换成电信号的液压-电气转换元件。当液压系统的压力达到压力继电器的设定压力时，即发出电信号，控制电气元件（如电动机、电磁铁、各类继电器及电磁离合器等）动作，实现液压泵加载或卸荷、油路换向、执行元件顺序动作或系统的安全保护和互锁等功能。

5.2.5.1 压力继电器的原理及结构

压力继电器按结构特点大体可分为柱塞式、弹簧管式、膜片式和波纹管式四种。下面介绍两种常用的结构形式。

（1）膜片式

图 5-35 所示为膜片式压力继电器。压力油通过控制口作用在橡胶或塑料制成的膜片 1 上，当压力达到调整值时，膜片 1 变形鼓起，使柱塞 2 克服调压弹簧 7 的作用力而向上移动，直到弹簧座 6 的凸肩碰到套 11 为止。与此同时，柱塞 2 的锥面推动钢球 15 和 4 径向移

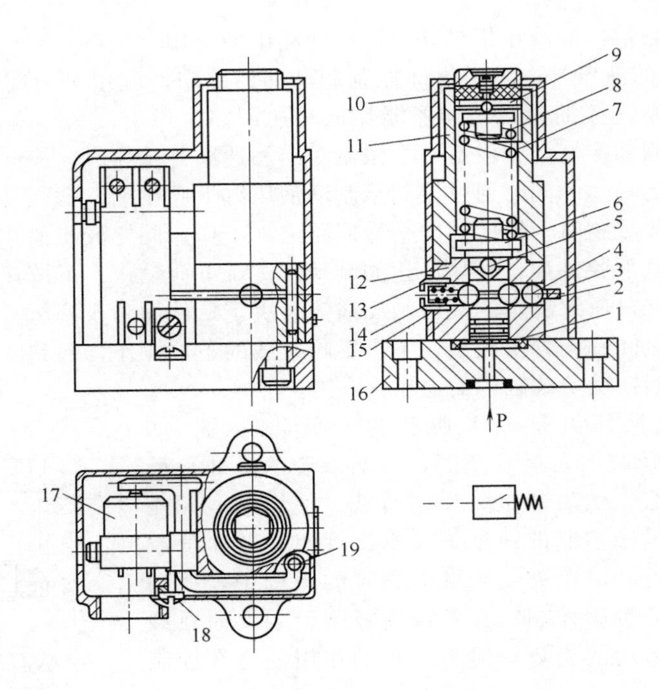

图 5-35　膜片式压力继电器

1—膜片；2—柱塞；3—杠杆；4,5,15—钢球；6,8—弹簧座；7—调压弹簧；9,13,18—螺钉；10—外壳；11—套；12—阀体；14—返回区间调节弹簧；16—底座；17—微动开关；19—销轴

动，使杠杆 3 绕销轴 19 沿逆时针方向转动，从而压下微动开关 17 的触点，发出电信号。调节螺钉 9 可以改变调压弹簧 7 的压紧力，从而改变发出电信号的调定压力，当油压下降到一定值时，调压弹簧 7 和返回区间调节弹簧 14 将柱塞 2 压下，钢球进入柱塞 2 的锥面内，微动开关松开，断开电路。一般称压下微动开关的油液压力为动作压力，松开微动开关的油液压力为复位压力，此差值称为通断调节区间（也称返回区间），它由柱塞 2 和接触壁面的摩擦力决定，可以用螺钉 13 来调节。

膜片式压力继电器膜片的位移很小，压力油容积变化小，因此反应快，重复精度高。例如 DP-63B 型压力继电器，压力调节范围为 0.6～6.3MPa，返回区间调节范围为 0.35～0.8MPa，重复精度为 0.05MPa，作用时间小于 0.5s。其缺点是易受压力波动的影响，不宜用于高压。

（2）柱塞式

图 5-36 所示为柱塞式压力继电器。压力油作用在柱塞 1 的底部，当压力达到压力继电器调压弹簧调定压力时，作用在柱塞 1 上的液压作用力便直接压缩弹簧，压下微动开关 3 的触点，发出电信号（图示位置）。由于柱塞式压力继电器采用比较成熟的弹性元件——弹簧，所以工作可靠，寿命长，成本低。因为它的容积变化较大，所以不易受压力波动的影响。其缺点是液体作用力直接与弹簧力平衡，因而弹簧较粗，力量较大，重复精度和灵敏度较低，误差在调定压力的 1.5%～2.5%。此外，开启压力与闭合压力的差值较大。这种压力继电器的最大调定压力可达 50MPa。

5.2.5.2　压力继电器的性能参数

（1）调压范围

调压范围是指电信号的最低工作压力和最高工作压力的范围。

（2）灵敏度和通断调节区间

压力升高继电器接通电信号的压力（称开启压力）和压力下降继电器复位切断电信号的压力（称闭合压力）之差为压力继电器的灵敏度。为避免压力波动时继电器时通时断，要求开启压力和闭合压力之间有一可调节的一定的差值，称为通断调节区间。

（3）重复精度

在一定的设定压力下，多次升压（或降压）过程中，开启压力和闭合压力本身的差值称为重复精度。

（4）升压或降压动作时间

压力由卸荷压力升到设定压力。微动开关触点闭合发出电信号的时间，称为升压动作时间，反之称为降压动作时间。

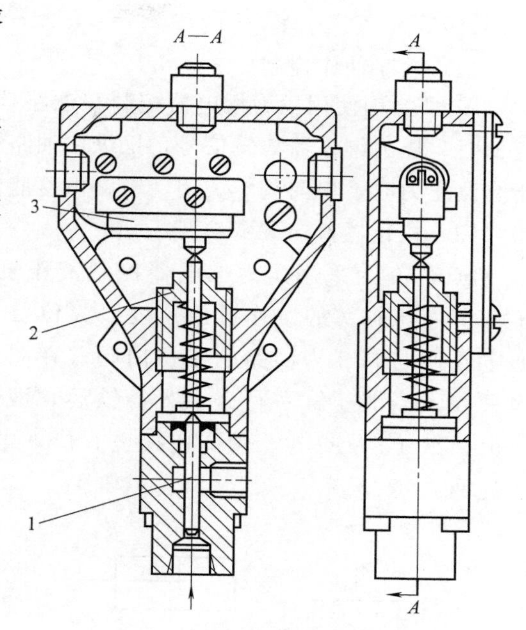

图 5-36 柱塞式压力继电器

1—柱塞；2—调节螺塞；3—微动开关

5.2.5.3 压力继电器的应用

（1）液压泵的卸荷与加载

图 5-37 为使用压力继电器的液压泵卸荷与加载回路。当主换向阀 7 切换至左位时，液压泵 1 的压力油经单向阀 2 和阀 7 进入液压缸的无杆腔，液压缸向右运动并压紧工件。当进油压力升高至压力继电器 3 的设定值时，发出电信号使二位二通电磁换向阀 5 通电切换至上位，液压泵 1 卸荷，单向阀 2 随即关闭，液压缸 8 由蓄能器 6 保压。当液压缸压力下降时，压力继电器复位使泵启动，重新加载。保压时间长短取决于蓄能器的容量和回路泄漏情况。调节压力继电器的工作区间，即可调节液压缸中压力的最大值和最小值。

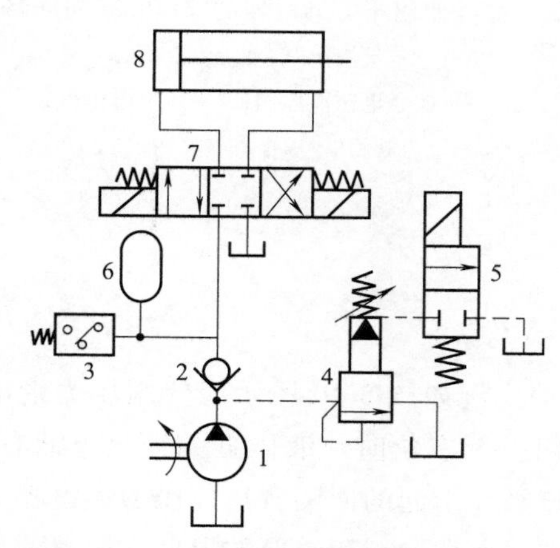

图 5-37 使用压力继电器的液压泵卸荷与加载回路

1—定量液压泵；2—单向阀；3—压力继电器；4—先导式溢流阀；5—二位二通电磁换向阀；6—蓄能器；7—三位四通电磁换向阀；8—液压缸

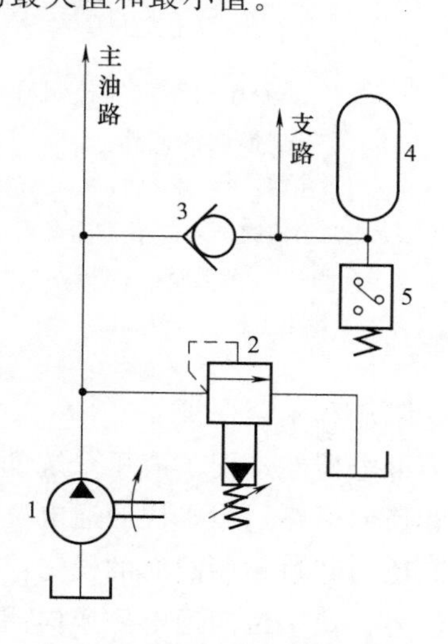

图 5-38 使用压力继电器控制顺序动作的回路

1—定量液压泵；2—先导式溢流阀；3—单向阀；4—蓄能器；5—压力继电器

(2) 顺序动作控制

图 5-38 为使用压力继电器控制双油路顺序动作的回路。在支路工作中，当压力达到设定值时，压力继电器 5 发信号，操纵主油路电磁换向阀动作，主油路工作。当主油路压力低于支路压力时，单向阀 3 关闭，支路由蓄能器 4 补油并保压。

(3) 执行器换向

图 5-39 为采用压力继电器控制液压缸换向的回路。节流阀 5 设置在进油路上，用于调节液压缸 7 的工作进给速度，二位二通电磁换向阀 4 提供液压缸退回通路。二位四通电磁换向阀 3 为回路的主换向阀。在图示状态，压力油经阀 3、阀 5 进入液压缸 7 的无杆腔，当液压缸右行碰上死挡铁后，液压缸进油路压力升高，压力继电器 6 发信号，使电磁铁 1YA 断电，阀 3 切换至右位，电磁铁 2YA 通电，阀 4 切换至左位，液压缸快速返回。

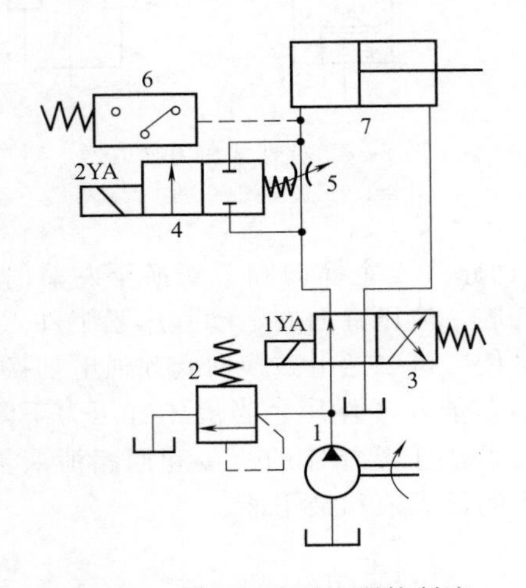

图 5-39 采用压力继电器控制液压缸换向的回路

1—定量液压泵；2—溢流阀；3—二位四通电磁换向阀；4—二位二通电磁换向阀；5—节流阀；6—压力继电器；7—液压缸

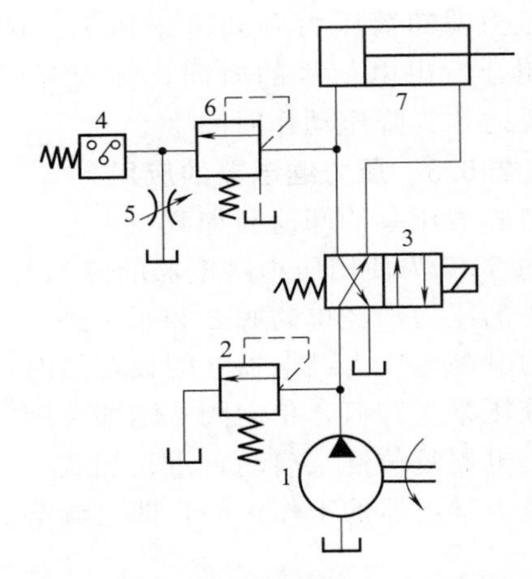

图 5-40 使用压力继电器的限压和换向回路

1—定量液压泵；2—溢流阀；3—二位四通电磁换向阀；4—压力继电器；5—节流阀；6—顺序阀；7—液压缸

(4) 限压和安全保护

压力继电器经常用于液压系统的限压与安全保护。例如图 5-40 所示为使用压力继电器的限压和换向回路。当二位四通电磁换向阀 3 通电切换至右位时，液压缸无杆腔进油右行，当无杆腔压力超过顺序阀 6 的设定值时开启，由节流阀 5 引起的回油背压使压力继电器 4 动作发出信号，使二位四通电磁换向阀 3 断电切换至图示左位，液压缸向左退回。回路的特点是：压力继电器承受的是低压，只需用低压元件，设定压力只需调整顺序阀，而不必调整压力继电器，精确方便。

选择压力阀的主要依据是它们在系统中的作用、额定压力、最大流量、压力损失数值、工作性能参数和使用寿命等。通常按照液压系统的最大压力和通过阀的流量，从产品样本中选择压力阀的规格（压力等级和通径）。

5.3 液压控制阀的选用及注意事项

（1）液压控制阀应与阀外管网压差相配套

阀外管网压差不同，液压控制阀工作特性曲线也不同。因此在设计选用和管网实际运行时，应保证阀门安装位置点的管网压差在阀门允许的范围内变化。实际压差过大或过小都将使弹簧失效，导致阀门无法正常工作。

（2）液压控制阀设定压差的选取

液压控制阀设定压差应与阀内管路系统在设计流量下的阻力相匹配，以保证阀门在其最佳工作区域内工作。二者相差过大将导致阀内管路系统实际流量过大，从而造成阀外管路系统水力失调或导致阀内管路系统实际流量过小影响供热效果。

（3）液压控制阀口径的选取

不同口径的液压控制阀控制的流量范围不同。在选用阀门时，根据阀门工作特性曲线将阀内管路系统设计流量取在阀门控制流量范围的最佳工作区域内偏大侧较好。选取阀门口径过小，使阀门在其控制流量范围的高端工作，极易产生噪声。选取阀门口径过大，使阀门在其控制流量范围的低端工作，系统流量变化范围过大，易造成阀外管路系统水力失调，同时也造成经济上的浪费。一般阀门口径与阀内管路系统接口管径相等或较之小一号较好。

（4）液压控制阀不能代替流量控制阀

使用液压控制阀的目的是使热用户能够在一定范围内根据用热需要调节流量，使用液压控制阀的供热系统是一个变流量系统。但目前多数供热管网是根据供暖的基本需要确定的，管网系统实际很难做到按需无限制供热，势必造成管网系统水力失调，特别是在只安装液压控制阀而未装热表的供热系统中，水力失调现象尤为严重。在目前由满足基本供暖需要向按需供热转变的过渡阶段，解决这个矛盾有两种方式。一种是加大管网流量，在热力入口处或在支干线上限制流量。限制流量的方法为设置流量控制阀。流量控制阀可选用自力式流量控制阀，使管网能自动平衡流量。在每个热力入口均设置自力式流量控制阀，这种方式费用较高，因此较少使用。另一种方式是在支干线上设置自力式流量控制阀。目前绝大多数热力入口使用锁闭式流量控制阀，这就要求在管网投运初期必须以人工方式做好初调节工作，这项工作费时、费力，较为复杂，不易适应热网工况的变化。但这是一种经济的保证供热管网水力平衡的措施。

第6章 流量控制阀

6.1 几种典型流量控制阀

流量控制阀可以通过改变阀口通流面积大小或通流通道长短来改变输出流量，从而改变液压执行元件的运动速度。常用的流量控制阀有节流阀、调速阀和分流阀等。

6.1.1 节流阀和单向节流阀

在液压系统中，节流阀主要是与定量泵、溢流阀和执行元件等组成节流调速回路。调节节流阀的开口大小可以控制执行元件运动速度大小。

节流阀有以下几点基本要求：

① 流量调节范围要宽，整个调节范围内流量的调节要均匀，且可进行小幅度的调节。

② 不易阻塞，保证有稳定的最小流量，防止液动机过早出现爬行现象。

③ 负载和油温变化对节流阀流量影响要小。

④ 刚性要好，即在节流阀前后压差变化时，流量变化要比较小。

⑤ 内泄漏小，即节流阀全关闭时，进油腔压力调节至额定压力时，从阀芯和阀体配合间隙处由进油腔泄漏到出油腔的流量要小。

6.1.1.1 普通节流阀的工作原理和结构

普通节流阀是流量控制阀中结构最简单、使用最普遍的一种形式，其结构如图6-1（a）所示，图6-1（b）为节流阀的职能符号。

图6-1（a）表明普通节流阀是由阀体、阀芯、推杆、手把和弹簧等元件组成的，采用如图6-1（a）所示的轴向三角槽式的节流口形式。当油液从进油口 P_1 流入时，经孔道a、节流阀阀口、孔道b从出油口 P_2 流出。调节手把借助推杆可使阀芯做轴向移动，改变节流口

过流断面积的大小，达到调节流量的目的。阀芯在弹簧的推力作用下，始终紧靠推杆。

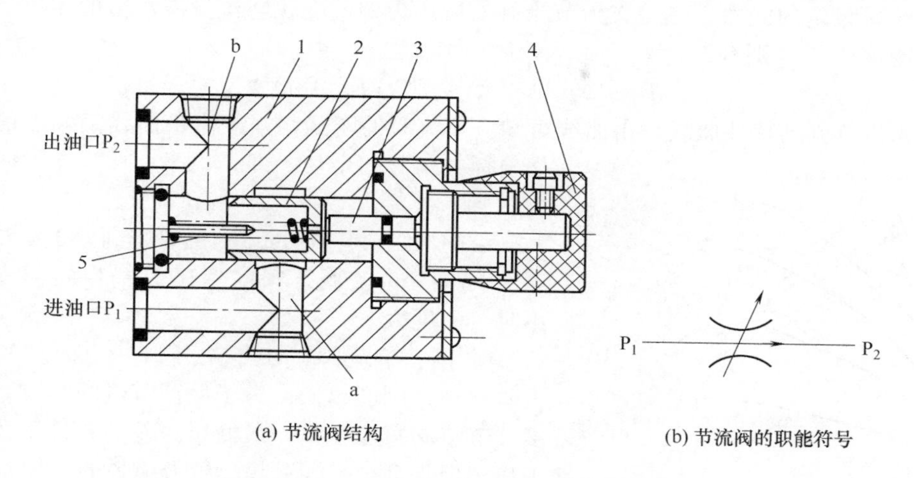

(a) 节流阀结构　　(b) 节流阀的职能符号

图 6-1　普通节流阀

1—阀体；2—阀芯；3—推杆；4—手把；5—弹簧

6.1.1.2　单向节流阀

图 6-2 为单向节流阀的结构图及其图形符号。当压力油从 P_1 流入时，压力油经阀芯 2 上的轴向角槽的节流口，从 P_2 流出。此时调节螺母 5，可调节顶杆 4 的轴向位置，弹簧 1 推动阀芯 2 随之轴向移动，节流口的通流面积得到了改变。当压力油从 P_2 流入时，压力油推动阀芯 2 压缩弹簧 1 从 P_1 流出。此时节流口没有起节流作用，油路畅通。

单向节流阀是由单向阀和节流阀并联起来的，压力油顺单向阀方向流动时，节流阀不起作用；反向流动时，油不能通过单向阀，节流阀起作用，一般用于控制双作用油缸的回油调节。

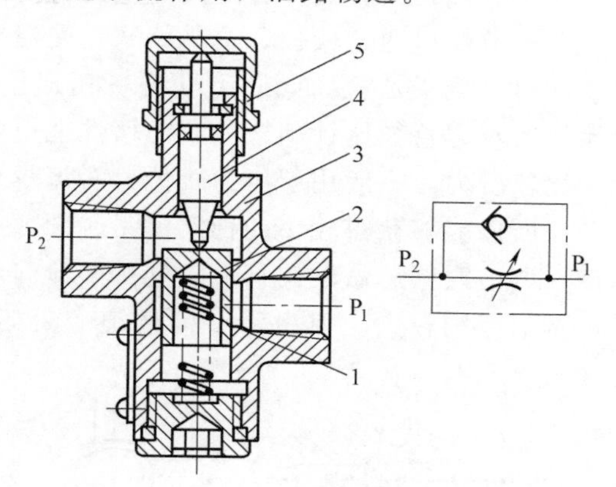

图 6-2　单向节流阀的结构图及其图形符号

1—压缩弹簧；2—阀芯；3—阀体；4—调节顶杆；5—调节螺母

在随车起重机上，流量控制阀是作为控制元件的，可以控制和调节液压系统的流量方向。由液压泵流出的液压油流经单向节流阀流入制动液压缸，从而实现制动器的开启。回路中与制动液压缸连接的单向节流阀还可以使制动器开启缓慢，避免在起升工况中，因系统压力不能满足负载所需要压力值时制动器已经开启从而产生二次下滑。在起重机上，单向节流阀还可以用来控制支腿的伸缩速度，外伸时单向节流阀的单向阀向垂直液压缸的无杆腔供油，而支腿收缩时向有杆腔提供液压油，当其回油时，流经节流阀回到油箱中，控制收缩速度处于规定范围内，避免收缩速度过快。

6.1.1.3　节流阀的特性

(1) 节流阀的刚性与流量特性

节流阀的刚性是指节流开口不变时，由于阀前后的压力差变化，引起通过节流阀的流量发生变化的情况。流量的变化越小，节流阀的刚性越大。流量的变化越大，节流阀的刚性越小。节流阀的刚性直接影响系统的刚性。如上所述，节流阀的刚性实质上是它抵抗外界干扰、保持流量稳定的能力，它定义为节流阀前后压力差的变化与流量波动值的比值。如果记节流阀的刚度为 T，则有：

$$T=\partial\Delta p/\Delta q=\Delta p^{1-m}/(K_{L}Am) \tag{6-1}$$

图 6-3 为节流阀特性曲线，由曲线可知，节流阀的刚度相当于流量曲线上某点的切线和横坐标夹角 β 的余切，即

$$T=\cot\beta \tag{6-2}$$

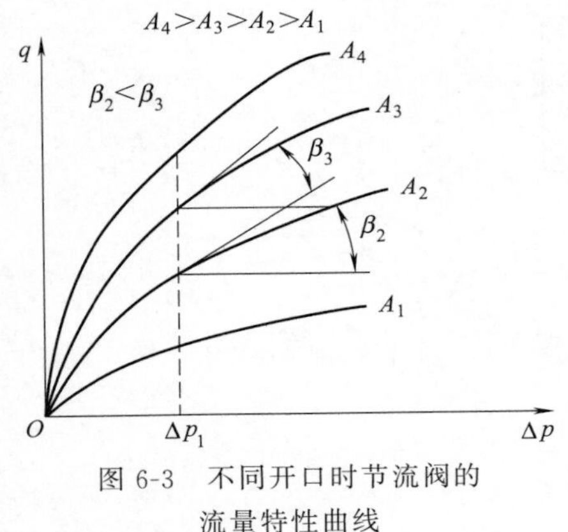

图 6-3 不同开口时节流阀的流量特性曲线

由图 6-3 和公式（6-1）可以得到以下结论：

① 同一节流阀，阀前后压力差相同，节流开口小时，刚度大。

② 同一节流阀，在节流开口一定时，阀前后压力差越小，刚度越低。为了保证节流阀具有足够的刚度，节流阀只能在某一最低压力差的条件下才能正常工作，但提高 Δp 将引起起压力损失的增加。

③ 减小指数 m 可以提高节流阀的刚度，因此在实际使用中多希望采用薄壁小孔式节流口刚度最好，即 $m=0.5$ 的节流口。细长孔的节流孔（$m=1$）刚度最差，短孔的刚度介于两者之间。

（2）节流口的形式

节流口的形式有很多种，如图 6-4 所示。

图 6-4（a）为针式，针形阀做轴向移动来改变节流口开度的大小。这种结构形式加工简单，但是节流口通道较长，容易堵塞，受温度影响比较大，一般用于节流特性较低的场合。图 6-4（b）为偏心式，阀芯上开有三角形偏心槽，靠转动阀芯来改变通流面积的大小。其节流口的水力直径比针阀式大，防堵性能更好。这种结构形式，阀芯上的径向力不平衡，旋转时比较费力，一般用于压力较低、对流量稳定性要求不高的场合。但是因为通流截面是三角形，所以能够获得较小的稳定流量。图 6-4（c）为轴向三角槽式，阀芯的端部开有三角形斜槽，调节时阀芯做轴向移动。这种节流口水力直径中等，工艺性好，可获得较小的稳定流量，调节范围较大。但由于节流通道有一定长度，故油温变化对流量有一定影响。图 6-4

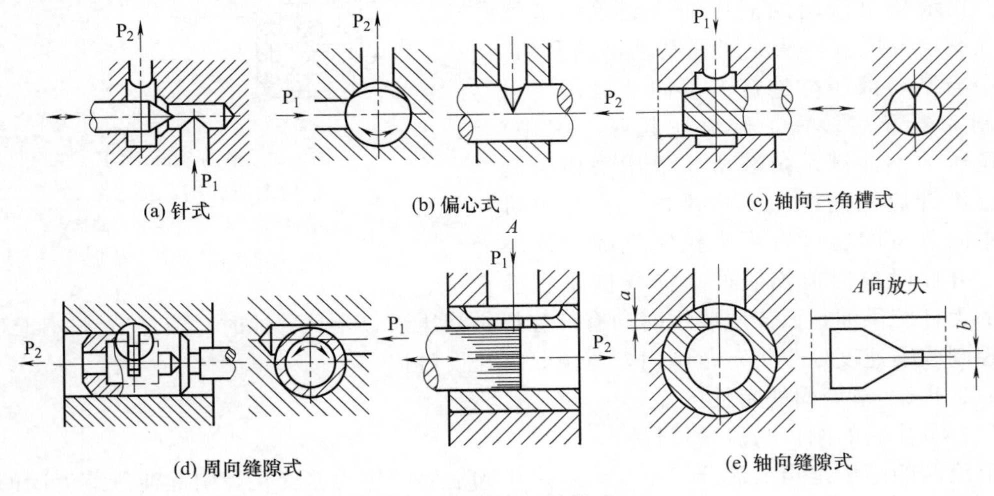

图 6-4 节流口的形式

(d) 为周向缝隙式，阀芯为薄壁空心型，周向缝隙使内外相通，靠旋转阀芯来改变狭缝的通流截面积。图 6-4 (e) 为轴向缝隙式，缝隙沿轴向开在衬套上，缝壁可以做得很薄 ($a=0.07\sim0.09$mm)，似薄刃，故这种节流口又称薄刃式。节流口的开度靠轴向移动阀芯来调节。这种节流口结构简单，工艺性好，小流量时稳定性好，调节范围大。

(3) 堵塞现象和最小稳定流量

试验表明，当节流阀在小开口面积下工作时，虽然阀的前后压力差和油液黏度均不变，但流经阀的流量会出现时多时少的周期性脉动现象。随着开口继续减小，流量脉动现象加剧，甚至出现间歇式断流，使节流阀完全丧失工作能力。这种现象称为节流阀的堵塞现象。

造成堵塞现象的主要原因是油液中的机械杂质或因氧化析出的胶质、沥青、炭渣等污物堆积在节流缝隙处。还有就是油液中的极化分子和金属表面的吸附作用导致节流缝隙表面形成吸附层，使节流口的大小和形状受到破坏。以上堆积物增长到一定厚度时，会被液流冲刷掉，随后又重新堆积起来，周而复始造成脉动。

节流阀的堵塞现象使节流阀在很小流量下工作时流量不稳定，以致执行元件出现爬行现象。因此，对于节流阀，应该有一个能正常工作的最小流量限制，即节流阀的最小稳定流量。在用于系统时则限制了执行元件的最低稳定速度。

6.1.2 溢流节流阀

(1) 结构和工作原理

溢流节流阀是由定差溢流阀与节流阀并联而成的。在进油路上设置溢流节流阀，通过溢流阀的压力补偿作用达到稳定流量的效果。溢流节流阀也称为旁通调速阀，见图 6-5。

图 6-5 (a) 为溢流节流阀的工作原理，其职能符号如图 6-5 (b) 所示，简化符号如图 6-5 (c) 所示。图中，1 是节流阀，2 是液压缸，3 是安全阀，4 是溢流阀。从液压泵输出的压力油，一部分通过节流阀 1 的阀口，由出油口处流出，压力降为 p_2，进入液压缸 2，使活塞克服负载 F 以速度 v 运动；另一部分则通过溢流阀 4 的阀口溢回油箱。溢流阀阀芯上端的弹簧腔与节流阀 1 的出口相通，其肩部的油腔和下端的油腔与入口压力油相通。在稳定工况下，当负载力 F 增加，即出口压力 p_2 增大时，溢流阀阀芯上端的压力增加，阀芯下移，溢流口减小，液阻加大，使液压泵供油压力 p_1 增加，因而使节流阀前后的压差 $\Delta p=p_1-p_2$ 可基本保持不变。当 p_2 减小时，溢流阀溢流口加大，液阻减小，使液压泵出口相应减小，同样使 $\Delta p=p_1-p_2$ 基本保持不变。另外，当负载 F 超过安全阀的调定压力时，安全阀 2 将开启。溢流阀阀芯的受力平衡方程为

$$p_1A=p_2A+F_s+G+F_f \tag{6-3}$$

式中 p_1——节流阀的入口压力，即液压泵的供油压力；

p_2——节流阀的出口压力，即由外载荷决定的压力；

A——溢流阀阀芯的大端面积，即阀芯肩部面积 A_2 与下端有效面积 A_1 之和；

F_s——节流阀阀芯大端的弹簧作用力；

G——溢流阀阀芯的自重（垂直安装时考虑）；

F_f——溢流阀阀芯移动的摩擦力。

如果不考虑 G 和 F 的影响，可得

$$p_1-p_2=\frac{F_s}{A} \tag{6-4}$$

从式 (6-4) 可知，溢流阀弹簧的预压缩量很大，而阀芯开口量的变化较小，因此 F_s 可近似为常数，即节流阀前后压差 $\Delta p=p_1-p_2$ 基本为常数，因此，保证了通过节流阀的流

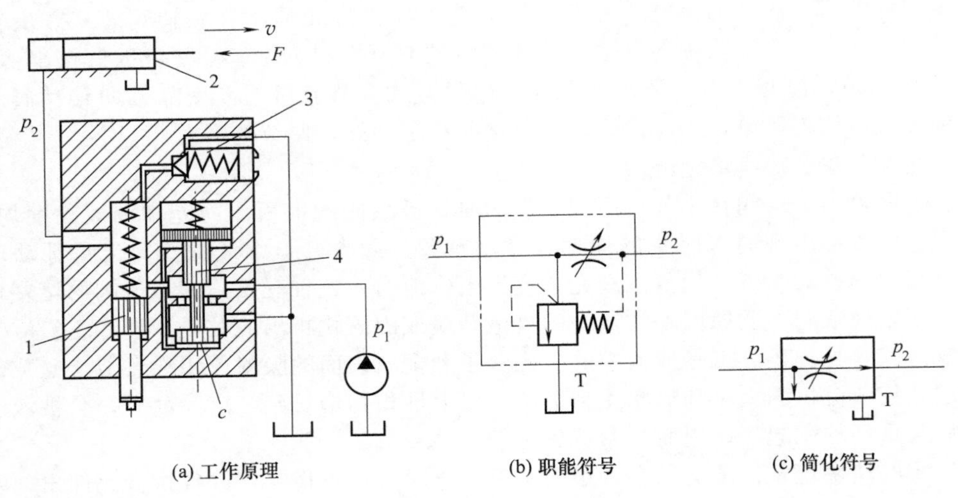

图 6-5 溢流节流阀

1—节流阀；2—液压缸；3—安全阀；4—溢流阀

量的稳定。

（2）特点和应用

溢流节流阀和调速阀都能使速度基本稳定，但其性能和使用范围不完全相同。主要差别是：

① 溢流节流阀的入口压力（即泵的供油压力 p）随负载大小而变化。负载大，供油压力大，反之亦然。因此泵的功率输出合理，损失较小，效率比采用调速阀的调速回路高。

② 溢流节流阀中的溢流阀阀口的压降比调速阀中的减压阀阀口的压降大；系统低速工作时，通过溢流阀阀口的流量也较大。因此作用于溢流阀芯上与溢流阀上端的弹簧作用力方向相同的稳态液动力也较大，且溢流阀开口越大，液动力越大，这样相当于溢流阀芯上的弹簧刚度增大。因此当负载变化引起溢流阀阀芯上、下移动时，当量弹簧力（将稳态液动力考虑在弹簧力之内的作用力）变化较大，其节流阀两端压差（p_1-p_2）变化加大，引起的流量变化增加。所以溢流节流阀的流量稳定性较调速阀差，在小流量时尤其如此。因此在有较低稳定流量要求的场合不宜采用溢流节流阀，而在对速度稳定性要求不高，功率又较大的节流调速系统中，如插床、拉床、刨床中，应用较多。

③ 溢流节流阀只能安装在节流调速回路的进油路上。

6.1.3 调速阀

（1）调速阀的结构和工作原理

节流阀因为刚性差，通过阀口的流量因阀口前后压力差变化而波动，因此仅适用于执行元件工作负载不大且对速度稳定性要求不高的场合。为解决负载变化大的执行元件的速度稳定性问题，应采取措施保证负载变化时，节流阀的前后压力差不变。具体结构有节流阀与定差减压阀串联组成的调速阀（又称普通调速阀）和节流阀与差压式溢流阀并联组成的溢流节流阀（又称旁通型调速阀）。

如图 6-6（a）所示，调速阀实质上是进行压力补偿的节流阀。图 6-6（b）、图 6-6（c）为其详细符号和简化符号。它是由定差减压阀和节流阀串联而成。节流阀前、后的压力 p_m 和 p_2 分别引到减压阀阀芯的下端面和上端面，当负载压力 p_2 增大，作用在减压阀阀芯左端的液压力增大，阀芯下移。减压口加大，压降减小，使 p_m 也增大，从而使节流阀两端的

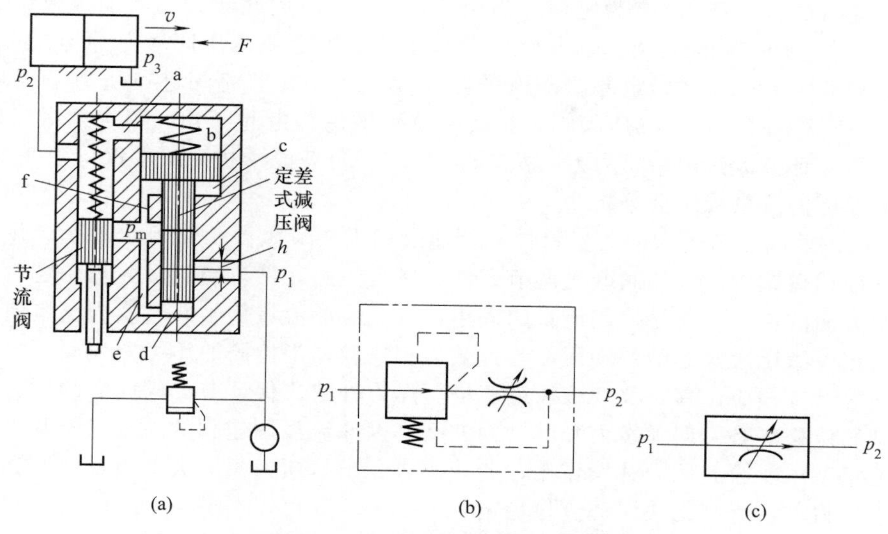

图 6-6　调速阀结构与职能符号

压差（$p_m - p_2$）保持不变；反之亦然。这样就使调速阀的流量恒定不变（不受负载影响）。

上述调速阀是先减压后节流的结构，也可以设计成先节流后减压的结构，两者工作原理基本相同。

（2）调速阀的静态特性

调速阀稳定工作时的静态方程如下。

① 定差减压阀阀芯受力平衡方程为

$$p_2 A = p_s A + F_t - F_x \tag{6-5}$$

② 流经定差减压阀阀口的流量为

$$q_1 = C_{d1} \pi d x \sqrt{\frac{2(p_1 - p_2)}{p}} \tag{6-6}$$

③ 流经节流阀阀口的流量为

$$q_2 = C_{d2} A(y) \sqrt{\frac{2(p_m - p_2)}{p}} \tag{6-7}$$

④ 流量连续方程为

$$q_1 = q_2 = q \tag{6-8}$$

式中，A 为定差减压阀阀芯作用面积；F_t 为作用在定差减压阀阀芯上的弹簧力，$F_t = K(x_0 + x_{max} - x)$，$K$ 为弹簧刚度，x_0 为弹簧预压缩量（阀开口 $x = x_{max}$ 时），x_{max} 为定差减压阀最大开口长度，x 为定差减压阀工作开口长度；F_x 为作用在定差减压阀阀芯上的液动力，$F_x = 2C_{d1} \pi d x \cos\theta$（$p_1 - p_2$），$\theta$ 为定差减压阀阀口处液流速度方向角，$\theta = 69°$；d 为定差减压阀阀口处的阀芯直径；C_{d1}、C_{d2} 为定差减压阀和节流阀阀口的流量系数；q_1、q_2、q 为流经定压减压阀、节流阀和调速阀的流量；$A(y)$ 为节流阀开口面积。

若上述方程成立，节流阀开口面积不变时，流经阀的流量 q 不变。此时节流阀的进出口压力差（$p_m - p_2$）由定差减压阀阀芯受力平衡方程确定为一定值，即 $p_m - p_2 = F_t / A =$ 常量。

若结构上采用液动力平衡措施，则

$$F_x = 0, p_m - p_2 = F_t / A \tag{6-9}$$

假定调速阀的进口压力 p_1 为定值，当出口压力 p_2 因负载增大而增加导致调速阀的进出口力差（p_1-p_2）突然减小时，因 p 的增大势必破坏定差减压阀阀芯原有的受力平衡，于是阀向阀口增大方向运动，定差减压阀的减压作用减小，节流阀进口压力 p_2 随之增大，当 $p_m-p_2=F_t/A$ 时，定差减压阀阀芯在新的位置平衡。由此可知，因定差减压阀的压力补偿作用，可保证节流阀前后压力差（p_m-p_2）不受负载的干扰而基本保持不变。

（3）调速阀的流量稳定性分析

图 6-7 为调速阀和节流阀的流量特性。调速阀用于调节执行元件运动速度，并保证其速度的稳定。在调速阀中，节流阀既是调节元件，又是检测元件。当阀口面积调定后，调速阀可以起到两方面的作用，一是控制流量的大小，二是检测流量信号并转换为阀口前后压力差反馈作用到定差减压阀阀芯的两端面，与弹簧力相比较，当检测的压力差偏离预定值时，定差减压阀阀芯产生相应位移，改变减压缝隙进行压力补偿，保证节流阀前后的压力差基本不变。但是阀芯位移势必引起弹簧力和液动力波动，因此流经调速阀的流量只能基本稳定。另外，为保证定差阀能够起压力补偿作用，调速阀进、出口压力差应大于由弹簧力和液动力所确定的最小压力差，否则无法保证流量稳定。

对比节流阀和调速阀的流量特性，可以看出，当压差比较小的时候，两者性能相同。这是因为此时减压阀阀芯在弹簧作用下处于最下面位置，阀口全开，不能起到稳定节流阀前后压差的作用。所以调速阀的进出口要保证有 0.4～0.5MPa 的压差，对于高压阀要有 1MPa 的压差。

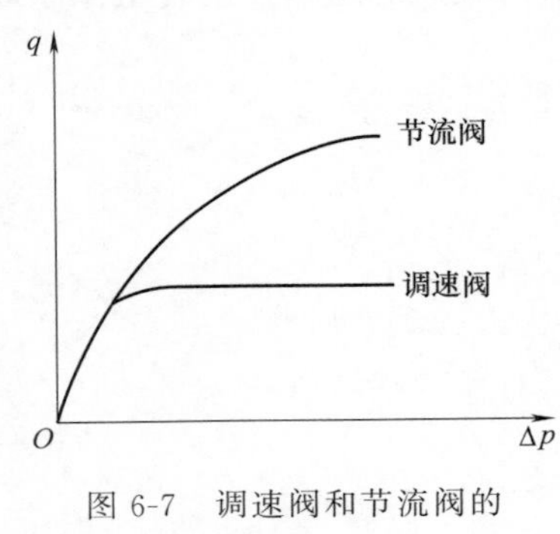

图 6-7 调速阀和节流阀的流量特性

（4）调速阀的主要用途

在液压系统中，调速阀的应用和节流阀相似，它适用于执行元件负载变化大而运动速度要求稳定的系统中；也可用在容积节流调速回路中。可以与定量泵、溢流阀配合，组成节流调速回路；与变量泵配合，组成容积节流调速回路等。与节流阀不同的是，调速阀一般应用于有较高速度稳定性要求的液压系统中。一般调速阀不带温度补偿，可用在机床动力滑台类似的设备上；有的调速阀带温度补偿装置，把转动的阀芯改成薄刃结构的滑阀式阀芯，以减少温度对流量的影响。带温度补偿的调速阀通常用在对调速性能要求很高的设备上。

在钻井平台的钻杆的动力系统中，调速阀起控制作用。这是一种电液伺服比例调速阀，这种调速阀使得执行元件的动作速度平稳，不受负载变化影响，按输入的电信号连续地、按比例地产生系统流量，从而实现远距离控制。

6.1.4 分流集流阀

分流集流阀是分流阀、集流阀和分流集流阀的总称。分流集流阀包括分流阀、集流阀和兼有分流和集流功能的分流集流阀。这是一种同步控制阀，它的功能是一个油源按一定流量比例同时向液压缸或液压马达供油或接受回油，而两路流量不受负载压力变化的影响。分流集流阀具有压力补偿的功能。它们的图形符号如图 6-8 所示。

（1）分流阀简介

如图 6-9 所示为分流阀的结构原理。这种分流阀由两个固定节流孔 1 和 2、阀体 5、阀芯 6 和两个对中弹簧 7 等零件组成。阀芯的中间台肩将阀分成完全对称的左、右两部分，位于阀左边的油室 a 通过阀芯上的轴向小孔与阀芯右端的弹簧腔相通，位于阀右边的油室 b 通

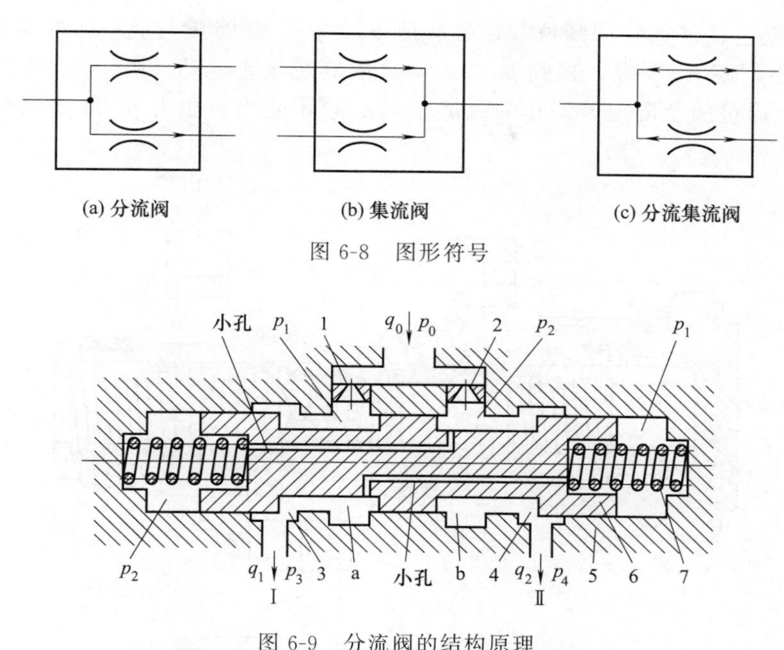

(a) 分流阀　(b) 集流阀　(c) 分流集流阀

图 6-8 图形符号

图 6-9 分流阀的结构原理

1,2—固定节流孔；3,4—可变节流口；5—阀体；6—阀芯；
7—对中弹簧；Ⅰ,Ⅱ—出油口

过阀芯上的另一轴向小孔与阀芯左端的弹簧腔相通。装配时由对中弹簧 7 保证阀芯与阀体对中，阀芯左右台肩与阀体沉割槽形成的两个可变节流口 3、4 的初始通流面积相等。

(2) 分流集流阀的工作过程

如图 6-9 所示的分流阀由两个固定节流孔 1、2，阀体 5，阀芯 6 和两根对中弹簧 7 等主要零件组成。阀芯的中间台肩将阀分为完全对称的左、右两部分，阀芯右端面作用着固定节流孔 1 后的压力 p_1，阀芯左端面作用着固定节流孔 2 后的压力 p_2。当两个几何尺寸完全相同的执行元件的负载相等时，两出口压力 $p_3=p_4$，阀芯受力平衡，处于中间位置，可变节流口 3 和 4 的过流面积相等，即 $q_1=q_2$，两执行元件速度同步。若执行元件的负载变化，使 $p_3>p_4$ 时，压力差 $(p_0-p_3)<(p_0-p_4)$，势必导致 $q_1<q_2$。这样一方面使执行元件的速度不同步，另一方面又使固定节流孔 1 的压力损失 (p_0-p_1) 小于固定节流孔 2 的压力损失 (p_0-p_2)，即 $p_1>p_2$。p_1、p_2 的反馈作用使阀芯左移，可变节流口 3 的过流面积增大，而可变节流口 4 的过流面积减小，致使 q_1 增加、q_2 减小，直至 $q_1=q_2$，$p_1=p_2$。阀芯受力重新平衡。阀芯稳定在新的工作位置，而执行元件速度恢复同步。若执行元件负载变化，使 $p_3<p_4$ 时，分析过程同上，由于可变节流口的压力补偿作用，仍使两执行元件速度恢复同步。

(3) 分流集流阀的工作原理

如图 6-10 所示为分流集流阀的工作原理。阀芯 1 在弹簧力的作用下处于中间位置的平衡状态。

分流工况时，由于供油口压力大于 p_1 和 p_2，故左右阀芯处于相离状态，相互勾住。若 $p_2'>p_1'$，阀芯仍留在中间位置，则有 $p_2>p_1$，此时连成一体的阀芯将左移，可变节流口 6 减小，使 p_1 上升，直到 $p_1=p_2$，阀芯停止运动。由于两个固定节流孔 4 和 8 面积相等，所以通过两个固定节流孔的流量 $q_1=q_2$，不受出口压力 p_1 和 p_2 变化的影响。

集流工况时，由于供油口压力小于 p_1 和 p_2，故两阀芯处于相互紧压状态。若负载压力

$p_2' > p_1'$，如果阀芯仍然留在中间位置，必然使 $p_2 > p_1$。此时压紧成一体的阀芯将左移，可变节流口7减小，使 p_2 下降，直到 $p_2 = p_1$，左右阀芯停止运动。由于两个固定节流孔4和8面积相等，故通过两个固定节流孔的流量 $q_1 = q_2$，不受出口压力 p_2' 和 p_1' 变化的影响。

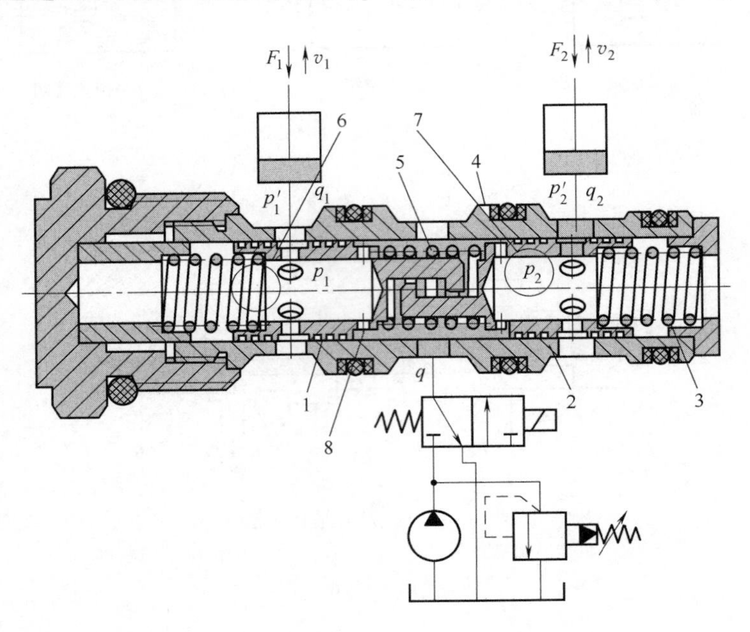

图 6-10 分流集流阀的工作原理

1—阀芯；2—阀套；3,5—弹簧；4,8—固定节流孔；6,7—可变节流口

(4) 分流集流阀的特性

分流集流阀的特性主要是指其分流精度，分流精度用相对分流误差 ξ 表示。

$$\xi = \frac{q_1 - q_2}{\frac{q_0}{2}} \times 100\% = \frac{2(q_1 - q_2)}{q_1 + q_2} \times 100\% \tag{6-10}$$

一般分流（集流）阀的分流误差为2%～5%，其值的大小与进口流量的大小和两出口油液压差大小以及使用情况有关。为了保证分流（集流）阀的分流精度，一般最大工作流量不超过最小工作流量一倍。流量使用范围一般为公称流量的60%～100%。

这种分流集流阀在农业机械上的应用也比较多，比如采棉机、玉米收获机、青贮饲料机等。由于节流将使液压系统发热，不但会导致液压油黏度变低，还会使密封圈的密封性能大打折扣，最终导致液压油缸内泄，使采棉机、玉米收获机、青贮饲料机的割台在作业过程中逐渐下降，这样将严重影响采收效率，造成不必要的损失。因此，在主流农业机械中，基于节流原理的液压同步控制回路已经被由分流集流阀或同步马达构成的液压同步控制回路所替代。采用分流集流阀实现液压油缸速度同步，具有纠偏能力强、简单、经济、同步精度高（约为1%～3%）等优点。由于分流集流阀的纠偏能力强，即使在偏载工况下也能以相等的流量分流或集流，进而实现速度同步，且可实现执行元件双向运动的同步。正是由于分流集流阀的这些优点，使其广泛应用于采棉机内棉箱升降、棉箱门开关、玉米收获机以及青贮饲料机粮箱升降的控制。因为分流集流阀的同步控制精度取决于其压降，所以分流集流阀的流量范围较窄。当实际流量低于其额定流量较多时，该阀的压降与流量将大大下降，同步精度也显著下降。在选择分流集流阀时，首先要选择合适的液压油缸内径，确定其额定工作压力，使其额定工作压力不要过低；其次要根据所需流量合理选择该阀的公称流量，切勿使分流集流阀的公称流量过分高于执行元件的所需流量。

6.1.5 行程节流阀

（1）行程节流阀的结构和工作原理

图 6-11 为一种单向行程节流阀。该阀可以满足机床液压进给系统中快速前进和慢速进给的需要。快速前进时，阀芯 6 被弹簧 5 推在右端位置，油从 P_1 进入，经过阀芯 6 的锥形面从 P_2 流出。当凸块压住滚轮将阀芯 6 压下时，阀芯 6 的锥形面起节流作用，得到慢速进给。该阀也可以用来实现工作部件的减速。这时可以将行程节流阀串联在油马达（或油缸）回油路中。阀芯 6、滚子 7 和限位块 8 组成行程阀，阀芯 4、垫 2 和手柄套 3 组成节流阀。工作部件运动到预定位置时，挡块推动行程节流阀的阀芯，使节流口的通流面积逐渐减小直到最后关闭，工作部件减速并逐渐停止，以达到缓冲和精确定位的目的。

单向行程节流阀的作用是刀台在快退过程中单向阀打开，工作进给时单向阀关闭，液流通过凸轮控制的节流口进油，以实现工作进给；节流口大小由机械控制。

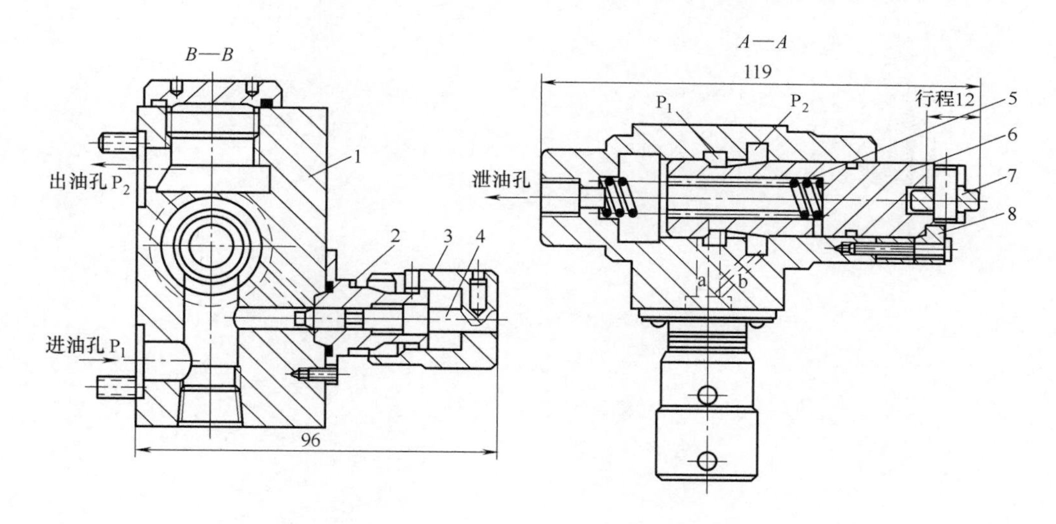

图 6-11 单向行程节流阀

1—阀体；2—垫；3—手柄套；4—阀芯；5—弹簧；6—阀芯；7—滚子；8—限位块

（2）单向行程节流阀的应用

单向行程节流阀由单向阀和行程节流阀组合而成，适用于执行机构速度变换、制动时需缓冲的场合，可以满足机床液压系统需要快速前进、慢速进给和快速退回的工作要求。快退时油液主要流经单向阀，进给则依靠碰块或凸轮通过控制行程节流阀的通流截面而获得。

6.2 流量控制阀的选用及注意事项

根据液压控制节流调速系统的工作要求，选取合适类型的流量控制阀。在此大前提下，又可参照如下选用原则：

① 流量控制阀的压力等级要与系统要求相符；

② 根据系统执行机构所需的最大流量来选择流量控制阀的公称流量，要比负载所需的最大流量略大一些，以使阀在大流量区间有一定的调节裕量，同时也要考虑阀的最小稳定流量范围能否满足系统执行机构的低速控制要求；

③ 流量控制阀的流量控制精度、重复精度及动态性能等应满足液压系统工作精度要求；

④ 如果系统要求对温度不敏感，可采用具有温度补偿功能的流量控制阀；

⑤ 安装空间、尺寸、质量以及连接油口的连接尺寸也要符合系统设计要求。

第7章 方向控制阀

7.1 几种典型方向控制阀

方向控制阀是用来控制液压系统中液压油流动方向或油液的通断，从而控制执行元件的启动或停止，改变其运动方向的一类阀。它包括单向阀和换向阀两大类，如单向阀、换向阀、压力表开关等。图7-1～图7-4为部分厂商的方向控制阀产品外形图。

图7-1 力士乐单向阀

图7-2 北京华德液控单向阀

图7-3 派克手动换向阀

图7-4 威格士电磁方向控制阀

7.1.1 单向阀

（1）单向阀原理

单向阀具有防止液压油倒流的功能，它只允许油液单向流通，反向流动则被截止，即正向导通，反向截止。对单向阀的要求是：正向流动时，易开启，阻力损失小，反向流动时，不导通，密封性好；同时要求动作灵敏，工作时冲击和噪声小。按其控制原理不同，单向阀可分为普通单向阀和液控单向阀两类。按其他方式分类，如按阀芯结构分，有球芯、柱芯、锥芯；按液流方向与阀芯移动方向分，有直角式、直通式。直通式单向阀进出口流道在同一轴线上。直角式单向阀进出口流道成直角布置。图 7-5 所示的是直通式单向阀及其图形符号。它通过管制螺纹连接在管路上，当油液从 P_1 口进入单向阀时，油液压力克服弹簧弹力和阀芯与阀座之间的摩擦力，将锥形阀芯 2 顶开（小型单向阀也可使用小钢球用作阀芯），油液从 P_2 口流出；当油液从 P_2 口进入单向阀时，油液压力将阀芯 2 紧紧地压在阀座上，单向阀处于截止状态，油路不通。

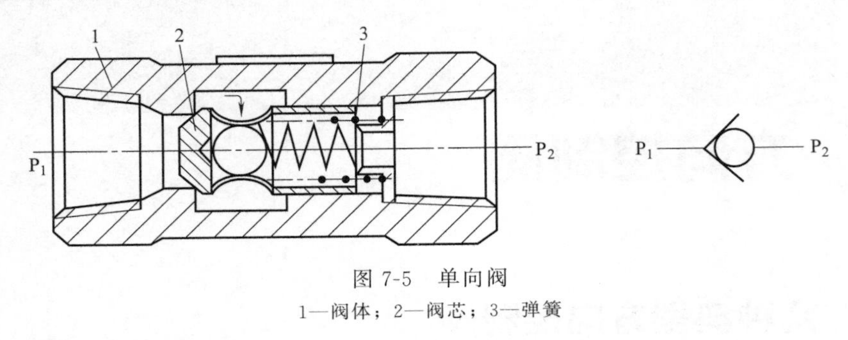

图 7-5 单向阀

1—阀体；2—阀芯；3—弹簧

（2）单向阀应用

单向阀是最简单、应用场合广泛的液压元件之一。如图 7-6（a）所示的单向阀安装于起重机液压支柱上，防止液压油倒流；图 7-6（b）所示的单向调速阀可与其他阀组成复合阀，如单向节流阀、顺序节流阀、单向减压阀等。

(a)

(b)

图 7-6 单向阀的应用

液控单向阀是可以根据需要实现油液正逆向流动的单向阀。液控单向阀有不带卸荷阀芯的简式液控单向阀和带卸荷阀芯的卸载式液控单向阀两种结构形式。

液控单向阀是一种通入控制压力油后即允许油液双向流动的单向阀。它包括单向阀和液控装置两部分，如图 7-7 所示。当控制口 K 没有通入压力油时，它的作用和普通单向阀一样。当控制口K通入控制压力油（简称控制油）后，控制活塞1右侧a开有泄油口，其油液压力相当于0，此时，控制活塞1由于左右两端压差向右移动，顶杆2推开阀芯3右移，使得油口P_1、P_2连通，油液可自由流动。

液控单向阀根据控制活塞上泄油方式的不同可以分为内泄式单向阀和外泄式单向阀，前者泄油同单向阀的进油口，后者则直接回流油箱。

当液控单向阀油液反向流动时，P_2口进油压力相当于系统工作压力，通常很高；而出油口P_1的压力也可能很高，这可能要求控制油压力也较高才能顶开阀芯3，因而影响了液控单向阀的工作可靠性。可采用如图7-8所示的卸载式液控单向阀，此单向阀阀芯内装有卸载小阀芯，控制活塞上行时先顶开小阀芯使主油路卸压，直到P_1、P_2口压力接近平衡，然后再顶开单向阀阀芯，使用该种控制方式，控制压力仅为系统工作压力的5%。而没有卸载小阀芯的液控单向阀的控制压力为系统工作压力的40%～50%。

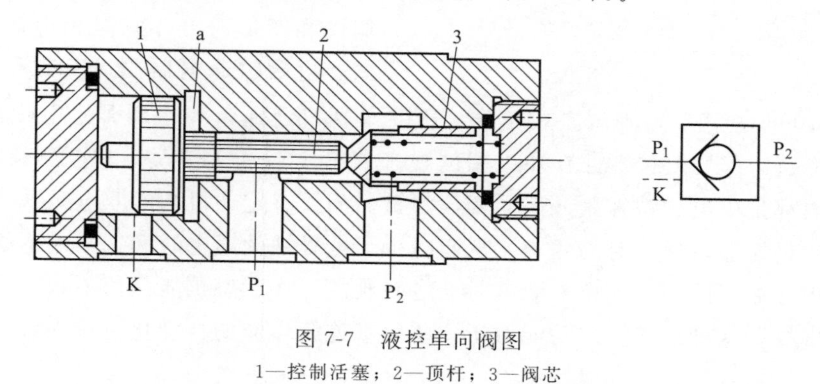

图7-7 液控单向阀图

1—控制活塞；2—顶杆；3—阀芯

由于液控单向阀具有良好的单向密封性，因此常用于需要长时间保压、锁紧和平衡的等回路。如图7-9，它在煤矿机械的液压支护设备中占有较重要的地位，用于防止油液倒流；在立式液压缸中，由于滑阀和管道存在泄漏，活塞和活塞杆受自身重力下滑，将液控单向阀接在液压缸下腔的油路中，则可防止液压缸活塞和滑块等活动件下滑。

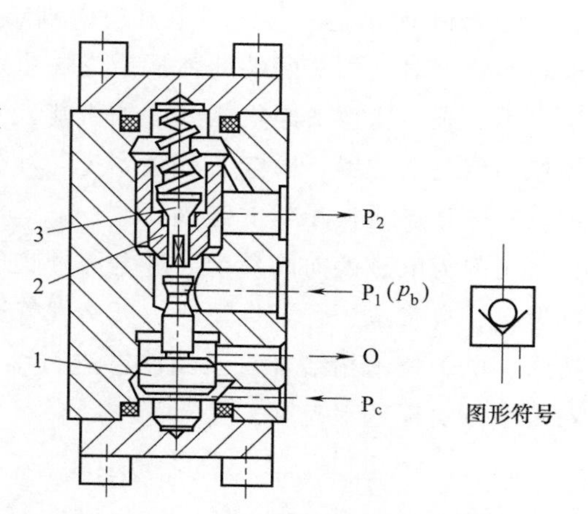

图7-8 卸载式液控单向阀及职能符号

1—控制活塞；2—单向阀阀芯；3—卸载阀小阀芯

7.1.2 电磁换向阀

电磁换向阀利用电磁铁的吸合力，推动阀芯移动控制油液的方向实现换向、顺序动作及卸荷等动作。如图7-10所示，在常态位，电磁铁断电，P与A连通，B口堵塞；当电磁铁通电时，P与B连通，A口堵塞。电磁换向阀由于使用电控，使得控制方便，应用广泛，但电磁铁产生的推力有限，液压油通过阀芯时所产生的液动力使阀芯移动受到阻碍，这些缺点使得电磁换向阀只能用在流量不大（≤100L/min）的液压系统中。

电磁换向阀中的电磁铁是驱动阀芯运动的动力元件，按其使用电源的不同可分为直流电磁铁和交流电磁铁；若衔铁在油液浸润状态下工作，则称为湿式电磁铁，否则，则是干式电磁铁。交流电磁铁与直流电磁铁相比，其可直接使用380V、220V或110V电源，而直流电

图 7-9 煤矿机械支护设备

磁铁使用 12V、24V、36V 或 110V 电源，另一方面，直流电磁铁使用直流电流，需要额外配备变压整流设备，成本较高，因此交流电磁铁电源获取方便，且吸力较直流电磁铁大。交流电磁铁使用由硅钢片叠压而成的铁芯，存在体积大、发热大、噪声大、工作可靠性差和寿命短等缺点；直流电磁铁使用整体工业纯铁制成的铁芯，铁芯体积小，产生的电涡流小、可靠性好，精度也比交流电磁铁更高。

图 7-10 所示为二位三通电磁阀的结构简图和图形符号，它是单电磁铁弹簧复位式，电磁铁通电后阀芯 2 在衔铁（经过推杆 1）的推动下向右移动，则阀左位工作，P 口和 B 口连通，A 口断开。电磁铁不通电时，阀芯 2 依靠弹簧力作用复位，停在左极端位置（常态位），P 口和 A 口连通，B 口断开。二位电磁阀一般都是单电磁铁控制，但无复位弹簧。而设有定位机构的双电磁铁二位阀，由于电磁铁断电后仍能保留通电时的状态，从而减少了电磁铁的通电时间，节约了能源，延长了电磁铁的使用寿命；此外，当意外断电时，电磁阀的工作状态仍能保留下来，可以避免系统失灵或出现事故，这种“记忆”功能对于一些要求连续作业的自动化机械来说，往往是十分必要的。

图 7-11 所示为三位四通电磁换向阀结构图和图形符号。由图可知，当电磁阀两端电磁铁均不通电时，阀芯两端的弹簧会使阀芯处于中间位置（常态位），由于此时四个油口均处于封闭状态，所以滑阀机能（中位机能）为 O 型；当右端电磁铁通电时，阀芯受电磁力作用移动到左端位置，P 与 A 连通，B 与 T 连通；当左端电磁铁通电时，阀芯移动到右端位置，P 与 B 连通，A 与 P 连通。

正因为电磁换向阀易于通过电信号实现控制，使得其应用十分广泛，例如应用于各式生产设备、自来水厂、蒸汽管道、天然气管道、化工设备等。电磁阀技术与控制技术、计算机技术、电子技术相结合，已经能够进行多种复杂的控制。如图 7-12，可以把电磁阀应用于农田灌溉实现远程控制。

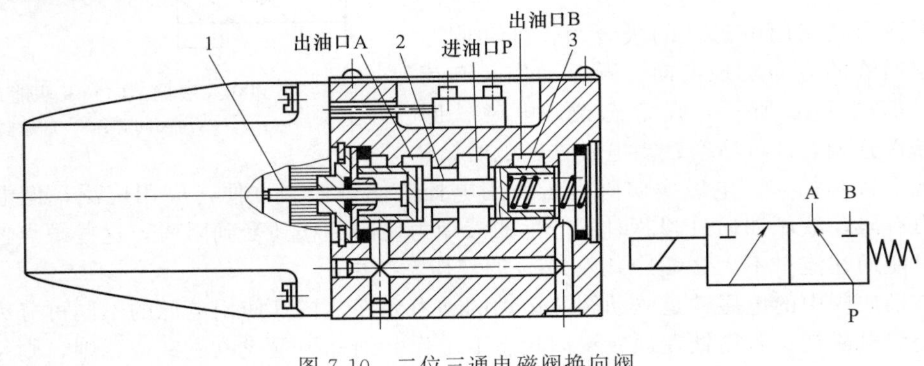

图 7-10 二位三通电磁阀换向阀

1—推杆；2—阀芯；3—弹簧

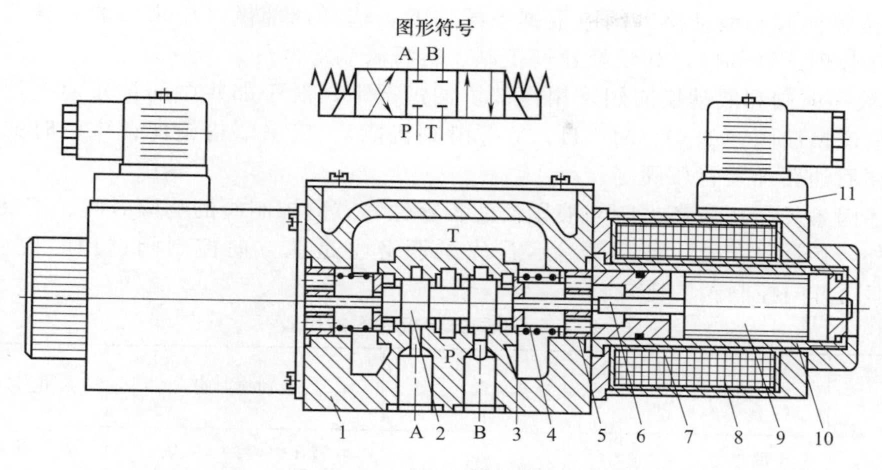

图 7-11 三位四通电磁换向阀

1—阀体；2—滑阀阀芯；3—弹簧座；4—对中弹簧；5—挡圈；6—推杆；
7—导磁套；8—线圈；9—衔铁；10—导套；11—插头组件

图 7-12 灌溉自动化控制电磁阀

7.2 方向控制阀的选用及注意事项

① 阀的额定流量要高于工作流量，流经方向控制阀的最大流量一般不应大于阀的额定流量。

② 应根据需要选择合适的操纵方式，如手动、机动（如凸轮、杠杆等）、电磁铁控制、液动、液压先导阀控制等。

③ 对电磁换向阀，要根据电源实际需要、使用寿命、切换频率、安全特征等选用合适的电磁铁。

④ 额定压力必须使所选方向控制阀的额定压力与系统工作压力相容，液压系统的最大压力应低于阀的额定压力。

⑤ 使用双电磁铁电磁阀时，两个电磁铁不能同时通电，应设计电控系统使两个电磁铁的动作自锁。

⑥ 响应时间在方向控制阀中往往与系统要求有关，是一个重要因素。

⑦ 电液换向阀和液动换向阀应根据系统需要，选择内部供（排）油的先导式控制和排油方式，并合理选择部件，如切换速度控制、行程限制等部件。

⑧ 电液换向阀和液动换向阀采用内部供油情况下，对于那些中间位置使主油路卸荷的三位四通电磁换向阀（如 O、M、H、Y 等滑阀机能），应采取措施保证中位时的最低控制压力，如在回油路加装背压阀等。

除上述因素外，还应考虑阀与液压油的相容性，方向控制阀的响应时间、安装和连接方式等。另外，产品性价比、使用寿命、厂家的服务也是在方向控制阀选用时应当考虑的。表 7-1 为不同方向控制阀的比较。

表 7-1 不同方向控制阀的比较

阀类 性能	手动换向阀	电磁换向阀	液动换向阀	电-液换向阀
换向推力	手的推力，较小	电磁力，较大	液压力，较大，一般 $p_{min}=0.5\sim1.5$MPa	液压力，较大，一般 $p_{min}=0.5\sim1.5$MPa
换向阻力	液动力、弹簧力、卡紧力、摩擦力等			
换向时间	较长	较短	较长	长
换向冲击	较小	较大	较小	小
压力	低	较高	较高	较高
流量	较小	一般 $q\leqslant100$L/min	一般 $q\leqslant1000$L/min	一般 $q\leqslant1000$L/min

第8章 叠加阀与插装阀

8.1 叠加阀

8.1.1 叠加阀的工作原理

叠加式液压阀简称叠加阀，它是近十年发展起来的集成式液压元件。它自成系列，每个叠加阀既有一般液压元件的控制功能，又起到通道体的作用，每一种通径系列的叠加阀其主油路通道和螺栓连接孔的位置都与所选用的相应通径的换向阀相同，因此，同一通径的叠加阀都可以按要求叠加起来组成各种不同的控制系统。用叠加式液压阀组成的液压系统具有如下特点：

① 用叠加阀组装液压系统，不需要另外的连接块，因而具有结构紧凑、体积小、质量轻的优点。

② 系统的设计工作量小，绘制出叠加阀式液压系统原理图后即可进行组装，且组装简便，周期短。

③ 整个系统配置灵活，调整改换或增加系统的液压元件方便简单。

④ 元件之间无管连接，不仅省掉了大量管件，减少了产生压力损失、泄漏和振动的环节，而且外观整齐，便于后期维护保养。

⑤ 由叠加阀组成的液压系统结构紧凑，配置灵活，系统设计、制造周期短，标准化、通用化和集成化程度较高。

我国叠加阀现有 5 个通径系列，即 ϕ6mm、ϕ10mm、ϕ16mm、ϕ20mm、ϕ32mm，额定压力为 20MPa，额定流量为 10～200L/min。

叠加阀按功用的不同分为压力控制阀、流量控制阀和方向控制阀三类，其中方向控制阀仅有单向阀类，主换向阀不属于叠加阀。

叠加阀的工作原理与一般液压阀相同，只是具体结构有所不同。

8.1.2 常见叠加阀产品介绍

8.1.2.1 叠加式方向控制阀

叠加式方向控制阀仅有单向阀类，换向阀不属于叠加阀，换向阀在叠加阀系统中既起到换向阀的作用，又起到上盖板的作用。

图 8-1 为 Z1S 型叠加式单向阀。其工作原理与一般的单向阀相同。此阀由阀体和单向阀插装件组成。该叠加式单向阀允许油液从 A_2 向 A_1 自由流动，反向则无泄漏地封闭。内孔中锥阀 3 受到弹簧座 4 的限制，内装弹簧 5 使锥阀 3 闭合并使其保持在闭合的位置上。P 油口、T 油口和 B 油口则是为了连通上、下元件相对应的油路通道而设置的。不同型号的叠加式单向阀可以实现 P 油口、T 油口和 B 油口的单向流动。该阀流量可达 40.100L/min，压力可至 31.5MPa。

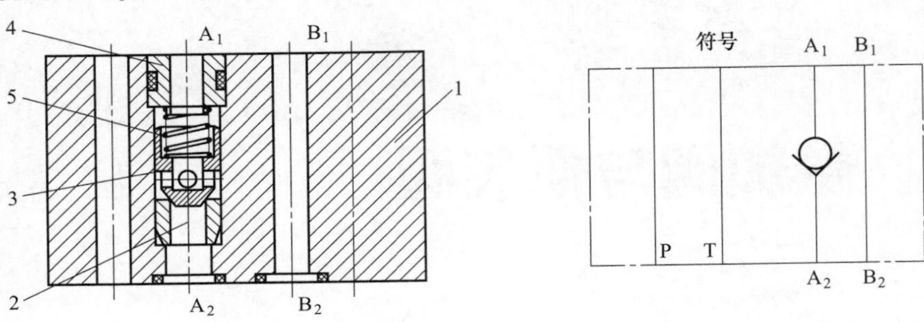

图 8-1 Z1S 型叠加式单向阀

1—阀体；2—单向阀插装件；3—锥阀；4—弹簧座；5—弹簧

8.1.2.2 叠加式溢流阀

图 8-2 为先导式叠加溢流阀，它由先导阀和主阀组成，其工作原理和普通的先导式溢流阀相同，都通过主阀芯两端的压力差来移动阀芯，从而改变阀口开度。在该阀中，进油口 P 和油腔 e 连通，回油口 T 和孔 c 连通，压力油进入油腔 e 作用于主阀阀芯 6 右端，同时经阻尼孔 d 进入阀的左端，又经过阻尼孔 a 作用于锥阀阀芯 3 上。当油液压力小于调定压力时，弹簧 2 不发生形变，阀处于关闭状态；当油液压力大于调定压力时，溢流阀溢流。调节弹簧

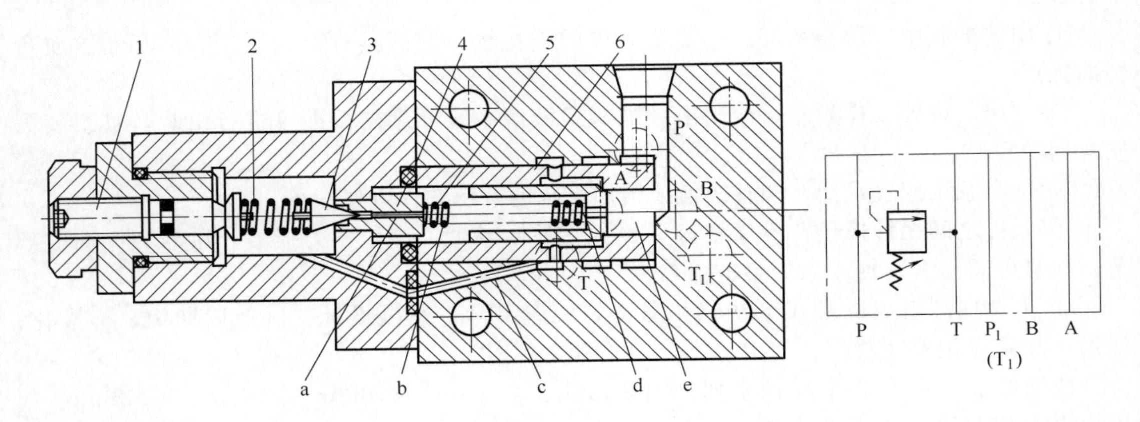

图 8-2 叠加式溢流阀

1—推杆；2,5—弹簧；3—锥阀阀芯；4—阀座；6—主阀阀芯

2 的预压缩量便可调节溢流阀的调整压力，即溢流压力。

8.1.2.3 **叠加式流量阀**

（1）叠加式双单向节流阀

图 8-3 所示为 Z2FS 型叠加式双单向节流阀。该阀由两个对称布置的单向节流阀组成。当油液从 A_1 流向 A_2 时，液压油流经阀座 5 和阀芯 2 形成的节流口 4，实现节流，节流口的大小可以通过调节螺钉 1 进行调节；当油液从 B_2 流向 B_1 时，油液将弹簧 6 顶开，再推动阀芯 7 向右移动，油液便从 B_2 流向 B_1，此时，其功能相当于单向阀，将此阀反向放置可实现进口或出口节流。

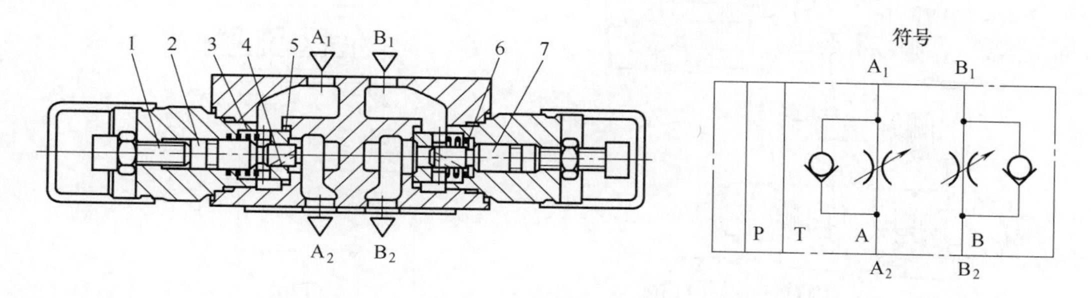

图 8-3 Z2FS 型叠加式双单向节流阀

1—调节螺钉；2，7—阀芯；3，6—弹簧；4—节流口；5—阀座

（2）叠加式单向调速阀

图 8-4 所示为叠加式单向调速阀。该阀为组合式结构，由三部分组成，图中左侧为插装在叠加阀阀体中的单向阀，右侧安装了一板式连接的调速阀。它的工作原理和功能与一般的单向调速阀相同。当油液从 B 口流向 B_1 口时，单向阀关闭，油液流经调速阀从 B_1 口流出，此时执行调速阀功能；当油液从 B_1 口流向 B 口时，则油液流经单向阀，从 B 口流出，实现单向阀功能。

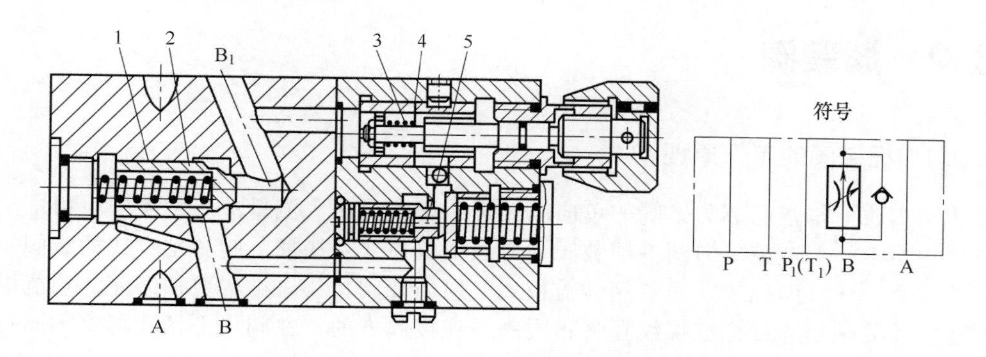

图 8-4 叠加式单向调速阀

1—单向阀；2—单向阀弹簧；3—节流阀；4—节流阀弹簧；5—减压阀

8.1.3 叠加阀的应用

图 8-5 为使用叠加阀构成的某一液压回路安装结构示意图，图 8-6 为它的图形符号原理图。该回路由底板 5、减压阀 4、双单向节流阀 3、双向液压锁 2 和电磁换向阀 1 组成，其中电磁换向阀 1 为板式结构，其他阀为叠加形式，所有阀件通过螺栓与阀座 5 固连在一起。在

图示状态，油液从液压泵出口流出经过阀座 5 左侧通路、减压阀 4 阀体左侧通路、双单向节流阀 3 阀体左侧通路和双向液压锁 2 左侧通路进入电磁换向阀 P 口；当电磁换向阀处于右工位时，油液经过电磁换向阀左侧通路流经双向液压锁 2 左液控单向阀、双单向节流阀 3 左单向节流阀，经减压阀 4 和阀座 5 左侧油液通路进入液压缸无杆腔，活塞向右移动，有杆腔油液再经阀座 5 和减压阀 4 右侧油液通路流经右单向节流阀 3、双向液压锁 2 的右液控单向阀流入电磁换向阀右液流通道及内部通路，最后从电磁换向阀流出流回油箱。

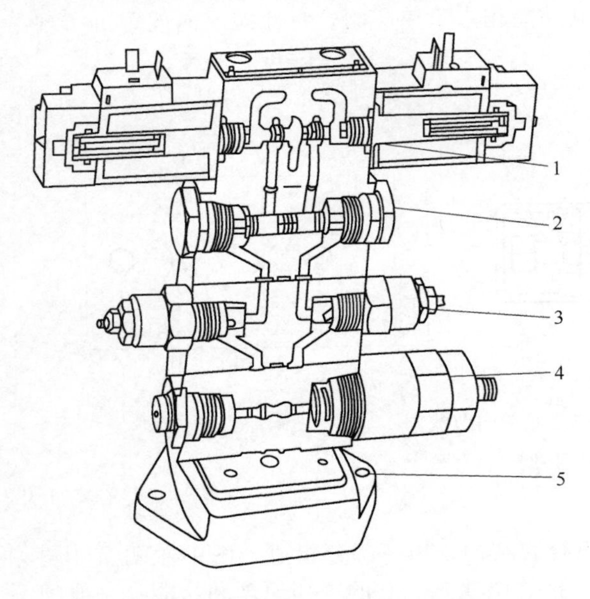

图 8-5 叠加阀构成的回路安装结构

1—电磁换向阀；2—双向液压锁；3—双单向节流阀；4—减压阀；5—阀座（底板）

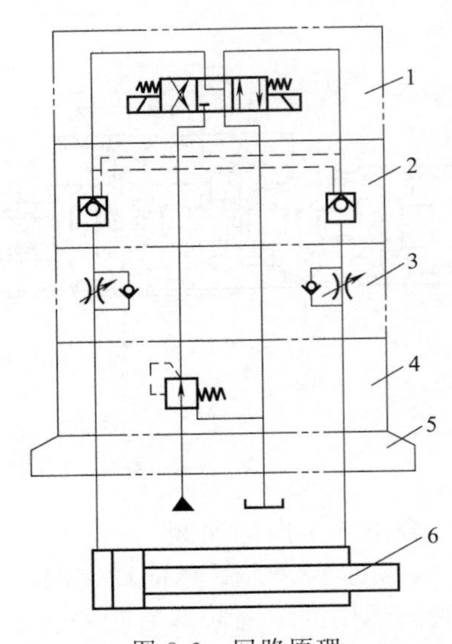

图 8-6 回路原理

1—电磁换向阀；2—双向液压锁；3—双单向节流阀；4—减压阀；5—阀座（底板）；6—液压缸

8.2 插装阀

8.2.1 插装阀的工作原理

插装阀实质上是指阀芯为锥阀的单向阀，近年来在高压大流量液压系统中应用广泛。其工作原理相当于一个液控单向阀。插装阀主要包括盖板式二通插装阀和螺纹式插装阀，两者功能原理完全一样，但螺纹式插装阀与盖板式二通插装阀相比，结构更加多元、功能更加丰富。螺纹式插装阀是通过标准螺纹孔将不同阀块连接起来的，在阀块上钻孔可将不同功能的螺纹式插装阀连接成系统。

插装阀通常由插装件、控制盖板、先导控制元件和插装阀体（或称集成块）四部分组成，如图 8-7 所示。

插装件，也称为主阀，是由阀芯、阀套、弹簧和密封元件组成的，插装件通过插装阀体 4 的孔插入阀体中，通过阀芯的开启、关闭和开启程度来控制液压油的流通和截止或者控制流量的大小，从而实现对执行机构的控制，插入式安装使其便于维修更换。

控制盖板是由盖板体、内嵌有不同功能的控制元件及其他附件组成。它有固定插装件和封闭阀体的功能，兼具连接插装件和先导控制元件的功能。此外，它还有各种控制功能，与先导控制元件组成插装阀的先导控制部分。控制盖板内部可含有阻尼网络，可以内嵌其他控制元件，对外可以连接外先导控制元件，如换向阀。由此可见，控制盖板是插装阀功能和机构都变化较多的部分。

先导控制元件是插装阀的控制中心。常见的控制元件有换向阀，如电磁换向阀，它可以安装在控制盖板上也可以内嵌在控制盖板里面，插装阀也可以没有先导控制元件，仅有控制盖板。

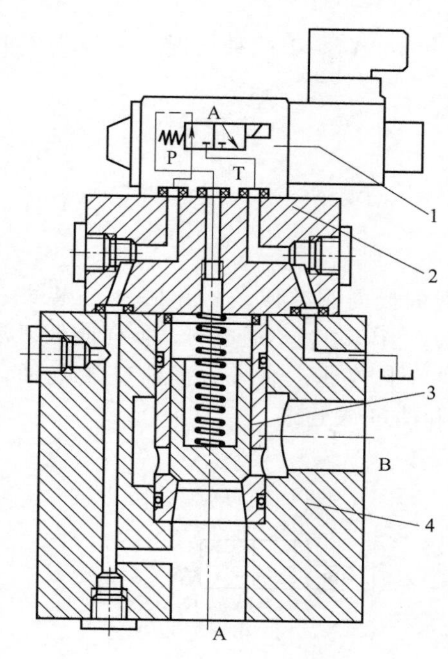

图 8-7 插装阀的组成

1—先导控制元件；2—控制盖板；3—插装件；4—插装阀体

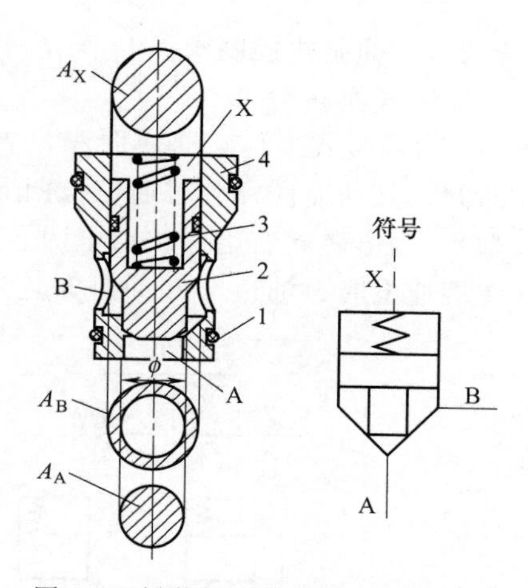

图 8-8 插装阀插装件基本结构形式

1—密封件；2—阀芯；3—弹簧；4—阀套

由于插装阀集成化程度较高，各部分都可以随着实际要求更换，所以没有独立阀体，在一个阀体中往往连接有其他插装元件，有时也称为集成块体。

图 8-8 为插装阀插装件的基本结构形式，图中 A、B 为主油路接口，X 为控制油腔，当油腔 X 无压力时，阀芯受到向上的压力大于弹簧力，阀芯开启，油口 A 和油口 B 连通，油液具体流动方向则视油口 A 和油口 B 压力大小而定；当控油腔 X 油液压力大于油口 A 和油口 B 的油液压力时，阀芯关闭，油口 A 和油口 B 不连通。

阀芯所受合力大小和方向决定了阀芯的工作状态。通常情况下，阀芯的质量、摩擦力可以忽略不计，阀芯的力平衡方程为

$$\sum F = p_X A_X - p_X A_A - p_B A_B + F_s + F_Y \tag{8-1}$$

式中 $\sum F$——阀芯合力；

p_X——控制腔 X 的压力；

A_X——控制腔 X 的面积；

p_A——主油路 A 口的油液压力；

A_A——主油路 A 口的面积；

p_B——主油路 B 口的油液压力；

A_B——主油路 A 口的面积；

F_s——弹簧力；

F_Y——液动力（一般情况下忽略不计）。

由式（8-1）可见，当$\sum F>0$时，油口A和油口B处于关闭状态；当$\sum F<0$时，油口A和油口B连通；当$\sum F=0$时，阀芯处于平衡位置。适当地控制控油腔压力p_X，就可以控制油口A和油口B油液流通的方向和压力。如果控制阀芯开度，就可以控制主油路的流量。

由此可见：根据插装阀的用途不同，插装件的结构形式和结构参数可相应变化。例如油口A和控油腔X面积比$\alpha_{AX}\left(\frac{A_A}{A_X}\right)$可以有$p_A A_A<1$和$p_A A_A=1$两种情况，它是一个重要的参数，对于其性能有重要影响。

8.2.2 常见插装阀产品介绍

8.2.2.1 插装式控制阀

（1）插装式换向阀

图8-9为插装式二位三通换向阀，其原理和普通的换向阀类似。图8-10为插装式三位四通换向阀。其功能同样和普通三位四通换向阀类似。当电磁铁不通电时，换向阀处于常态位（O型）；当电磁阀右电磁铁通电时，油口A和油口P连通，油口B和油口T连通；当电磁阀左端通电时，油口P和油口B连通，油口T和油口A连通。

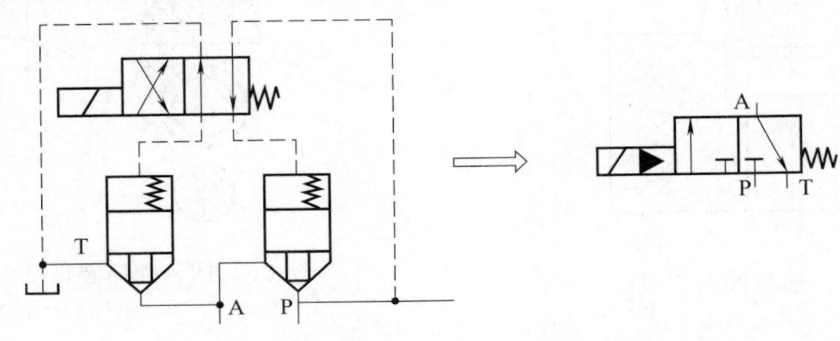

图8-9 插装式二位三通换向阀

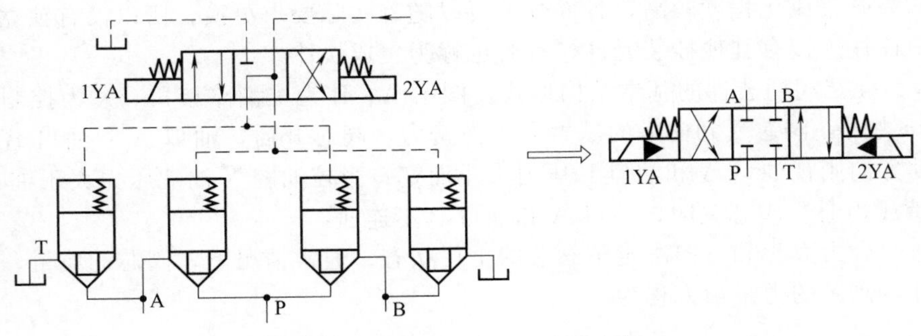

图8-10 插装式三位四通换向阀

（2）插装式压力阀

采用带阻尼孔的插装阀芯并在控制口安装压力控制阀，就组成了各种插装式压力控制阀。插装式压力阀与基本压力阀功能类似。

① 插装式溢流阀。图8-11所示的插装式溢流阀由电磁换向阀1、内嵌直动式溢流阀的控制盖板2和溢流阀插装件3组成，其原理和功能与普通先导式溢流阀类似，可以控制进油口A口的压力控制阀芯的开闭。该阀出油口B接油箱，当进油口A油液压力小于调定压力

时，阀芯关闭，阀不溢流；当进油口A压力大于调定值时，阀芯开启，油液溢流，使得进口油液压力始终小于等于调定压力。此处，用作安全阀。

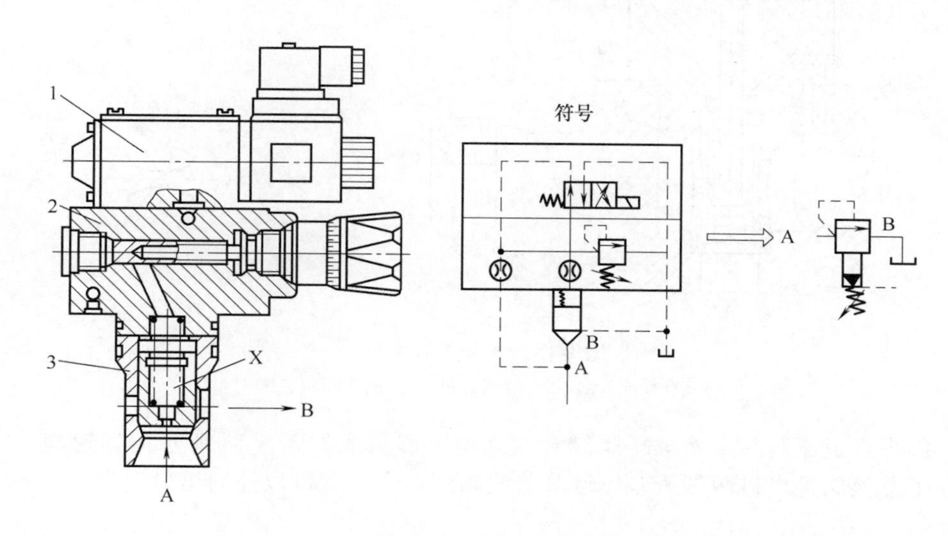

图 8-11 插装式溢流阀

1—电磁换向阀；2—内嵌直动式溢流阀的控制盖板；3—溢流阀插装件

② 插装式减压阀。图8-12为插装式减压阀，其原理与功能和普通减压阀相同。当出油口压力低于先导溢流阀的调定压力时，进出油口直接相互连通，不起减压作用；当进油口达到先导阀调定压力时，先导阀发生溢流，减压阀阀芯移动，使得减压阀出油口的压力基本保持不变。

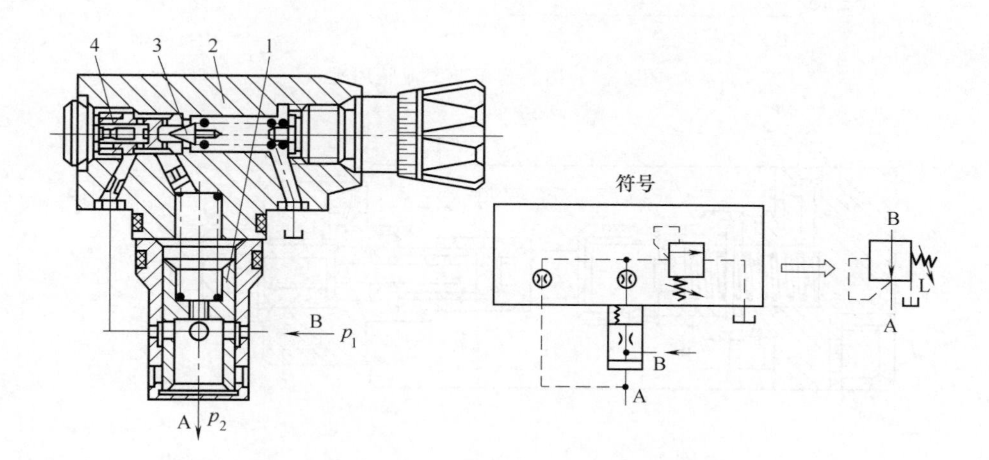

图 8-12 插装式减压阀

1—减压阀插装件；2—控制盖板；3—内嵌调压阀；4—微流量调节器

(3) 插装式节流阀

图8-13为插装式节流阀，通过控制插装件阀芯的开口大小就可以使其达到节流效果。图中行程调节器是用来限制阀芯行程的，以控制阀口开度，从而达到控制流量的目的，其阀芯上带有节流口。如果将节流阀和单向阀结合起来，就组成了如图8-14所示的插装式单向

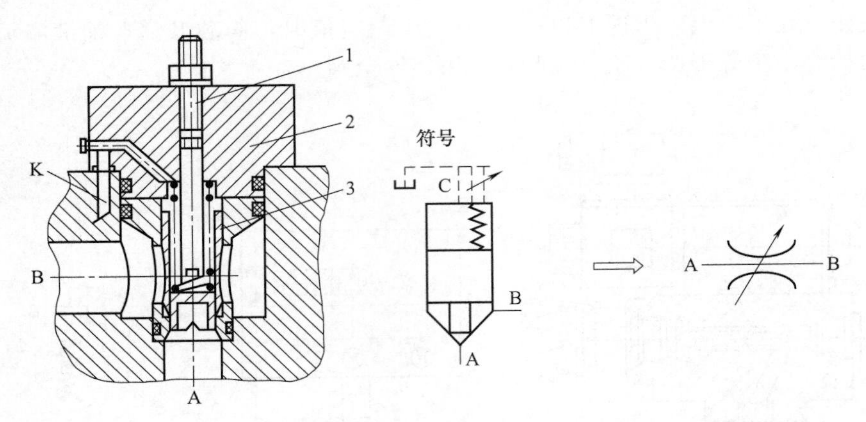

图 8-13 插装式节流阀

1—行程调节器；2—控制面板；3—流量阀插装件

节流阀；如果将节流阀和定差减压阀结合起来就能够组成如图 8-15 所示的调速阀，定差减压阀保证了节流阀进出口两端压差，调节节流阀阀口大小就可以控制出口流量。

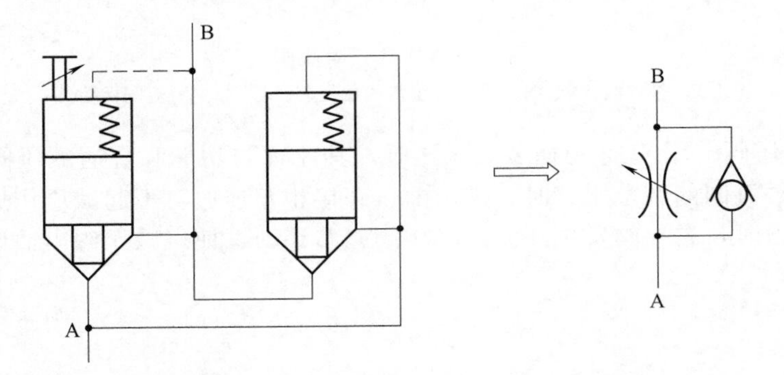

图 8-14 插装式单向节流阀原理

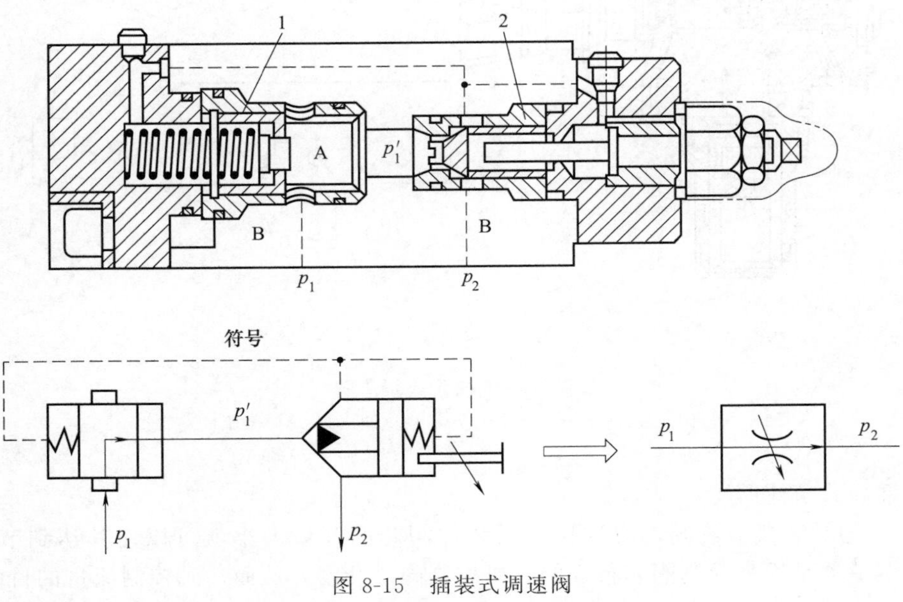

图 8-15 插装式调速阀

1—定差减压阀；2—节流阀

8.2.2.2 螺纹式插装阀

(1) 螺纹式插装溢流阀

螺纹式插装溢流阀结构原理图如图 8-16，其元件符号和普通溢流阀一样。油液压力低于调定压力时，阀芯关闭，①到②的通路截止；当进油口①达到调定压力时，克服弹簧弹力才能将阀芯抬起，进出油口①和②连通，产生溢流。通常关闭压力为开启压力的 70%～80%。

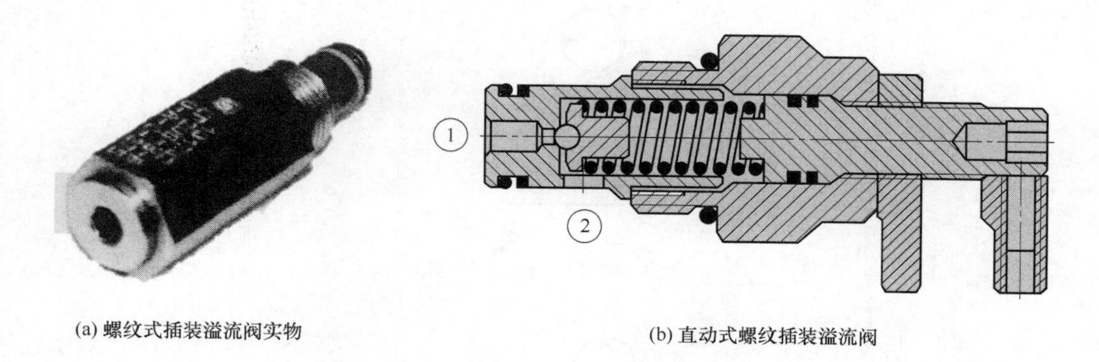

(a) 螺纹式插装溢流阀实物

(b) 直动式螺纹插装溢流阀

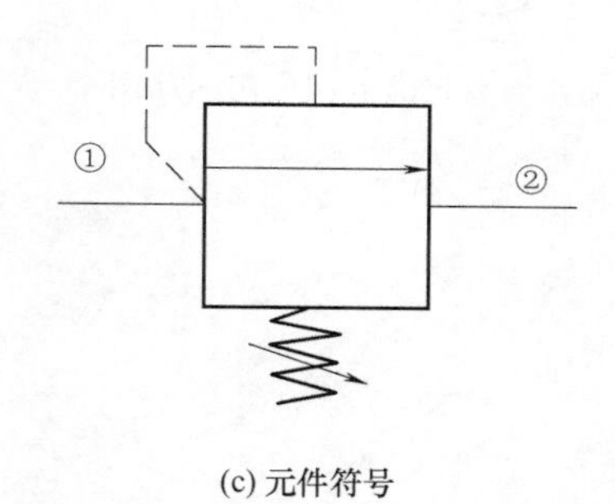

(c) 元件符号

图 8-16 螺纹式插装溢流阀

(2) 螺纹式插装液控单向阀

如图 8-17，螺纹式插装液控单向阀和普通单向阀功能原理一样，当控制油口①未通压力油时，②口油液可流向油口③，反向则截止；若要反向流动，必须向控制油口①通压力油，通过额外控制油压来开启阀芯。

(a) 螺纹式插装液控单向阀实物

① ②

③

(b) 图形符号

图 8-17 螺纹式插装液控单向阀

8.2.3 插装阀的应用

在液压系统中，连接不同的控制盖板或者不同的先导控制阀，就可组成各种功能的流量插装阀，因此它灵活多变，可满足不同需求，且阻力小、流通能力大、响应快、结构简单、工作可靠，广泛应用于大功率、冶金、航空航天等领域。如图 8-18 所示，在液压回路中应用插装式溢流阀，用于调定压力或者作安全阀进行保护，这是任何液压系统都必不可少的。

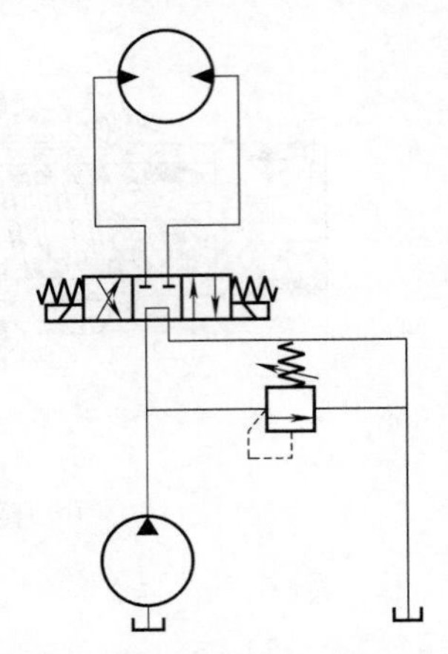

图 8-18 插装式溢流阀应用回路图

第9章 电液伺服阀

9.1 电液伺服阀的概述

电液伺服技术的诞生是液压控制技术和液压控制系统发展的结果。电液伺服阀是电液伺服控制系统中的重要控制元件，它是一种通过改变输入信号，连续地、成比例地控制流量、压力的液压控制阀，在系统中起着电液转换和功率放大作用。作为机械电子、液压传动相结合的高度精密控制部件，电液伺服阀连接电气系统与液压系统，将电气与液压信号进行转换和放大，精确控制执行元件的运动，不但具有控制精度高、响应速度快、信号处理灵活等特点，而且结构紧凑，可大功率输出能量，具有良好的动、静态性能。目前电液伺服阀被广泛应用于航空航天、轨道交通、机械加工和国防工业领域。为获得高的功率放大倍数和良好的控制性能，电液伺服阀常采用多级放大。常用作多级放大伺服阀前置级的控制阀有滑阀、喷嘴挡板阀和射流阀。

液压控制技术的历史最早可追溯到公元前240年，当时一位古埃及人发明了人类历史上第一个液压伺服系统——水钟。然而在随后漫长的历史进程中，液压控制技术一直裹足不前，直到18世纪末19世纪初，才有一些重大进展。在第二次世界大战前夕，随着工业发展的需要，液压控制技术出现了突飞猛进的发展，许多早期的控制阀原理及专利均是这一时代的产物。如：Askania调节器公司及Askania-Werke发明及申请了射流管阀原理的专利；Foxboro发明了喷嘴挡板阀原理的专利。而德国Siemens公司发明了一种具有永磁马达及接收机械和电信号两种输入的双输入阀，并开创性地应用于航空领域。

在第二次世界大战末期，电液伺服阀是用螺线管直接驱动阀芯运动的单级开环控制阀。然而随着控制理论的成熟及军事应用的需要，电液伺服阀的研制和发展取得了巨大成就。1946年，英国Tinsiey获得了两级阀的专利；Raytheon和Bell航空发明了带反馈的两级阀；

MIT用力矩马达替代了螺线管使马达消耗的功率更小而线性度更好。1950年，W. C. Moog第一个发明了单喷嘴两级电液伺服阀。1953～1955年，T. H. Carson发明了机械反馈式两级电液伺服阀；W. C. Moog发明了双喷嘴两级电液伺服阀；Wolpin发明了干式力矩马达，消除了原来浸在油液内的力矩马达由油液污染带来的可靠性问题。1957年，R. Atchley利用Askania射流管原理研制了两级射流管电液伺服阀，并于1959年研制了三级电反馈电液伺服阀。20世纪60年代，电液伺服阀设计更多地显示出了现代伺服阀的特点。如：两级间形成了闭环反馈控制；力矩马达更轻，移动距离更小；前置级对功率级的压差通常可达到50%以上；前置级无摩擦并且与工作油液相互独立；前置级的机械对称结构减小了温度、压力变化对零位的影响。20世纪70年代以后，Moog公司按工业使用的需要，把某些伺服阀转换成工业场合的比例阀标准接口。Bosch公司研制出了其标志性的射流管先导级及电反馈的平板型伺服阀。Moog公司推出了低成本、大流量的三级电反馈伺服阀。Vickers公司研制出了压力补偿的KG型比例阀。Rexroth、Bosch及其他公司研制了用两个线圈分别控制阀芯两方向运动的比例阀等。

近年来，随着液压技术、计算机控制技术、高功率密度的稀土永磁材料和电力电子技术的发展，出现了一种新型的电液控制系统——直驱式电液控制系统。它包括电动机、液压泵、油箱、液压阀组、执行器、传感器等元件。

9.1.1 电液伺服阀的基本特性

电液伺服阀是非常精密而又复杂的伺服元件，其性能对整个伺服系统的性能影响很大，因此，对其特性及性能指标的要求十分严格。

9.1.1.1 静态特性

电液伺服阀的静态性能，可根据测试得到的负载流量特性、空载流量特性、压力特性、内泄漏特性、零漂等曲线和性能指标进行评定。

（1）负载流量特性（压力-流量特性）

负载流量特性曲线完全描述了伺服阀的静态特性。但要测得这组曲线却相当麻烦，特别是在零位附近，很难测出其精确值，而伺服阀却正好在此处工作。因此，这些曲线主要还是用来确定伺服阀的类型和估计伺服阀的规格，以便与所要求的负载流量和负载压力相匹配。如图9-1所示为压力-流量特性曲线。

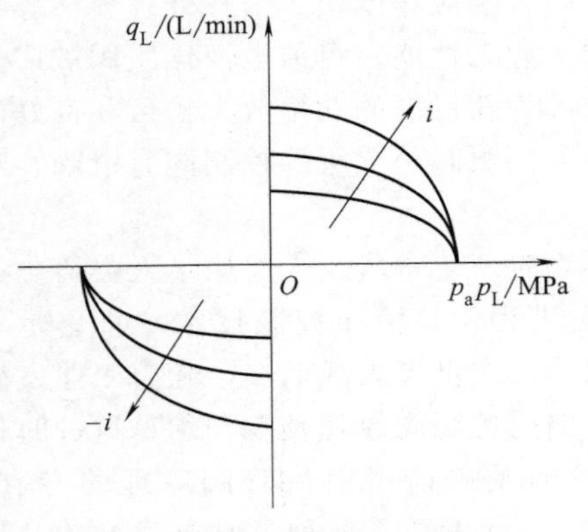

图9-1 压力-流量特性曲线

电液伺服阀的规格也可由额定电流I_n、额定压力p_n、额定流量q_n表示。

额定电流I_n为产生额定流量对线圈任一极性所规定的输入电流（不包括零偏电流），单位为A。规定额定电流时，必须规定线圈的连接形式。连接形式通常为单线圈连接、并联连接或差动连接。当串联连接时，其额定电流为上述额定电流的一半。

额定压力p_n为额定工作条件时的供油压力（额定供油压力），单位为Pa。

额定流量q_n为在规定的阀压降下，对应于额定电流的负载流量，单位为m^3/s。通常在空载条件规定伺服阀的额定流量。此时阀压降等于额定供油压力，也可在负载压降等于三分之二供油压力的条件下规定额定流量，这样规定的额定流量对应阀的最大功率输出点。

（2）空载流量特性

空载流量特性曲线是输出流量与输入电流呈回环状的函数曲线。它是在给定的伺服阀压降和负载压降为零的条件下，使输入电流在正、负额定电流值之间以对阀的动态特性不产生影响的循环速度做一完整循环描绘出来的连续曲线。

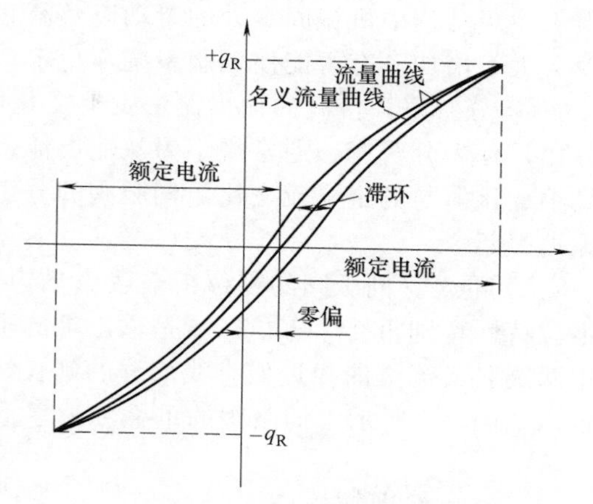

图 9-2　空载流量特性曲线

流量曲线中点的轨迹称名义流量曲线，是零滞环流量曲线。阀的滞环通常很小，可把流量曲线的任一侧当作名义流量曲线使用。流量曲线上某点或某段的斜率就是阀在该点或该段的流量增益。图 9-2 为空载流量特性曲线。

从名义流量曲线的零流量点向两极各作一条与名义流量曲线偏差最小的直线，就是名义流量增益线。两极的名义流量增益线斜率的平均值就是名义流量增益，单位为 $m^3/(s \cdot A)$。

伺服阀的额定流量与额定电流之比称为额定流量增益。

如图 9-3 所示的流量曲线不仅给出阀的极性、额定空载流量、名义流量增益，且从中还可得到阀的线性度、对称度、滞环、分辨率，并揭示阀的零区特性。

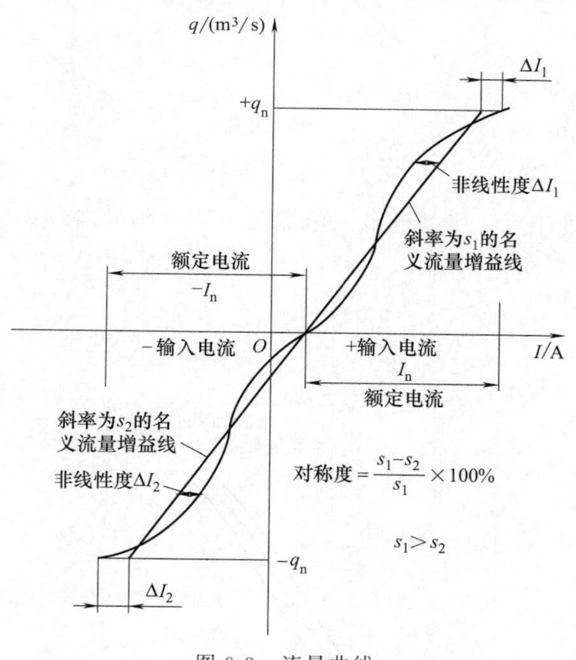

图 9-3　流量曲线

① 线性度。流量伺服阀名义流量曲线的直线性。以名义流量曲线与名义流量增益线的最大偏差电流值与额定电流的百分比表示，如图 9-3 所示，通常小于 7.5%。

② 对称度。阀的两个极值的名义流量增益的一致程度。用两者之差对较大者的百分比表示，如图 9-3 所示，通常小于 10%。

③ 滞环。在流量曲线中，产生相同输出流量的往返输入电流的最大差值与额定电流的百分比，如图 9-3 所示，伺服阀的滞环一般小于 5%。

滞环产生的原因，一方面是力矩马达磁路的磁滞，另一方面是伺服阀中的游隙。磁滞回环的宽度随输入信号的大小而变化，当输入的信号减小时，磁滞回环的宽度将减小。游隙是由于力矩马达中机械固定处的滑动以及阀芯与阀套间的摩擦力产生的。如果油是脏的，则游隙会大大增加，有可能使伺服系统不稳定。

④ 分辨率。使阀的输出流量发生变化所需要的输入电流的最小变化值与额定电流的百分比，称为分辨率。通常规定为从输出流量的增加状态回复到输出流量减小状态所需之电流最小变化值与额定电流之比。伺服阀的分辨率一般小于 1%。分辨率主要由伺服阀中的静摩擦力引起。

⑤ 重叠。伺服阀的零位指空载流量为零的几何零位。伺服阀常工作在零位附近，因此零位特性特别重要。零位区域是输出级的重叠对流量增益起主要影响的区域。伺服阀的重叠用两级名义流量曲线近似直线部分的延长线与零流量线相交的总间隔与额定电流的百分比表示，如图 9-4 所示。伺服阀的重叠分为零重叠、正重叠、负重叠。

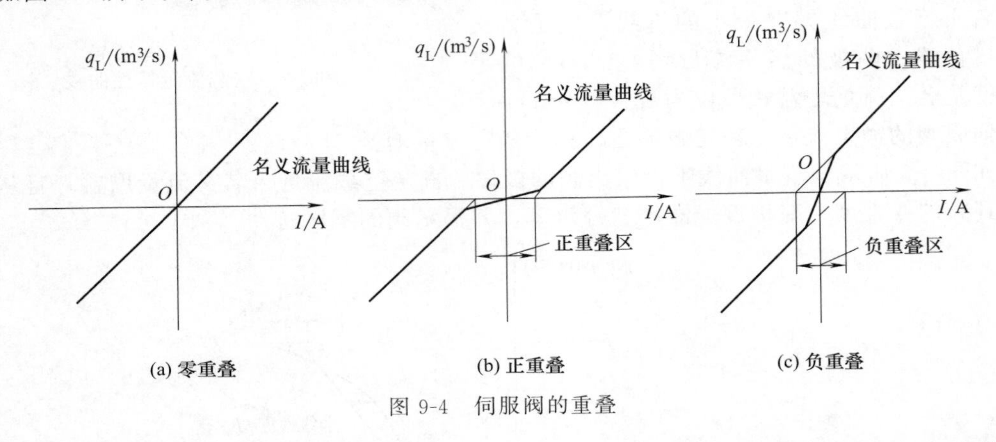

图 9-4 伺服阀的重叠

⑥ 零偏。为使阀处于零位所需的输入电流值（不计阀的滞环影响）与额定电流的百分比，如图 9-5 所示，通常小于 3%。

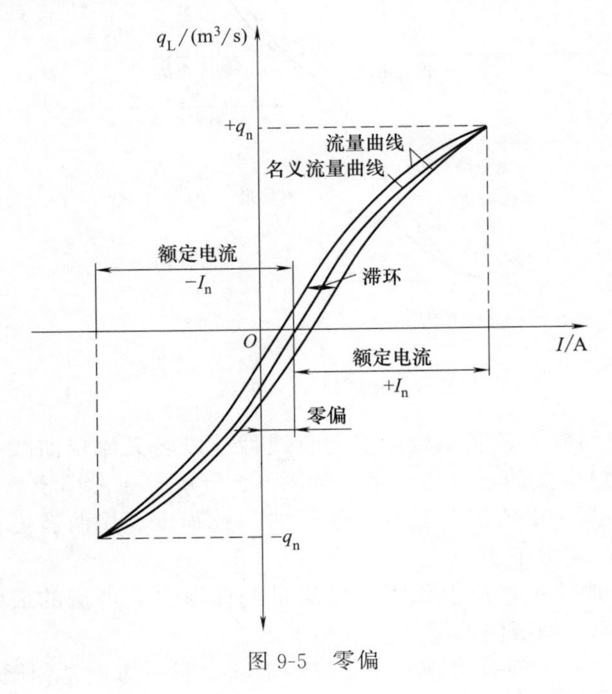

图 9-5 零偏

(3) 压力特性

压力特性曲线是输出流量为零（两个负载油口关闭）时，负载压降与输入电流呈回环状的函数曲线，如图 9-6 所示。负载压力对输入电流的变化就是压力增益，单位为 Pa/A。规定用±40％额定压力区域内的负载压力对输入电流关系曲线的平均斜率，或用该区域内 1％额定电流时的最大负载压力来确定压力增益。压力增益指标为输入 1％的额定电流时，负载压降应超过 30％的额定工作压力。

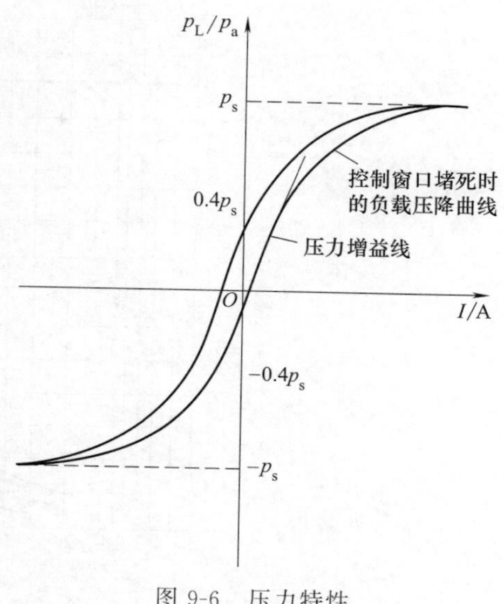

图 9-6 压力特性

(4) 内泄漏特性

内泄漏流量是负载流量为零时，从回油口流出的总流量，单位 m^3/s，它随输入电流而变化。当阀处于零位时，内泄漏流量（零位内泄漏流量）最大。对两级伺服阀而言，内泄漏流量由前置级的泄漏流量 q_{p0} 和功率级泄漏流量 q_1 组成。功率滑阀的零位内泄漏流量 q_c 与供油压力 p_s 之比，可作为滑阀的流量-压力系数。零位内泄漏流量对新阀可作为滑阀制造质量的指标，对旧阀可反映滑阀的磨损情况。图 9-7 所示为内泄漏特性曲线。

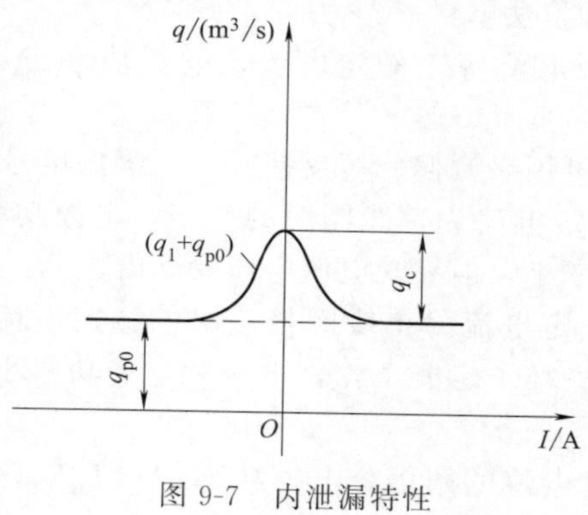

图 9-7 内泄漏特性

(5) 零漂

零漂用工作条件或环境变化所导致的零偏变化对额定电流的百分比表示。通常规定有供油压力零漂、回油压力零漂、温度零漂、零值电流零漂等。

① 供油压力零漂。供油压力在 70％～100％额定供油压力的范围内变化时，零漂小于 2％。

② 回油压力零漂。回油压力在 0～20％额定供油压力的范围内变化时，零漂小于 2％。

③ 温度零漂。工作温度每变化 400℃时，零漂小于 2％。

④ 零值电流零漂。零值电流在 0～100％额定电流范围内变化时，零漂小于 2％。

9.1.1.2 动态特性

电液伺服阀的动态特性可用频率响应或瞬态响应表示，一般用频率响应表示。电液伺服阀的频率响应是输入电流在某一频率范围内做等幅变频正弦变化时，空载流量与输入电流的复数比，频率响应特性曲线如图 9-8 所示。

伺服阀的频率响应随供油压力、输入电流幅值、油温和其他工作条件而变化。通常在标准试验条件下进行试验，推荐输入电流的峰值为额定电流的一半（±25％额定电流），基准（初始）频率通常为 5Hz 或 10Hz。

伺服阀的频带宽通常以幅值比为－3dB（即输出流量为基准频率时输出流量的 70.7％）时所对应的频率作为幅频宽，以相位滞后 90°时所对应的频率作为相频宽。

频宽是伺服阀响应速度的度量。频宽应根据系统实际需要确定，频宽过低会限制系统的响应速度，过高会使高频干扰传到负载上去。

伺服阀的幅值比一般不允许大于＋2dB。

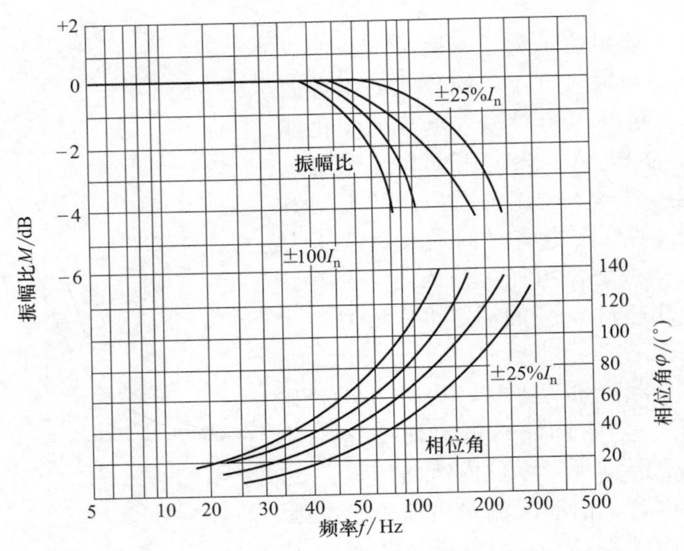

图 9-8 伺服阀的频率响应特性

9.1.1.3 输入特性

（1）线圈接法

伺服阀有两个线圈，可根据需要采用下列任何一种接法。

① 单线圈接法。输入电阻等于单线圈电阻，线圈电流等于额定电流，电控功率 $P=I_n^2R_c$。单线圈接法可以减小电感的影响。

② 双线圈单独接法。一只线圈接输入，另一线圈可用来调偏、接反馈或引入颤振信号。

③ 串联接法 输入电阻为单线圈电阻的两倍，额定电流为单线圈时的一半，电控功率为 $P=I_n^2R_c/2$。串联连接的特点是额定电流和电控功率小，但易受电源电压变动的影响。

④ 并联接法。输入电阻为单线圈电阻的一半，额定电流为单线圈接法时的额定电流，电控功率为 $P=I_n^2R_c/2$。其特点是工作可靠，一只线圈坏了也能工作，电流和电控功率小，但易受电源电压变动的影响。

⑤ 差动接法。差动电流等于额定电流，等于信号电流的两倍，电控功率 $P=I_n^2R_c/2$。其特点是不易受电子放大器和电源电压变动的影响。

（2）颤振

为了提高伺服阀的分辨能力，可以在伺服阀的信号上叠加一个高频低振幅的电信号。颤振使伺服阀处在一个高频低幅值的运动状态之中，这可以减小或消除伺服阀中由于干摩擦所产生的游隙，同时还可以防止阀的堵塞。但颤振不能减小力矩马达磁路所产生的磁滞影响。

颤振的频率和幅值对其所起的作用都有影响。颤振频率应大大超过预计的信号频率，而不应与伺服阀或执行元件与负载的谐振频率相重合。因为这类谐振的激励可能引起疲劳破坏或者使所含元件饱和。颤振幅值应足够大以使峰间值刚好填满游隙宽度，这相当于主阀芯运动约为 2.5μm。颤振幅度又不能过大，以免通过伺服阀传到负载。颤振信号的波形采用正弦波、三角波、方波，无论采用何种形式的波形，其效果都是相同的。

9.1.2 电液伺服阀的组成和分类

9.1.2.1 电液伺服阀的组成

电液伺服阀的类型和结构形式很多，但都是由电气-机械转换器和液压放大器两部分组成，如图 9-9 所示。电气-机械转换器将小功率的电信号转变为阀的运动，然后通过阀的运动控制液压流体的流量和压力。电气-机械转换器的输出力或力矩很小，在流量比较大的情况下，无法用它直接驱动功率阀，此时需要增加一个液压前置放大器，将电气-机械转换器的输出功率放大，再进行对阀的控制，这就构成了多级电液伺服阀。前置级可以采用滑阀、喷嘴挡板阀或射流管阀。

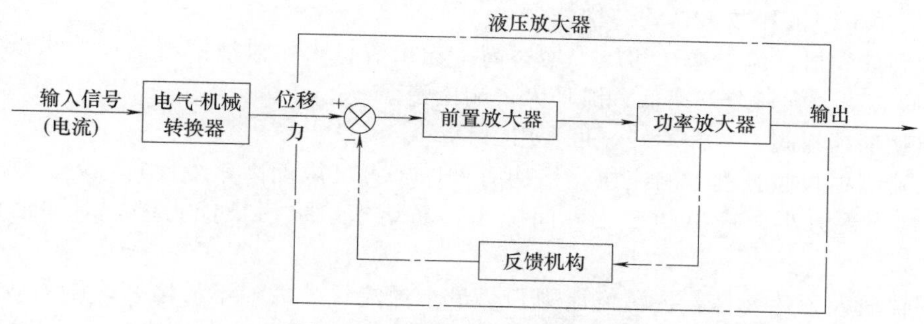

图 9-9　电液伺服阀的基本组成

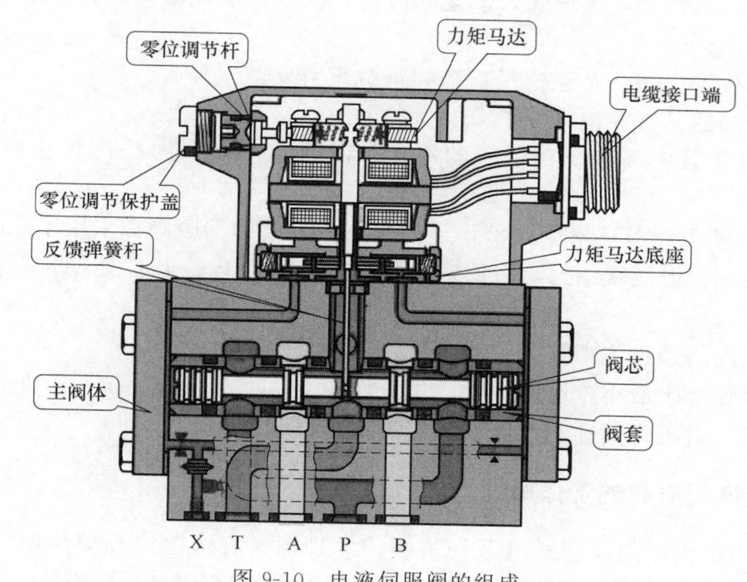

图 9-10　电液伺服阀的组成

与普通的电磁阀或电磁比例阀相比，电液伺服阀的输入信号功率极小，能够对输出流量和压力进行连续的双向控制，具有极高的响应速度和很高的控制精度。所以可以用它来构成高精度的闭环控制系统。

电液伺服阀的组成（如图 9-10 所示）：

① 电-力转换部分：通常为力马达或力矩马达；

② 力-位移转换部分：通常为扭簧、弹簧管或弹簧；

③ 液压放大器：通常前置级为滑阀式液压放大器、射流管式液压放大器或喷嘴挡板式液压放大器，而功率放大器均为滑阀式液压放大器。

9.1.2.2　电液伺服阀的分类

（1）按液压放大级数分

可分为单级伺服阀、两级伺服阀和三级伺服阀，其中两级伺服阀应用较广。

① 单级伺服阀：输出力矩或力较小，定位刚度低，输出流量有限，对负载动态变化敏感，易产生不稳定状态，适用于低压小流量场合。

② 两级伺服阀：应用最广。

③ 两级伺服阀作前置级、第三级为功率级滑阀：功率级滑阀位移通过电气形成闭环控制，实现滑阀阀芯的定位，适用于大流量场合。

(2) 按第一级液压放大器的结构分

① 滑阀放大器：流量增益和压力增益高，输出流量大，对油液清洁度要求低。结构工艺复杂，阀芯受力大，分辨率低，滞环大，响应慢。

② 单喷嘴挡板阀：特性不好，很少用。

③ 双喷嘴挡板阀：动态响应快，结构对称，压力灵敏度高，线性特性好，温度和压力零漂小，挡板受力小，输出功率小。间隙小，易堵塞，抗污染能力差，对油液清洁度要求高。

④ 射流管及射流元件：抗污染能力强，最小通流尺寸大，不易堵塞，压力效率和容积效率高，可产生较大的控制压力和流量，提高功率级滑阀的驱动力，使功率级滑阀的抗污染能力增强。特性不易预测，惯性大，动态响应慢，受油温变化影响大，低温特性差。

(3) 按反馈形式分

可分为滑阀位置反馈、负载流量反馈和负载压力反馈三种。

(4) 按力矩马达是否浸泡在油中分

① 湿式：可使力矩马达受到油液的冷却，但油液中存在的铁污物会使力矩马达特性变坏。

② 干式：可使力矩马达不受油液污染的影响，目前的伺服阀都采用干式的。

双喷嘴挡板阀、射流管阀都是力反馈型伺服阀，线性度好，性能稳定，抗干扰能力强，零漂小。

双喷嘴挡板阀的挡板与喷嘴间隙小，易被污物卡住。

射流管阀喷嘴处于最小流通面积处，过流面积大，不易堵塞，抗污染性好。射流管阀具有失效对中能力。射流管阀动态性能稍低于喷嘴挡板阀。

9.1.3 电液伺服阀的工作原理

如图 9-11 所示为压力反馈式电液伺服阀的原理图。它由电磁和液压两部分组成，电磁部分是力矩马达，作为电气-机械转换器，力矩马达由永久磁铁 1、导磁体 2、4，衔铁 3，线圈 5 和弹簧管 6 组成；液压部分是结构对称的二级液压放大器，第一级前置放大器是双喷嘴挡板阀，它由两个固定节流孔 11、两个喷嘴 8 和一个挡板 7 组成。第二级功率放大器是四通滑阀，滑阀通过反馈弹簧杆 9 和挡板 7 组件相连。

力矩马达把输入的电流信号转化为挡板的转角输出。当输入信号电流为零时力矩马达无力矩输出，挡板处于两喷嘴中间位置，此时两喷嘴的控制腔压力相等，滑阀阀芯也处于平衡状态。当有信号电流输入时，挡板偏移一定的角度使喷嘴口的挡板产生一定的位移。如果喷嘴挡板的左间隙变小，则左喷嘴腔内压力增大，右腔压力降低，滑阀阀芯右移。反馈弹簧杆下端是球头，在阀芯向右移动的同时球头给反馈弹簧杆一个逆时针的转矩，与力矩马达产生的顺时针转矩相平衡。当反馈弹簧杆上的力矩达到平衡时，滑阀停止移动，其阀口保持在这一开度上，输出相应的流量。当输入信号电流大小和极性改变时，电液伺服阀输出流量的大小和方向也随之改变，就可以实现电液伺服阀的功能要求。

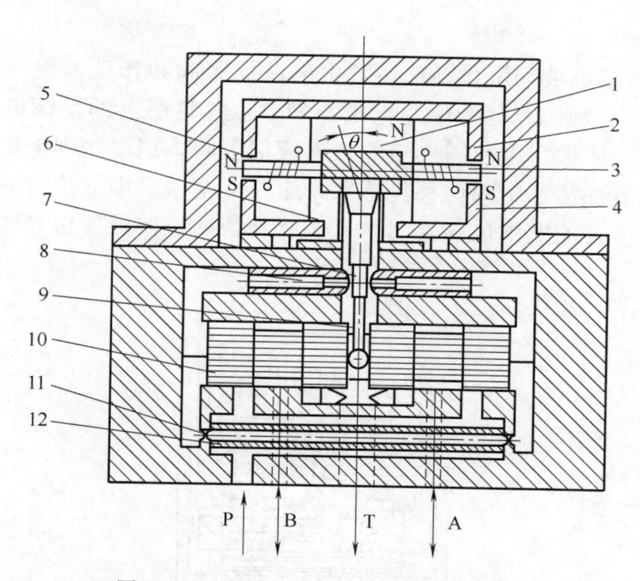

图 9-11 压力反馈式电液伺服阀原理图

1—永久磁铁；2,4—导磁体；3—衔铁；5—线圈；6—弹簧管；7—挡板；8—喷嘴；9—反馈弹簧杆；10—阀芯；11—固定节流孔；12—过滤器

9.2 电液伺服阀的应用

(1) 机液伺服系统

图 9-12 所示为机液伺服助力机构工作原理。这种助力机构的结构特点是配有两套主、副滑阀和两个传动活塞，分别由两个独立的液压系统同时供压，其承载能力大大提高，并且进一步提高了助力机构的使用可靠性。

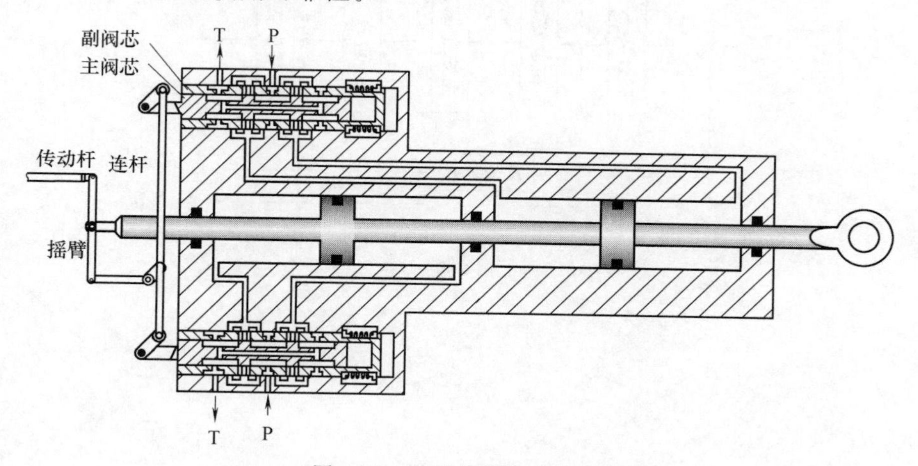

图 9-12 机液伺服助力机构

当传动杆向左移动时，通过摇臂和连杆带动两个主阀芯右移打开油路，传动活塞在液压压力作用下向左输出位移。当传动杆连续向左移动时，传动活塞将随着操纵杆连续左移。停止移动传动杆时，由于滑阀阀芯还处于打开油路位置，因此传动活塞将继续左移，并通过摇臂和连杆，使两个主阀芯返回中立位置，关闭油路，传动活塞停止移动。

(2) 电液伺服系统

图 9-13 (a) 表示某电液伺服作动筒，它由电液伺服阀和作动筒组成，其工作原理可用图 9-13 (b) 表示。来自敏感元件的控制电压与来自位移传感器的反馈电压进行比较后，其偏差电压输入放大器，放大后以控制电流输入电液伺服阀，伺服阀则输出负载流量，通过作动筒而输出位移。安装在活塞中的位移传感器产生与活塞偏离中立位置的位移量成正比的反馈信号，反馈作用使活塞的输出位移量与来自敏感元件的控制电压信号同步。

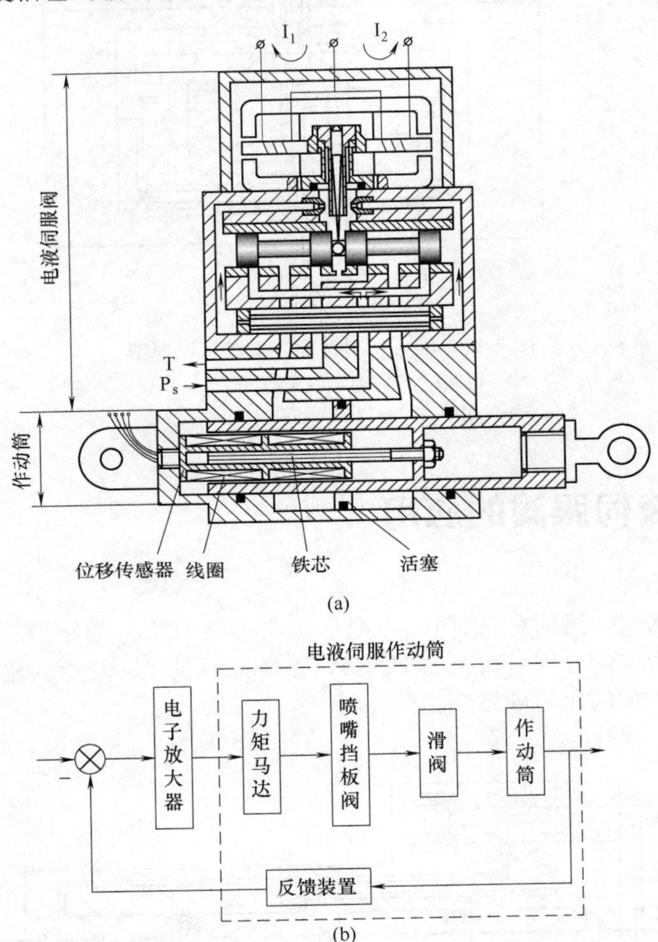

图 9-13 电液伺服作动筒

第10章 电液比例阀

10.1 电液比例阀的概述

普通液压阀属开关式定值控制阀。由它们组成的系统属传统的开关阀液压系统，大多采用机械式手动可调节手柄和普通的通断电磁铁、压力继电器、行程开关来实现对液体压力、流量和方向的控制。运动部件的加速或减速过程一般是通过机械凸轮曲线来实现。

电液比例阀能按输入的电信号连续地、按比例地控制液压系统的压力、流量和方向。

比例阀控制系统实质上是一种模拟式开关控制系统，使用各种比例阀和相配套的电子放大器，根据给定的模拟电信号，按比例地对液体的压力、流量和方向进行有效的连续的控制。

根据一个输入电压值的大小，通过电子放大器，将输入电压信号（一般 0～±10V 之间）转换成相应的电流信号，如 1mV→1mA。这个电流信号作为输入量被送入电磁铁，从而产生和输入信号成比例的输出量——力或位移。该力或位移又作为输入量加给比例阀，使比例阀产生一个与输入量成正比的流量或压力。

10.1.1 电液比例压力阀

电液比例压力阀用来实现压力控制，压力的升降随时可以通过电信号加以改变。

工作系统的压力可根据生产过程的需要，通过电信号的设定值来加以变化，这种控制方式常称为负载适应控制。

根据在液压系统中的作用不同，可分为比例溢流阀、比例减压阀和比例顺序阀。根据控制的功率大小不同，可分为直动式和先导式两种，根据是否带位置检测反馈，可分为带位置检测比例压力阀和不带位置检测比例压力阀两种。

(1) 直动式比例溢流阀

直动式比例溢流阀与传统的开关型压力阀相比，只是用比例电磁铁取代了手动调压手柄，由输入电信号调控阀的输出压力，而且输出压力与输入电信号成正比。

直动式比例溢流阀使用方便，重复精度高，滞环小，响应速度快。但由于受到电磁推力的限制，其输出流量不能太大。因此，直动式比例溢流阀主要作先导控制级使用。与开关型压力控制阀的先导阀不同的是，弹簧在整个工作过程中，不是用来调压而是用来传递推力，故称为传力弹簧。传力弹簧由于没有预压缩量，因此无弹簧力作用在锥阀上。

如图 10-1 所示为直动式比例溢流阀。比例电磁铁 1 接收电信号以后，产生推力经推杆 2 和弹簧 3 作用在阀芯 4 上。它是依靠阀芯上的液压作用力与弹簧作用力相平衡的原理而工作的，当阀芯上的液压作用力大于弹簧作用力时，锥阀开启而溢流。若按比例连续地改变输入电流大小，就可按比例连续地调控阀的开启压力，获得所需的压力调定值。

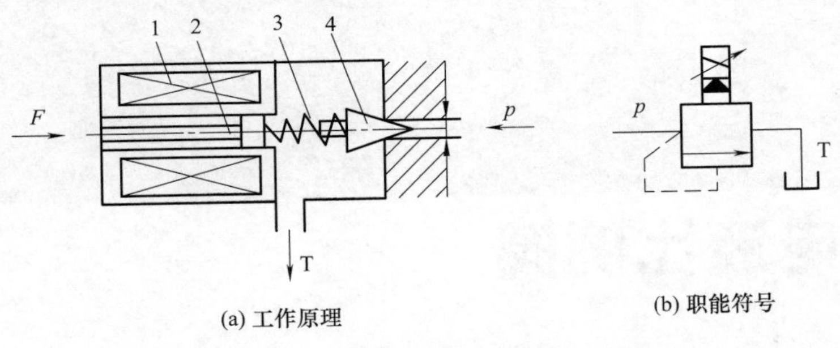

(a) 工作原理　　(b) 职能符号

图 10-1　直动式比例溢流阀

1—比例电磁铁；2—推杆；3—弹簧；4—阀芯

传力弹簧由于没有预压缩量，因此无弹簧力作用在锥阀上，故作用在先导阀芯上的力平衡方程式为

$$p=\frac{F_D \pm F_f}{\frac{\pi}{4}d^2-C_d C_v \pi d x \sin 2\theta} \tag{10-1}$$

$$F_D=KI$$

式中　F_D——比例电磁铁产生的电磁力；

K——比例系数；

I——输入励磁线圈电流；

F_f——运动摩擦力，当电磁力 F_D 由小到大时，F_f 取“－”号，F_D 由大到小时，取“＋”号。一般情况下 $F_f=0.15G$（G 为铁芯重量）；

d——锥阀座直径；

p——先导阀开启压力；

C_d——锥阀流量系数，一般取 $C_d=0.77$；

C_v——锥阀速度系数；

x——锥阀开启高度；

θ——锥阀半锥角。

$$p=\frac{KI \pm F_f}{\frac{\pi}{4}d^2-C_d C_v \pi d x \sin 2\theta} \tag{10-2}$$

从上式可以看出，当忽略运动摩擦力和稳态液动力时，锥阀的开启压力 p 与输入电流 I

成正比，因此连续地按比例控制输入电流 I 的大小，便可连续地按比例调控先导阀的开启压力 p。

由于比例电磁铁有磁滞和摩擦力 F_f 的存在，因此当电流增加和减小时，电流 I 与压力 p 的关系曲线不能重合，为了减少滞环，除在设计时应尽量减小磁滞和摩擦力外，在使用时，常在电控器中叠加一个频率为 100Hz 的颤振信号到直流电源。

(2) 先导式比例溢流阀

先导式比例溢流阀主要由比例电磁铁、先导阀、主阀和限压阀组成。

图 10-2 所示为先导式比例溢流阀及其图形符号。其下部为与一常规溢流阀相同的二节同心主阀，上部则为比例先导压力阀。图中比例电磁铁的衔铁 4 上的电磁力通过顶杆 6 直接作用于先导锥阀 2，从而使先导锥阀的开启压力与线圈 7 中的电流成比例。将比例先导压力阀和下部的主阀组合在一起，就成为一个比例溢流阀。该阀还附有一个手动调整的先导阀 9，用以限制比例压力阀的最高压力。如将比例先导压力阀的回油和主阀回油分开，则图示比例溢流阀可作比例顺序阀使用。又如将主阀改为减压阀，则可做成比例减压阀。可见比例先导压力阀是各种比例压力阀的通用部件。

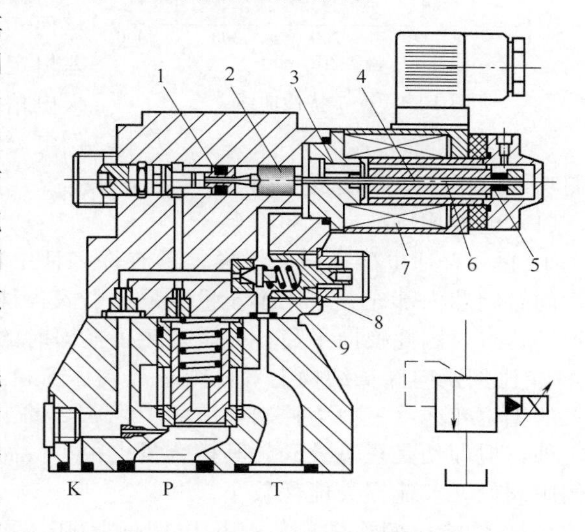

图 10-2 先导式比例溢流阀

1—阀座；2—先导锥阀；3—极靴；4—衔铁；5，8—弹簧；6—顶杆；7—线圈；9—先导阀

(3) 静态特性曲线

阀的静态特性是指在稳定工作状态下，比例阀各静态参数之间的相互关系。如输入电流与输出压力之间的关系曲线，称为 I-p 特性曲线，输入压力与输出流量之间的关系，称为 p-q 特性曲线等。

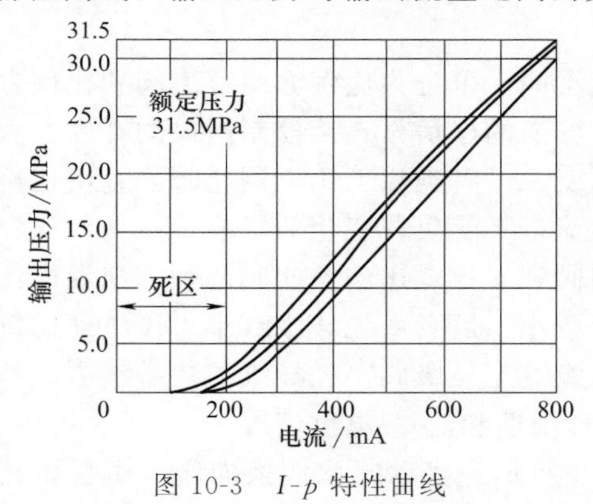

图 10-3 I-p 特性曲线

图 10-3 所示为 I-p 特性曲线。从图 10-3 可以看出，输出压力随输入电流成比例变化。从理论上分析，特性曲线应该是完全线性的。但由于摩擦力、磁滞及机械死区的影响，曲线存在一定的非线性度，非线性度越小，比例阀的静态特性越好。比例阀的非线性度一般小于 10%。I-p 曲线有 25%的死区，这是由于非线性因素引起的。

图 10-4 所示为 p-q 特性曲线。从图 10-4 可以看出，p-q 特性曲线在额定压力工作范围内，接近于一条水平线，这是因为先导式比例溢流阀通过主阀口泄油，主阀开口大小能自动调整，以适应溢流流量的要求。但随着溢流流量的继续增大，使主阀口开度变化不能与之相适应时，压力就会随流量明显升高。因此，p-q 曲线在 q 值太大部分有明显上翘，出现较大的调压偏差。

10.1.2 电液比例换向阀

电液比例换向阀是在传统的电磁换向阀的基础上发展起来的，用比例电磁铁取代了电磁

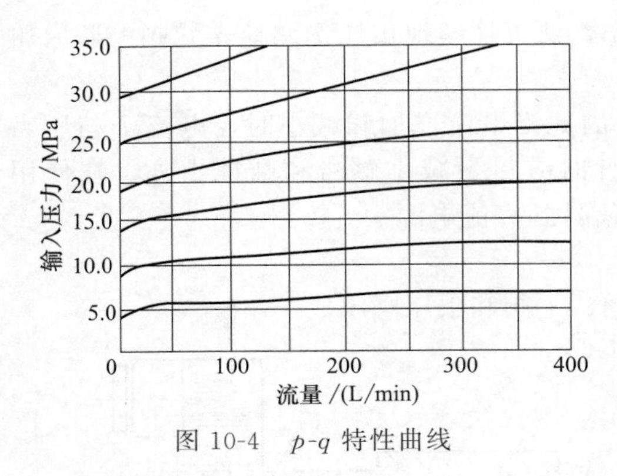

图 10-4　p-q 特性曲线

换向阀的普通开关电磁铁。因此比例换向阀的开口不只是有开和关两种状态，其开口大小与比例电磁铁的输入信号成正比，也就同时对系统液流的方向和流量进行控制。所以比例换向阀实质上是一种兼有流量控制和方向控制功能的复合阀。

电液比例换向阀按输入信号的极性和幅值大小，同时对液压系统液流方向和流量进行控制，从而实现对执行器运动方向和速度的控制。在压差恒定条件下，通过电液比例换向阀的流量与输入电信号的幅值成正比例，而流动方向取决于比例电磁铁是否受激励。具有方向控制功能和流量控制功能的两参数控制复合阀。

(1) 电液比例换向阀的特点

① 它和普通电磁换向阀一样，具有许多种中位滑阀机能，可以适应各种液压回路的要求，同时阀芯内部充分采用了流量阻尼及引入各种内部反馈控制，以及具有输入电信号大小可控等特点，因此换向平稳，完全避免了换向时的液压冲击。

② 比例换向阀从结构上看，阀芯与阀体窗口之间有较大的搭合量，为正重叠阀，存在较大的零位死区（一般为控制电流的10%～20%）。伺服阀虽然已有正重叠、零重叠和负重叠三种，但即使是正重叠阀，其搭合量也很小，而且大多数为零重叠阀。比例阀的阀口压降比伺服阀低，节流损失能耗较小。

③ 高性能比例换向阀，又称比例伺服阀，采用了零重叠结构，所以在滞环、线性度、重复精度等方面的性能已经接近伺服阀的水平，但在动态响应性能方面与高性能的伺服阀之间还存在差距。现代电液比例换向阀不仅能用于开环控制系统，也能用于闭环控制系统。

④ 比例换向阀的阀芯与阀体之间的配合间隙约 3～5μm，而伺服阀的配合间隙约为 0.5μm。因此，比例换向阀抗污染能力强，制造成本相对较低，维护也比较容易，这是比例换向阀的突出优点。

(2) 电液比例换向阀的分类

电液比例换向阀的类型，根据对输出流量的功能不同，可分为比例方向节流阀和比例方向流量阀两种。前者类似于比例节流阀，比例电磁铁输入的电信号直接控制阀口的开度，因此输出流量与阀口前后压差有关，输出流量随负载而变。后者类似于比例调速阀，它由比例换向阀和具有压力补偿功能的定差减压阀组成，输出流量不受负载变化的影响。

根据控制功率大小不同，可分为直动式比例换向阀和先导式比例换向阀两种。前者由比例电磁铁推杆直接推动换向阀阀芯，因此控制的流量较小。后者由先导级（小直径三通比例减压阀或其他压力阀）来控制功率放大级，可构成二级甚至三级阀。先导级与功率级之间的耦合方式有多种形式，例如流量-压力反馈，流量-位移反馈和流量-电反馈等。

① 直动式比例换向阀——不带位置反馈。图 10-5 所示为直动式比例换向阀，主要由比例电磁铁、阀体、阀芯和复位弹簧等组成。结构与普通电磁换向阀十分相似，只是用比例电磁铁取代了普通电磁铁。当比例电磁铁 1 接收到输入电信号时，比例电磁铁推杆直接推动阀芯右移，油口 P 与油口 B 通，油口 A 与油口 T 通，实现了换向。阀芯的位移量（开口度）与输入电信号大小成比例变化，输出流量也就与输入电信号大小成比例变化，实现了对液流方向和流量的同时控制。这类阀起控制作用的一侧有较大的重叠量，存在较大的中位死区。由于受到摩擦力和液动力的影响，阀芯的定位精度不高，只适用于 NG6、NG10 以下通径的

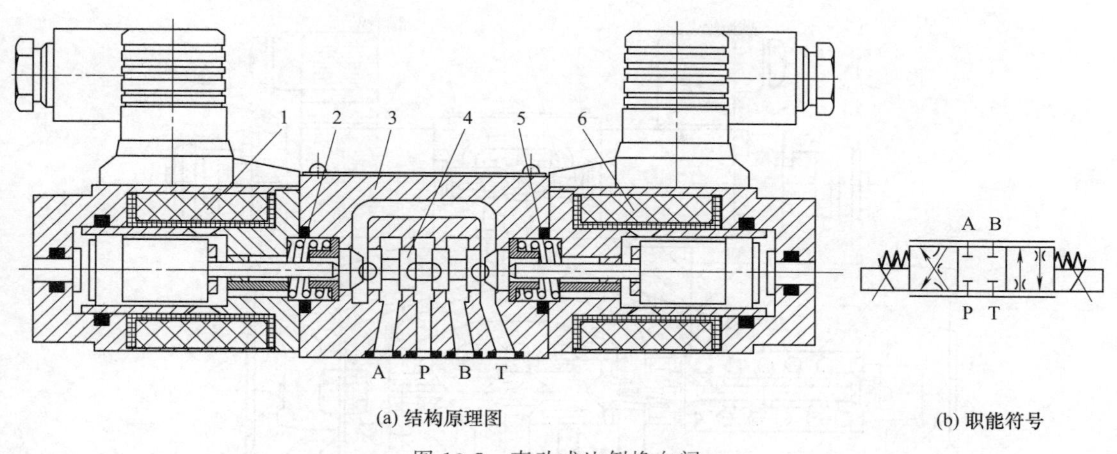

(a) 结构原理图 (b) 职能符号

图 10-5 直动式比例换向阀

1，6—比例电磁铁；2，5—复位弹簧；3—阀体；4—阀芯

换向阀。

② 直动式比例换向阀——带位置反馈。图 10-6 所示为带位置反馈直动式比例换向阀。它增加了位移传感器 7 来检测阀芯的实际位移。当比例电磁铁接收到输入电信号时，阀芯移动一个相应的距离，阀芯的移动由位移传感器检测，把检测到的阀芯实际位移量转变成电信号反馈到比例放大器，与输入信号比较后得出偏差控制信号，去纠正实际输出值与给定值之间的误差。由于阀内部构成了位置电反馈闭环回路，也就可以抑制由摩擦力、液动力等外干扰带来的影响，使阀的控制精度得到很大提高。

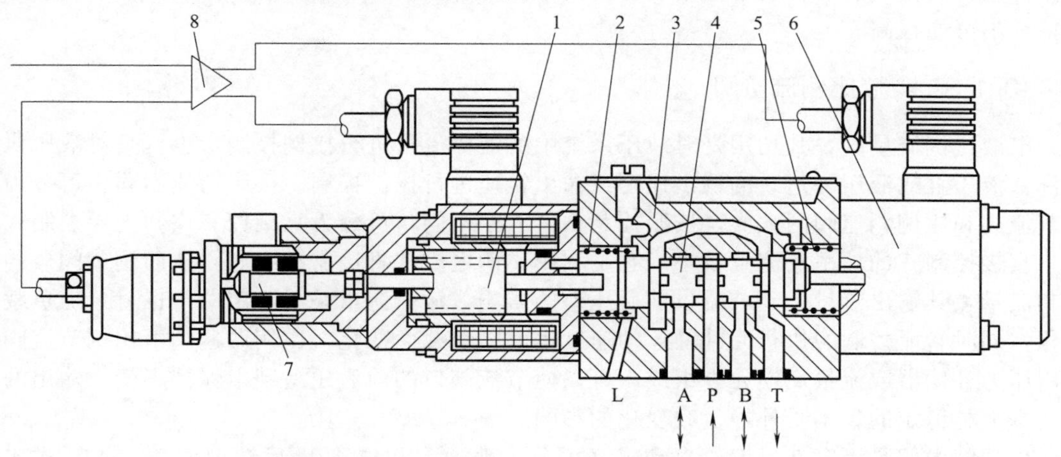

图 10-6 带位置反馈直动式比例换向阀

1，6—比例电磁铁；2，5—对中弹簧；3—阀体；4—阀芯；7—位移传感器；8—比例放大器

③ 先导式比例换向阀——不带位置反馈。图 10-7 所示为先导式比例换向阀。

先导阀采用一个双电磁铁控制的小通径比例减压阀，主阀采用单弹簧对中式滑阀。P 口接油源，A、B 口分别接执行元件两腔，T 口接通油箱，X 口为外控制油口，Y 口为回油口。当无电信号输入时，先导阀芯在两端对中弹簧作用下处于中间位置，所有阀口均关闭。当比例电磁铁 1 通电时，先导阀芯右移，先导控制压力油从 X 口经先导阀开口进入主阀芯右腔，压缩主阀对中弹簧使主阀芯左移，主阀口 P 与 A 及 B 与 T 油路接通。主阀芯左腔回油经先导阀芯流到先导回油口 Y。若忽略摩擦力、液动力等干扰力的影响，先导比例减压阀

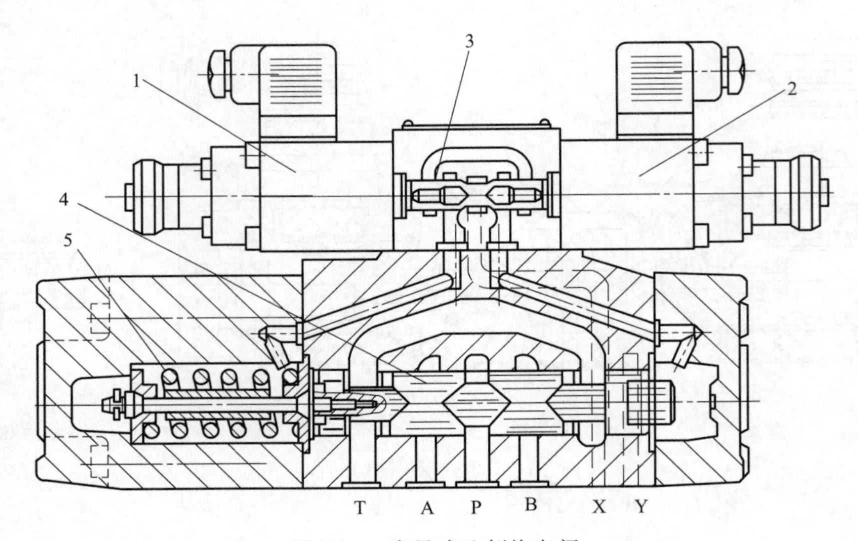

图 10-7 先导式比例换向阀

1，2—比例电磁铁；3—先导减压阀芯；4—主阀阀芯；5—对中弹簧

输出的控制油压力与输入电信号成正比，主阀芯的移动受控于两端油压作用力的大小，所以主阀芯的开口量与输入先导阀的电信号成正比，主阀的输出流量也就是可控的、连续的、按比例变化的。这种阀的特点是主阀芯采用单弹簧对中方式，弹簧有压缩量，当先导阀无电信号输入时，主阀芯对中，单弹簧对中简化了阀的结构，使制造和装配无特殊要求，调整方便。但这种阀主阀芯的移动位置精度会受到摩擦力、液动力等干扰力的影响，输出流量的控制精度不可能很高。

10.1.3 电液比例流量阀

电液比例流量阀，其功用是对液压系统中的液体流量进行比例控制，也就是对液压执行元件（液压缸或液压马达）的输出速度或输出转速进行比例控制。按照功能不同，可分为比例节流阀和比例调速阀两大类。按照控制功率大小不同，可分为直接控制式和先导控制式两种。直接控制式的功率及流量较小，它是利用比例电磁铁直接驱动阀芯，从而调节阀口的开度和流量，其输出流量受到节流口前后压差的影响，输出流量是不稳定的，也就是随负载而变化，同时它所控制的执行元件的运动速度也就随负载而变化。比例调速阀由比例节流阀与通用压力补偿器或流量反馈元件组成。可以使节流阀口的前后压差基本保持不变，输出的流量基本上是恒定的，不受外界负载变化的影响。

根据阀内部是否含有反馈，直动式又可分为普通型和位移-电反馈型两类。先导式比例流量阀是利用小功率的阀作为先导级，对大功率的主阀进行控制。根据反馈形式不同，先导式比例节流阀有位移-力反馈和位移-电反馈等类型，先导式比例调速阀有流量-位移-电反馈和流量-电反馈等类型，还有一种流量-位移-力反馈型。

（1）直动式电液比例节流阀

如图 10-8 所示为直动式电液比例节流阀。通过比例电磁铁的推杆 2 直接推动节流阀阀芯 4 移动。改变节流口开度的大小，从而改变通过节流口的流量。阀口开度大小与比例电磁铁输入的电压信号成正比，也就控制了输出流量与输入电信号大小成比例变化。直动式电液比例节流阀结构简单，但由于没有压力补偿器，输出流量受到外界负载变化的影响，流量控制精度较低。同时，推动阀芯的力与摩擦力和液动力有关，仅适用于小流量和要求不高的低

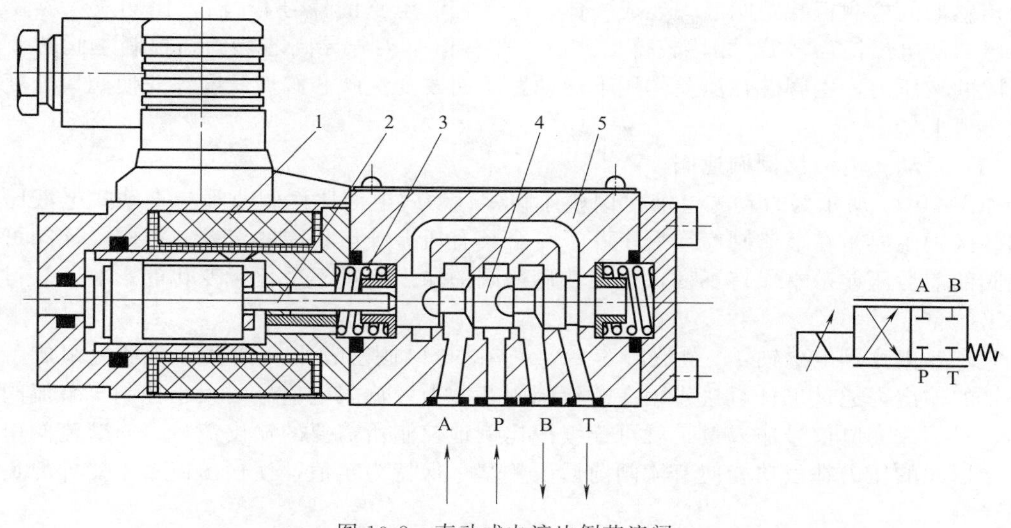

图 10-8 直动式电液比例节流阀

1—比例电磁铁；2—推杆；3—弹簧；4—阀芯；5—阀体

压系统。

（2）位移-力反馈型先导式比例节流阀

如图 10-9 所示为位移-力反馈型先导式比例节流阀，它主要由比例电磁铁、滑阀式先导阀芯、插装式主阀、反馈弹簧和复位弹簧等组成。主阀芯和先导阀芯之间的力传递关系是由反馈弹簧和阀芯位移共同实现的，故称为位移-力反馈型先导式比例节流阀。当未输入电信号时，在反馈弹簧的作用下，先导阀口关闭，主阀上下腔的作用压力 p_A，p_X 相等，但由于阀芯上端面积大及复位弹簧力的作用，使主阀关闭。当输入电信号时，比例电磁铁产生相应的推力，推动先导滑阀克服弹簧力向下移动，打开可变节流口 R_2。液压油从 A 口经固定节流口 R_1、可变节流口 R_2 流往 B 口时，产生压降，使主阀芯上腔压力 p_X 降低。主阀芯在压差 p_A-p_X 的作用下克服弹簧力上移，主阀节流口开启。同时，主阀芯的位移经反馈弹簧化为反馈力作用在先导阀芯上，先导阀芯上移，当反馈力与电磁推力相等时，达到一个新的平衡状态。

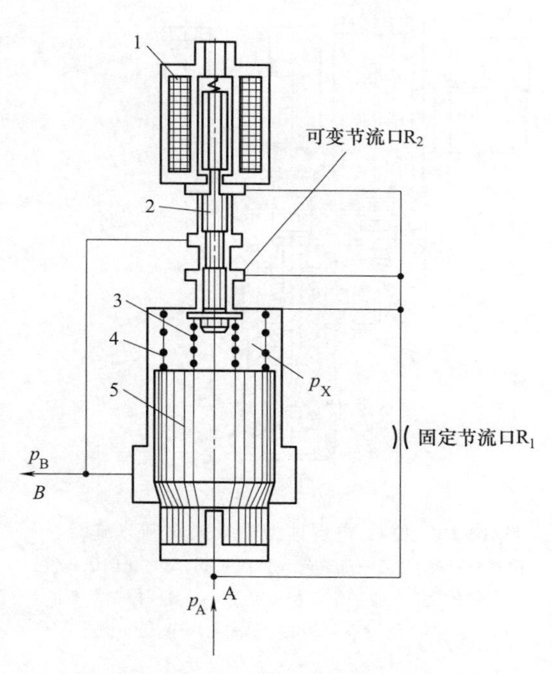

图 10-9 位移-力反馈型先导式比例节流阀

1—比例电磁铁；2—先导阀芯；3—反馈弹簧；4—复位弹簧；5—主阀芯

（3）位移-电反馈型先导式比例节流阀

如图 10-10 所示为位移-电反馈型先导式比例节流阀。它主要由三通先导比例减压阀 2、插装式主阀及位移检测传感器 5 三部分组成。先导阀插装在主阀的控制盖板 6 上。A 为进油口；B 为出油口；X 为先导油口，与 A 口相连；Y 为外泄漏油口，应直接连通油箱。位移检测传感器的检测杆与主阀芯固连成一体。外部控制电路的信号 U_i 输入比例放大器 4 与位移传感器的电反馈信号 U_f 相比较得出差值，此差值驱动先导阀芯移动，控制主阀芯 8 上部弹簧腔的液压力，主阀芯在压差作用下运动，从而改变主阀芯阀口开度，并使阀口开度保持在规定值上。

（4）直动式电液比例调速阀

如图 10-11 所示为直动式电液比例调速阀。直动式电液比例调速阀与直动式电液比例节流阀的区别主要是在节流阀前或后串联了一个具有压差补偿功能的定差减压阀。该阀可以使节流阀的前后压差基本保持不变，也就使调速阀的输出流量不受负载变化的影响，获得稳定的输出流量。

它主要由比例电磁铁 1、节流阀芯 2、定差减压阀阀芯、平衡弹簧 4 等部分组成。比例电磁铁的输出力通过推杆直接作用在节流阀阀芯 2 上，输入电信号的大小控制了节流阀开口大小，只须改变电信号输入量，就可连续按比例地控制所需要的输出流量。与节流阀串联的定差减压阀的压力补偿功能使节流阀前后压差基本保持为定值，使输出流量不受外界负载变化的影响。

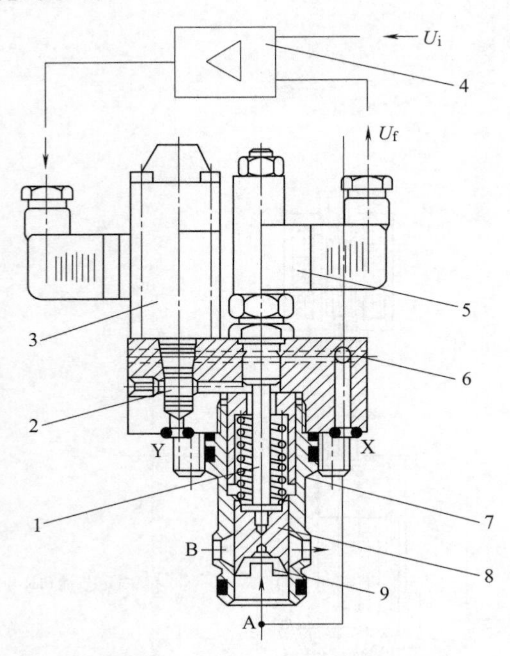

图 10-10 位移-电反馈型先导式比例节流阀

1—位移检测杆；2—三通先导比例减压阀；3—比例电磁铁；4—比例放大器；5—位移检测传感器；6—控制盖板；7—阀套；8—主阀芯；9—主阀节流口

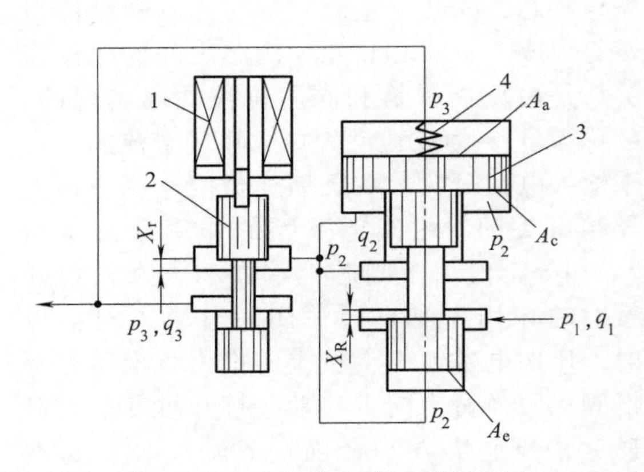

图 10-11 直动式电液比例调速阀

1—比例电磁铁；2—节流阀阀芯；3—定差减压阀阀芯；4—平衡弹簧

由节流阀的流量方程可得

$$q_T = C_d A_T \sqrt{\frac{2}{\rho} \Delta p_T} \tag{10-3}$$

式中 q_T——通过节流阀的流量；

A_T——节流阀的开口面积，由比例电磁铁推杆直接调节；

Δp_T——$p_2 - p_3$。

从式中可以看出，节流阀的输出流量 q_T 不仅与流量系数 C_d 及开口面积 A_T 有关，还

与 Δp_T 有关。当节流阀开口量调定后，C_d、A_T 都可看成是常数，若能保证 Δp_T 为一常数，则可以获得稳定的输出流量。定差减压阀的压力补偿作用，保证了 Δp_T 为一常数且不受负载变化的影响。

（5）先导式电液比例调速阀

如图 10-12 所示为先导式电液比例调速阀。它属于流量-位移-力反馈型比例调速阀。其主要由插装式主节流阀 1、与之串联的流量传感器 2、反馈弹簧 3、先导阀芯 4 和比例电磁铁 5 等组成。R_1、R_2、R_3 为液阻，进油口压力为 p_s，接油源，出油口压力为 p_1，与外负载连接。

当比例电磁铁接收到输入电信号时，电磁力推动先导阀芯 4 克服反馈弹簧 3 的反馈力而移动，使先导阀口开启形成可控液阻，从而使主节流阀 1 控制腔的油压力 p_2 降低，在压差 p_s-p_2 的作用下，主节流阀开启，从油源来的压力油通过主节流口后流经流量传感器至负载。机械式流量传感器检测到的流量大小与其阀芯位移量 z 成比例变化，并通过反馈弹簧转换成反馈力作用在先导阀芯上，使先导阀口有关小的趋势，当反馈力与电磁力相平衡时，先导阀、主节流阀与流量传感器的开口处于一个新的平衡状态，比例阀输出稳定的流量。而输出流量与主节流阀开口成正比，与传感器位移 z 成正比，z 又与电磁力成正比。

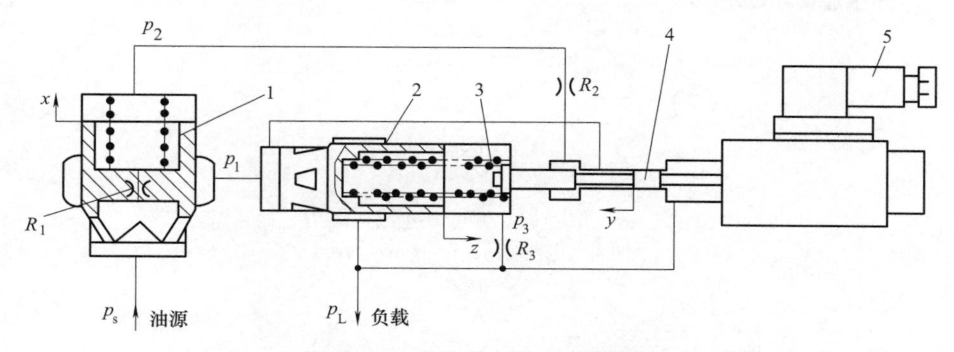

图 10-12 先导式电液比例调速阀

1—主节流阀；2—流量传感器；3—反馈弹簧；4—先导阀芯；5—比例电磁铁

先导式比例调速阀与直动式比例调速阀相比较，其流量补偿原理是不一样的：直动式比例调速阀是依靠与之串联的定差减压阀的压力补偿功能来获得稳定输出流量；而先导式比例调速阀是依靠主节流口通流面积的变化来补偿因负载而引起的流量变化，通过流量-位移-力反馈内部闭环来获得稳定输出流量。

10.2 电液比例阀的应用

电液比例控制系统是用电液比例阀组成的液压系统。用比例压力阀、比例流量阀和比例方向阀来实现对液体压力、流量和流动方向的控制。若将所使用的各种控制阀按回路单元集成在一起，就可以使结构紧凑，减少连接管道，降低压力损失和减少外泄漏，提高系统的效率。

如图 10-13 所示为铜电解种板冲铆机电液比例压力控制系统。其工艺路线如下：送料架送片入冲铆机→冲铆机压紧缸压紧种板和铜吊耳→冲孔缸冲孔→冲孔缸退，铆接缸进→铆接缸退，压紧缸退→送料架将片送出。

对液压系统各执行元件的动作要求是：因种板和铜吊耳很薄，冲孔压力要求低，为了保证压紧可靠，压紧缸压力要求较高，为了保证铆接平整，铆接缸压力要求很高。以上动作要求由系统中的比例溢流阀来实现。

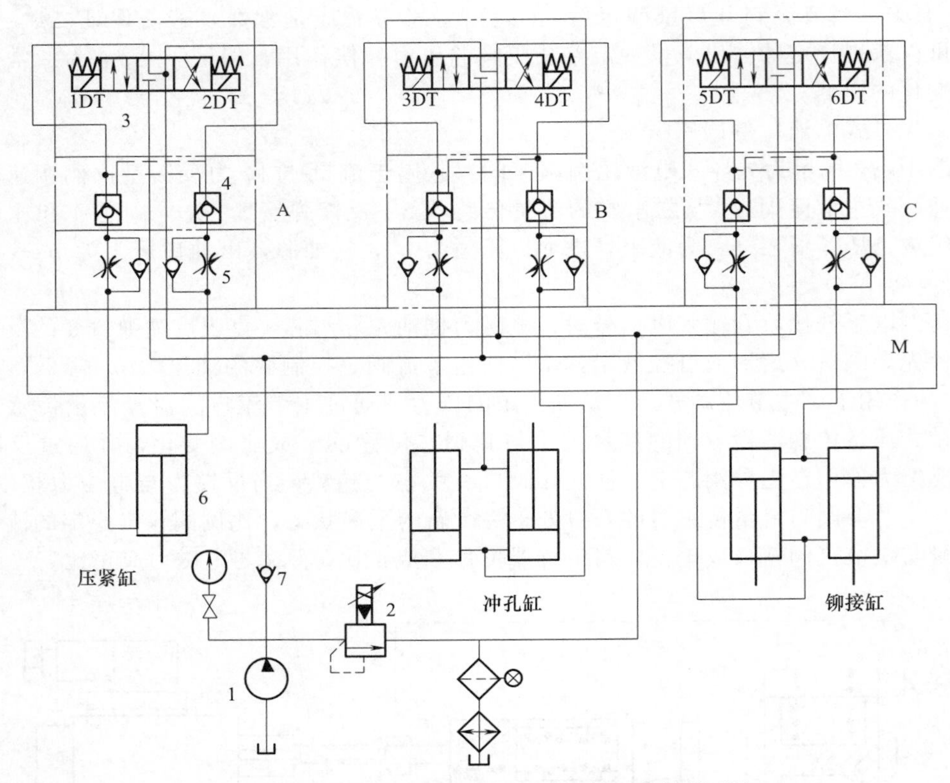

图 10-13 铜电解种板冲铆机电液比例压力控制系统

1—液压泵；2—比例溢流阀；3—三位四通电磁换向阀；4—液控单向阀；5—节流阀；6—液压缸；7—单向阀

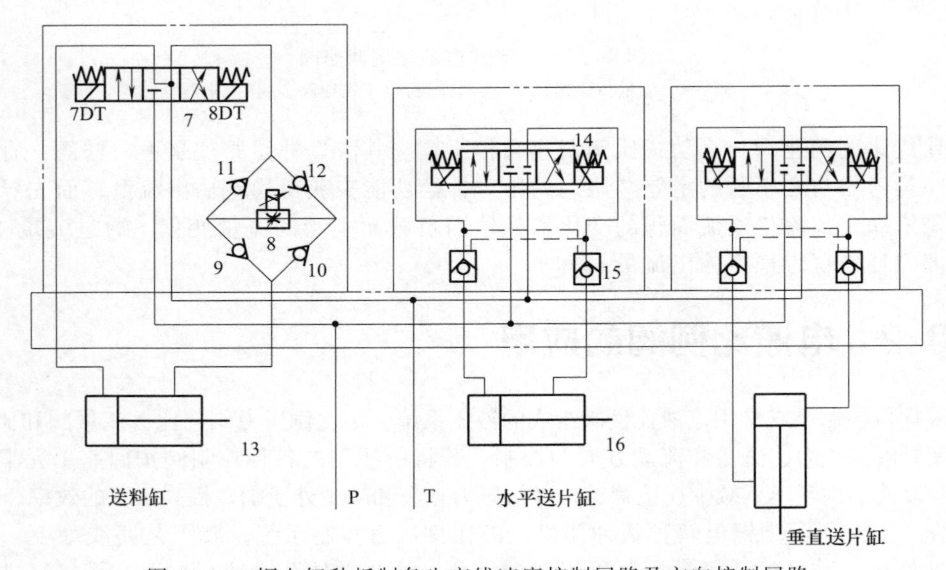

图 10-14 铜电解种板制备生产线速度控制回路及方向控制回路

如图 10-14 所示为铜电解种板制备生产线速度控制回路及方向控制回路。速度控制回路由换向阀 7、比例调速阀 8、送料缸 13 组成。其中，比例调速阀 8 与单向阀 9～12 构成一个桥式油路，可同时实现送料缸前进和退回时两个方向的速度控制。为了提高生产效率和避免送料时产生冲击，要求送料缸按慢速启动、快速运行、减速制动的不同工况工作。送料缸启动时，阀 8 的比例电磁铁接收 PLC 输入的较低的电压信号，调速阀的开口较小，送料缸慢速，平稳启动。当慢速运动完成，检测元件将信号反馈到 PLC 控制器时，PLC 立即输出较高的电压信号给比例电磁铁，送料缸快速运动。当快速运动完成时，另一个检测元件又将检测到的信号反馈到 PLC 控制器，送料缸减速运动。当碰到终点检测开关后，送料缸平稳地停留在所需的准确位置上。在图中，方向控制回路由电液比例换向阀 14、液控单向阀 15 和送片液压缸 16 组成。水平送片缸回路和垂直送片缸回路完全相同。由于比例换向阀具有换向控制和流量控制双重功能，因此回路中不需要调速阀就可以实现液压缸的换向并调节缸的运动速度。对比速度控制和方向控制两种回路，由比例换向阀构成的回路已经兼有方向控制和流量控制的功能，而回路结构简单，特别适用于大功率的液压系统。由比例调速阀和普通电磁换向阀构成的速度控制回路，结构比较复杂，适用于中小功率和速度要求微调的系统。

从上述回路中可以看出，铜电解种板制备生产线的电液比例控制系统在设计上每个回路的液压元件都采用了集成技术。在速度控制回路中，铜电解种板冲铆机由压紧缸回路、冲孔缸回路和铆接缸回路构成，每个回路均由叠加换向阀 3、叠加液控单向阀 4 和叠加单向节流阀 5 集成一体，再将 A、B、C 三组阀块集成在共同的集成块 M 上，共用相同的压力回路和回油路，使液压管路变得简单，现场配置和维修十分方便。

第 11 章 数字液压阀

11.1 数字液压阀的概念

作为液压系统中最重要的控制元件，液压阀负责实现整个系统的控制功能，是最敏感的元件，往往也是最宝贵的液压元件。数值计算仿真、动态响应分析、线性或非线性建模等技术的应用使得液压阀的设计方法与制造技术获得很大进步。数字液压阀的出现是液压阀技术发展的最典型代表，其极大地提高了控制的灵活性，直接与计算机连接，无需 D/A 转换元件，机械加工相对容易，成本低，功耗小，且对油液不敏感。

目前，对于数字液压的定义，国内外比较主流的观点有如下几种。坦佩雷理工大学的 Matti Linjiama 多年致力于数字液压元件的研究，他认为“液压或气动系统依靠一定数量离散的元件灵活地控制系统的输出。”国内学者从 20 世纪 80 年代开始研究数字液压元件和系统，一些研究人员认为，数字液压技术是将液压终端执行元件直接数字化，通过接收数字控制器发出的脉冲信号和计算机发出的脉冲信号，从而实现可靠工作，将控制还回给电，而数字化的功率放大留给液压的液压技术。根据以上的主流观点可以将数字液压阀划分为狭义的数字液压阀（坦佩雷理工大学的观点）与广义的数字液压阀。据此，液压元件具有流量离散化或控制信号离散化特征的液压元件，称为数字液压元件，具有数字液压元件特征的液压系统称为数字液压系统。

11.2 数字液压阀现状与发展

如图 11-1 所示为现有数字阀产品及分类。从现有的液压阀元件来看，狭义的数字阀特指由数字信号控制的开关阀及由开关集成的阀岛元件。广义的数字阀则包含由数字信号或者

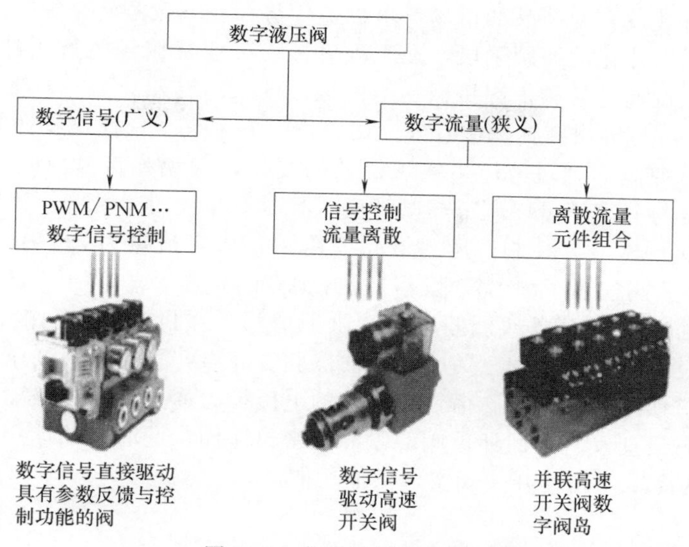

图 11-1 数字液压阀分类

数字先导控制的具有参数反馈和参数控制功能的液压阀。

从数字液压阀的发展历程可以将数字阀的研究分为两个方向：增量式数字阀与高速开关式数字阀。

（1）增量式数字阀

将步进电机与液压阀相结合，脉冲信号通过驱动器使步进电机动作，步进电机输出与脉冲数成正比的步距角，再转换成液压阀阀芯的位移。20 世纪末是增量式数字阀发展的黄金时期，以日本东京计器公司生产的数字调速阀为代表，国内外很多科研机构与工业界都相继推出了增量式数字阀产品。然而，受制于步进电机低频、失步的局限性，增量式数字阀并非目前研究的热点。

图 11-2 是上海豪高机电科技有限公司（简称豪高公司）开发的增量数字式水液压流量阀，此阀的特点是不仅适用于水介质还具有位置反馈能力，可提高阀的频响。

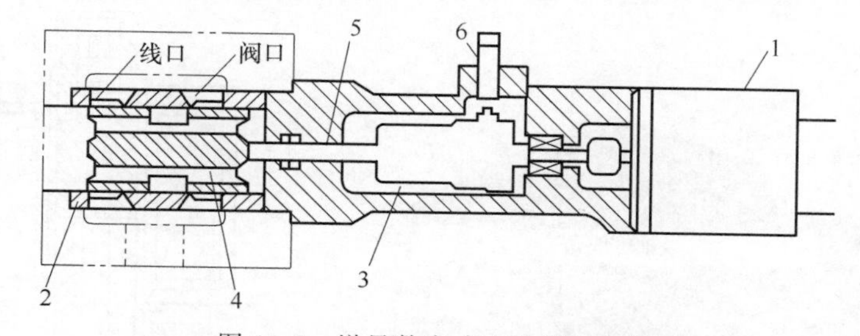

图 11-2 增量数字式水液压流量阀

1—步进电机；2—滚珠丝杠；3—节流阀阀芯；4—阀套；5—连杆；6—零位移传感器

（2）高速开关式数字阀

高速开关式数字阀一直在全开或者全闭的工作状态下，因此压力损失较小、能耗低、对油液污染不敏感。相对于传统伺服比例阀，高速开关阀能直接将 on/off 数字信号转化成流量信号，使得数字信号直接与液压系统结合。

高速开关式数字阀及其控制装置作为高科技、专业化很强的产品，为机械装备制造业提供高科技低成本的液压元件。虽然形成完整的产品结构尚需时日，但是这种高新技术具有创造高附加值的经济效益，为产品的市场竞争创造优势。在不久的将来能为各种类型的机械装备、设备提供机电一体化的控制手段，在工程机械与工业机械等各行业都将有广泛的应用。目前在汽车、水电调速、各种工程机械、纠偏机、机床、航天、军工等都有应用的范例。

美国BKM公司与贵州红林机械有限公司合作研发生产了一种螺纹插装式的高速开关阀（HSV），使用球阀结构，通过液压力实现衔铁的复位，避免弹簧复位时由于疲劳带来复位失效的影响。推杆与分离销可以调节球阀开度，且具有自动对中功能。该阀采用脉宽调制信号（占空比为20%～80%）控制，压力最高可达20MPa，流量为2～9L/min，启闭时间≤3.5ms。该高速开关阀代表了国内产业化高速开关阀的先进水平，如图11-3所示。

如图11-4所示，当电磁铁线圈断电时，供油球阀4在供油口和回油口压差的作用下紧靠在密封座面上，此时供油球阀4关闭，回油球阀2开启，控制口为低压，高速开关阀实现回油功能；当电磁铁线圈得电时，衔铁1产生的电磁推力通过顶杆和分离销3使回油球阀与供油球阀一起向右运动，直到回油球阀2紧靠其密封座面，此时回油球阀2关闭，供油球阀4开启，控制口为高压，高速开关阀实现供油功能。

图11-3 高速开关阀（HSV）

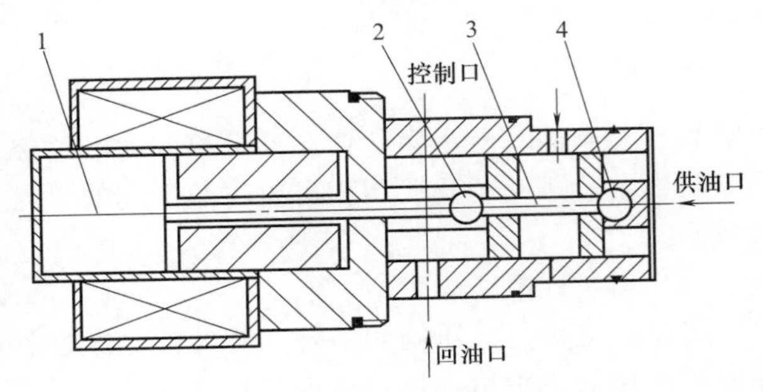

图11-4 HSV结构图

明尼苏达大学设计了一种通过PWM信号控制的高速开关转阀，如图11-5所示。该阀的阀芯表面呈螺旋形，PWM信号与阀芯的转速成比例。传统直线运动阀芯需要克服阀芯惯性，所以造成了电-机械转换器功率较大，而该阀的驱动功率与阀芯行程无关。从实验结果可知，在试验压力小于10MPa的情况下，该阀流量可以达到40L/min，频响100Hz，驱动功率30W。

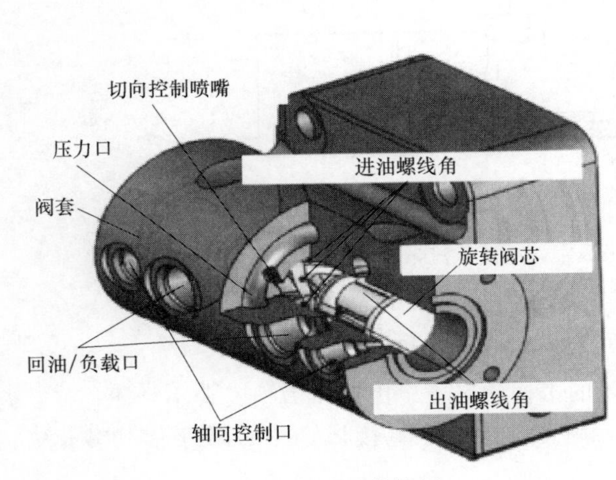

图11-5 高速开关转阀

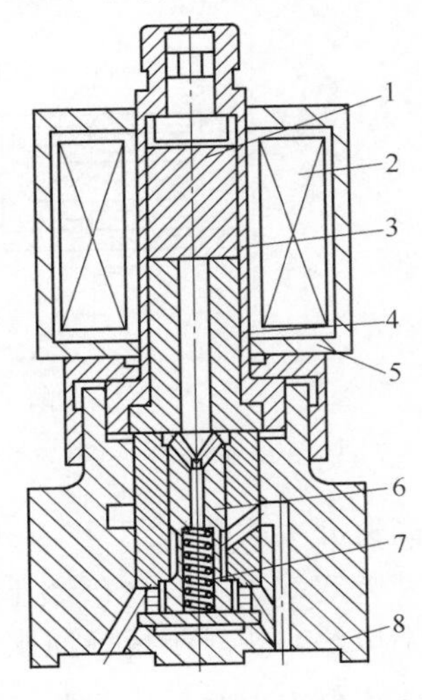

图11-6 不二越高速开关阀

1—衔铁；2—线圈；3—隔磁环；4—导磁套；5—磁轭；6—阀芯；7—弹簧；8—阀芯座

图 11-6 所示为日本不二越公司研发生产的一种高速开关阀。该阀采用螺管电磁铁，并重新设计优化了动铁式电-机械转换器的盆型极靴。当隔磁环位置低于磁极端面时，电磁力减小，电感降低，使响应速度加快。该阀为锥形阀芯结构，通过在阀芯径向开孔来补偿液动力，减小运动阻力。该高速开关阀额定工作电压为 24V，最大工作电流为 0.6A，工作行程为 0.3mm。当输入压力为 7MPa 时，流量为 8L/min，阀的开启时间和关闭时间均小于 20ms，可耐最大压力为 21MPa。

图 11-7 所示为美国卡特彼勒公司开发的一种用在中压共轨液力增压式电控燃油喷射系统（HEUI）上的高速大流量电磁阀。该阀采用脉宽调制控制方式，阀芯为高低压平衡式，可有效地消除液动力的影响，从而大大提高了阀的工作压力范围；同时阀芯采用空心结构，减小了运动质量，使动态响应速度加快，阀的开启时间和关闭时间均为 1ms 左右。但是，对阀芯与前后座的同轴度要求很高，使得阀芯行程和初始气隙调节困难，增加了加工难度，提高了阀的制造成本，限制了该阀的进一步发展和应用。

作为数字液压界领头羊的坦佩雷理工大学（TUT），数字流体控制单元（DFCU）及数字工程机械是其实验室主要研究方向之一，DFCU 主要结构如图 11-8 所示。其实就是每个阀孔中装了一个小型的高速开关阀。此阀的开启时间为 1～2ms，闭合时间为 2～4ms。这个阀的阀芯直径只有 10mm，它的耐压等级为 21MPa。

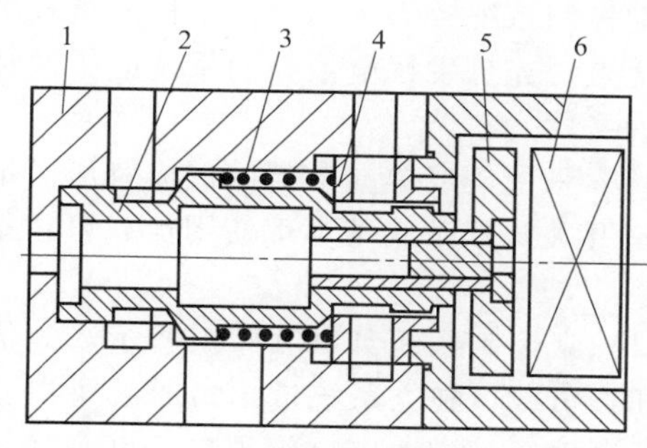

图 11-7　卡特彼勒锥阀式高速开关阀

1—阀座 A；2—阀芯；3—弹簧；4—阀座 B；5—衔铁；6—线圈

图 11-8　数字流体控制单元（DFCU）

TUT 实验室也已经用此控制单元改造了一个挖掘臂，如图 11-9 所示，共用了 4 个 DFCU，每个单元上都配置了 12 个高速开关阀。同时他们也在装载机及挖掘机上测试这个控制单元的性能。

图 11-9　DFCU 控制的机械臂

11.3 数字液压阀控制技术

阀控液压系统依靠控制阀的开口来控制液压执行元件的速度。液压阀的发展历程是从早期的手动阀到电磁换向阀，再到比例阀和伺服阀。电液比例控制技术的发展与普及，使工程系统的控制技术进入了现代控制工程的行列，构成电液比例技术的液压元件，也在此基础上有了进一步发展。传统液压阀容易受到负载或者油源压力波动的影响。针对此问题，负载敏感技术利用压力补偿器保持阀口压差近似不变，系统压力总是和最高负载压力相适应，最大限度地降低能耗。多路阀的负载敏感系统在执行机构需求流量超过泵的最大流量时不能实现多缸同时操作，抗流量饱和技术通过各联压力补偿器的压差同时变化实现各联负载工作速度保持原设定比例不变。

数字液压阀的出现，其与传感器、微处理器的紧密结合大大增加了系统的自由度，使阀控系统能够更灵活地结合多种控制方式。数字液压阀的控制、反馈信号均为电信号，因此无需额外梭阀组或者压力补偿器等液压元件，系统的压力流量参数实时反馈控制器，应用电液流量匹配控制技术，根据阀的信号控制泵的排量。电液流量匹配控制系统由流量需求命令元件、流量消耗元件执行机构、流量分配元件数字阀、流量产生元件电控变量泵和流量计算元件控制器等组成。电液流量匹配控制技术采用泵阀同步并行控制的方式，可以基本消除传统负载敏感系统控制中泵滞后阀的现象。电液流量匹配控制系统致力于结合传统机液负载敏感系统、电液负载敏感系统和正流量控制系统各自的优点，充分发挥电液控制系统的柔性和灵活性，提高系统的阻尼特性、节能性和响应操控性。

相对于传统液压阀阀芯进出口联动调节、出油口靠平衡阀或单向节流阀形成背压而带来的灵活性差、能耗高的缺点，目前国内外研究的高速开关式数字阀基本都使用负载口独立控制技术，从而实现进出油口的压力、流量分别调节。

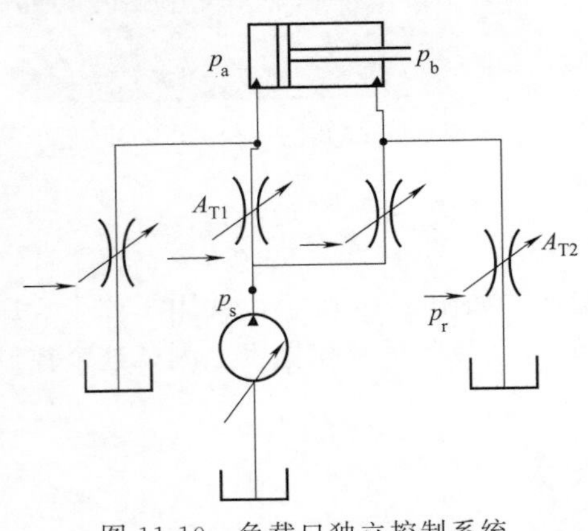

图 11-10 负载口独立控制系统

负载口独立控制系统如图 11-10 所示，其优点主要体现在：负载口独立系统进出口阀芯可以分别控制，因此可以通过增大出口阀阀口开度、降低背腔压力的方法来减少节流损失；由于控制的自由度增加，可根据负载工况实时修改控制策略，所有工作点均可达到最佳控制性能与节能效果；使用负载口独立控制液压阀可以方便替代多种阀的功能，使得液压系统中使用的阀种类减少。电液比例控制技术、电液负载敏感技术、电液流量匹配控制技术与负载口独立控制技术的研究和应用进一步提高了液压阀的控制精度和节能性。数字液压阀的发展必然会与这些阀控技术相结合以提高控制的精确性和灵活性。

11.4 可编程阀控单元

在数字流量控制技术发展成熟之前，国外一些厂家综合了数字信号控制的灵活性以及比例阀在高压大流量工业场合的成熟应用，开发出了阀内自带压力、流量检测方式，结合电液流量匹配控制技术与负载口独立控制技术，阀的功能依靠计算机编程实现的可编程阀控单元。

可编程阀控单元并不能算严格意义上的数字液压阀，但其采用数字信号直接控制。内置传感器且与数字控制器相配合使用，能够实现高压大流量的应用。通过程序，可以自主决定阀的功能，使得多种多样的功能阀和先导阀可以用同一种阀控单元的形式替代。在数字液压元件真正产业化之前，是现有工业应用升级换代和研究的重要方向。

对于可编程阀控单元的研究，目前的研究重点在于：①嵌入式传感器技术与数字信号处理技术；②控制策略开发与传统功能阀等效技术；③负载功率匹配和多执行器流量分配控制技术。

11.5 数字液压阀结构

11.5.1 数字流量阀

数字流量阀的结构原理如图 11-11 所示，其是在传统节流阀的基础上，连接步进电机控制节流阀阀芯开度大小而实现节流调速。对于节流阀和步进电机之间的连接机构而言，其主要功能是将步进电机的回转运动转换为节流阀阀芯的往复运动。而步进电机要实现精确的回转角度以控制阀芯的移动距离，则需要控制装置提供精确数量的控制脉冲以及对控制脉冲进行分配，即实现数字控制。

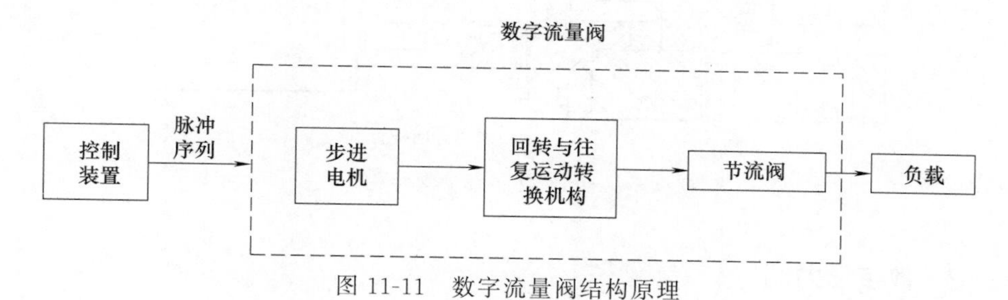

图 11-11 数字流量阀结构原理

以下是几种常见的节流口形式。

图 11-12 为针阀式节流口，其通道长，湿周大，容易堵塞，流量受油温影响较大，一般用于对性能要求不高的场合。

图 11-13 为偏心槽式节流口，其性能与针阀式节流口相同，容易制造；缺点为阀芯的径向力不平衡，旋转阀芯时较费力，一般用于压力较低、流量较大和流量稳定性要求不高的场合。

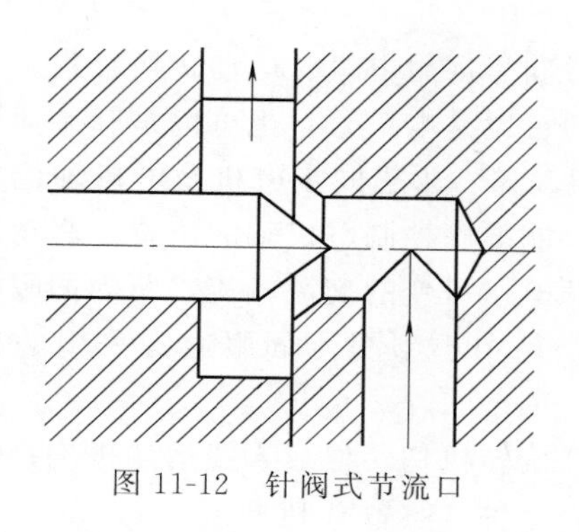

图 11-12 针阀式节流口

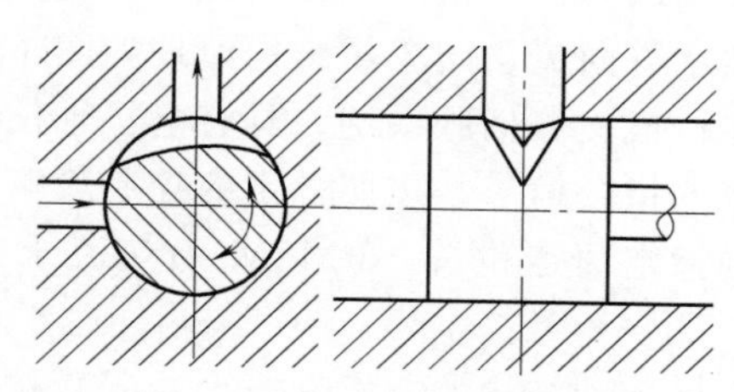

图 11-13 偏心槽式节流口

图 11-14 为三角槽式节流口，其结构简单，水力直径较大，可以得到较小的稳定流量，调节范围较大，但节流通道有一定的长度，温度变化对流量有一定的影响，目前被广泛应用。

图 11-15 为周向缝隙式节流口，沿阀芯周向开有一条宽度渐变的狭槽，转动阀芯可改变开口大小，阀口做成薄刃形，通道短，水力直径大，不易堵塞，温度变化对流量影响小，因此性能接近于薄壁小孔，适用于低压小流量场合。

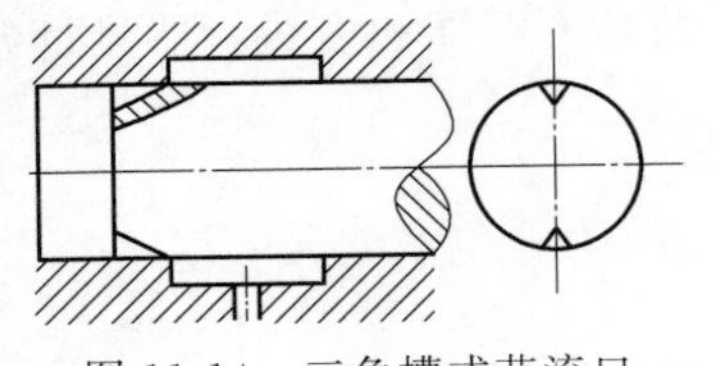

图 11-14 三角槽式节流口

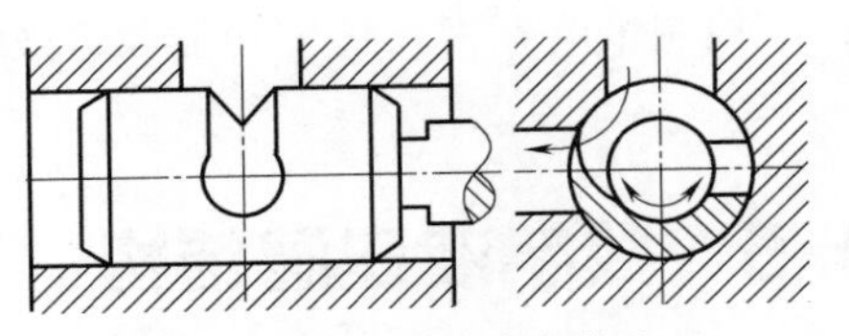

图 11-15 周向缝隙式节流口

如图 11-16 所示为数字流量阀结构。

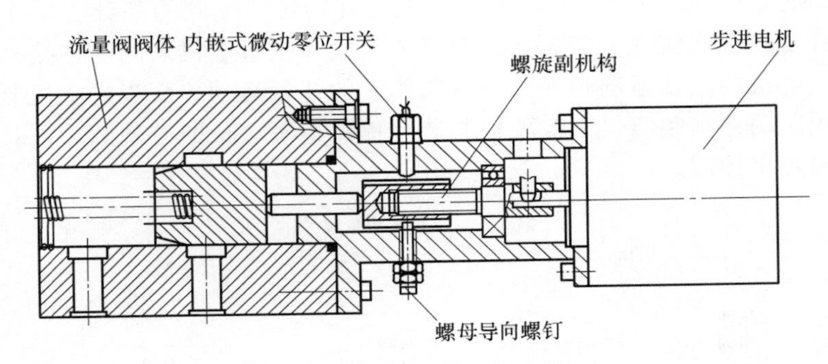

图 11-16 数字流量阀结构

11.5.2 数字压力阀

数字压力阀结构如图 11-17 所示。压力油从 P 口进入锥阀座 2 中，通过锥阀 3 与调压弹簧 4 形成力的平衡。程序控制器输出脉冲，经驱动器放大，作用于步进电机 11。步进电机每得到一个脉冲信号，便沿着控制信号给定的方向旋转一个固定的角度。步进电机转角步数与输入的脉冲数成正比，带动滑块 10 推动调压头 9，从而调节调压弹簧的弹力。检测开关 8 用于步进电机的找零。

11.5.3 数字方向流量阀

数字方向流量阀由控制器、交流伺服驱动器、永磁同步伺服电机、运动转换装置、方向阀本体及阀芯位置检测装置组成。控制器发出的信号，可以是电信号，也可以是脉冲信号。

数字方向流量阀工作结构原理如图 11-18 所示。驱动器、永磁同步电机及电机轴位置检测装置构成交流伺服系统，具有电机轴位置伺服功能，能准确控制电机轴的位置。驱动器根据接收的指令信号，按照一定的控制策略，输出频率及电压可变的交流电流，驱动伺服电机运转到指定预定位置。PMSM 为交流永磁同步电机，是中小型交流伺服通常采用的执行电机。

机械传动结构的方案有三个：①直接驱动方式；②旋转机构转换成直线运动机构；③在前面加减速机，然后再加直接驱动机构或者转换机构。三种方案各有利弊。

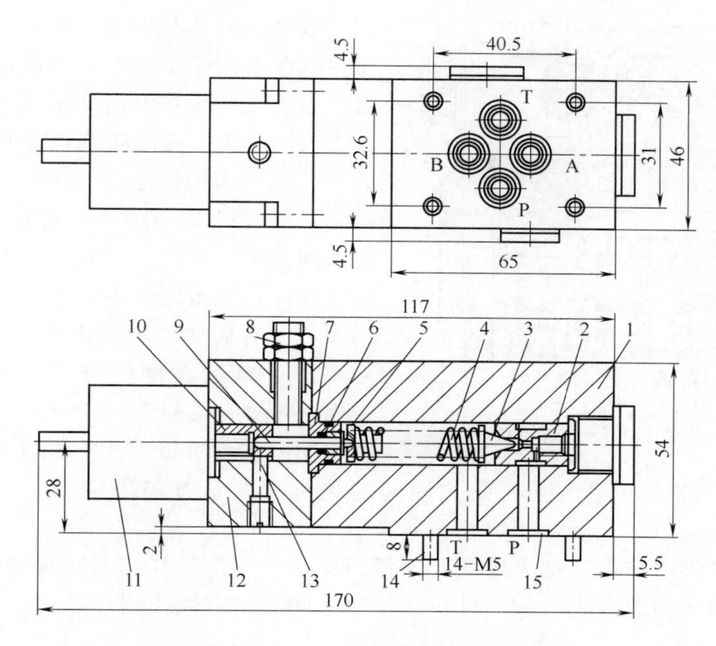

图 11-17　数字压力阀结构

1—块体；2—锥阀座；3—锥阀；4—调压弹簧；5—弹簧座；6—密封圈；7—轴套；8—检测开关；9—调压头；10—滑块；11—步进电机；12—端盖；13—销；14—连接螺钉；15—密封圈

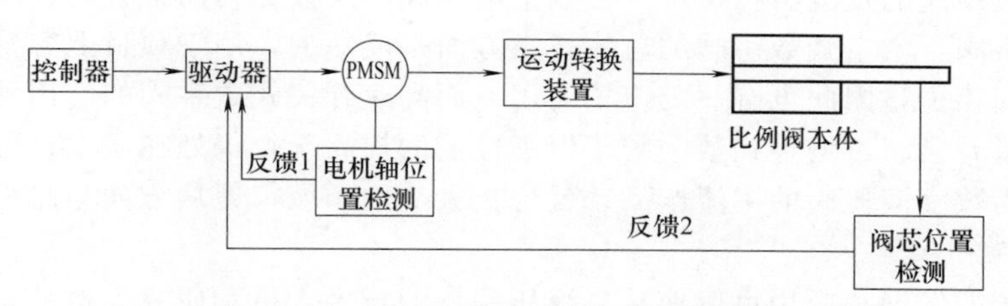

图 11-18　数字方向流量阀工作结构原理

(1) 直接驱动方式

直接驱动的方式，即用直线步进电机（或采用直线伺服电机）与伺服器直接相连，电信号直接驱动直线步进电机，直线电机的输出端与液压阀的阀芯相连，从而实现直线往复运动。此种驱动方式的优点是结构紧凑，设计简单，精度高，反应快，能将电信号直接转换为直线位移。缺点是价格昂贵，发热较大。

(2) 旋转机构转换成直线运动机构

将旋转运动转换为直线运动的机构有很多，例如丝杠运动机构、螺纹运动机构、凸轮机构、齿轮齿条等等。凸轮机构的刚性好，结构简单，但是凸轮机构是点或者线接触，传动件容易磨损。齿轮齿条结构紧凑，传动比恒定，工作可靠，寿命长，但是高精度的齿轮传动价格昂贵。滑动螺纹传动机构是滑动摩擦，摩擦阻力大，效率低，寿命短，而且还有不可避免的回程间隙。滚动螺纹传动机构是滚动摩擦副，摩擦阻力小，可以做到没有轴向间隙，传动精度高。

(3) 在方案 (1)、(2) 前加减速机

增加了减速机可以降低速度，同时增加输出力矩。与此同时还增加了阀的体积和成本，降低了传动精度。

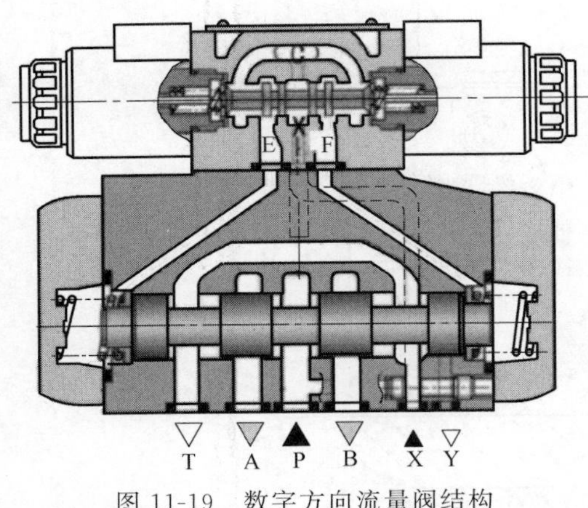

图 11-19 数字方向流量阀结构

数字方向流量阀结构如图 11-19 所示。当先导阀阀芯向左移动时，油液通过阀口 X 进入阀口 E，先导阀管道内部的油液则通过铸造流道流入阀口 F，先导阀阀口 E 的油液则通过阻尼孔进入主阀阀体左端，推动主阀阀芯向右移动。主阀阀口 P 与阀口 B 连通，油液由阀口 P 流入阀口 B；阀口 A 与阀口 T 相通，阀口 A 和主阀体内油液经 T 阀口流入回油箱。当先导阀阀芯向右移动时，则相反。即先导阀油液为 X→E，主阀油液为 P→B，A→F；先导阀油液为 X→F，主阀油液为 P→A，B→F。通过阀芯的左右移动可以改变主阀体与阀套之间的开口大小，进而可以改变流量大小。而先导阀的流量和开口方向决定了主阀的流量和开口方向。

数字方向流量阀本体由三部分组成：①伺服电机、滚珠丝杠与先导阀组成的先导级；②功率级主阀；③液阻网络。先导阀的开口流量对主阀起决定性作用。

11.6 数字液压阀的发展前景

根据数字液压阀的发展历程，可以将数字液压阀的研究分为两个方向：增量式数字阀与高速开关式数字阀。增量式数字阀的总体技术方面是成熟的，用于项目上容易成功，技术难点比高速开关阀要少，因此也有一定市场应用。而高速开关式数字阀的应用到目前为止虽已经很多，从数量看已超过增量式数字阀，但其性能的提高至今仍处在研发过程。所以增量式数字阀要想成为数字液压阀的主流产品，就得扩大应用领域，但从方向与趋势看高速开关式数字阀更为期待。

数字液压阀的发展和应用可以使从事液压领域的技术人员和研究人员从复杂的机械结构和液压流道中解放出来，专注于液压功能和控制性能的实现。与传感器及控制器相结合，可以通过程序与数字液压阀的组合简化现有复杂的液压系统回路。模块化的数字液压阀需要其参数、规格与接口统一，让液压系统的设计与电路设计一样标准化。

数字液压阀的重要应用就是利用其高频特性达到快速启闭的开关效果或者生成相对连续的压力和流量。目前，采用新形式、新材料的电气-机械执行器，降低阀芯质量和合理的信号控制方式，使得数字液压阀的频响得到了提高，应用范围越来越广。然而，对于高压力、大流量系统，普遍存在电气-机械转换器推力不足、阀芯启闭时间存在滞环等问题。因此，在确保数字液压阀稳定性的情况下如何提高响应，尤其是在高压大流量的液压系统中的使用一直是数字液压阀的研究重点。

国外数字液压阀的发展虽然已有近三十年的历史，但大多数还只是处于试验研制阶段，没有形成被市场广泛接受的系列产品。国内数字液压阀的发展与国外还有一定的差距，因此，研究开关新型高速开关阀对推动我国液压技术的发展具有重要的理论意义和应用价值。

第12章 液压变压器

液压传动的基本原理是帕斯卡原理，是利用液体的压力进行动力传递一种机械传动形式，对液压系统的压力进行调节和控制是液压传动中实现对执行元件进行控制的重要功能。在液压系统中进行压力的调节和控制需要液压变压器这种液压元件来实现。根据液压系统中压力的控制和调节的大小可以分为升压调节和降压调节两类，根据液压系统中液压变压器进行压力调节的工作原理可以分为节流式液压变压器和容积式液压变压器。节流式液压变压器是耗能式调压，存在被动能量消耗，只能进行降压调节。容积式液压变压器满足功率守恒，在调压过程中没有液压能量的损耗。容积式液压变压器可以实现升压调节和降压调压。

12.1 节流式液压变压器

由于液压油有黏度，液压油的流动会产生节流压力损失，利用产生的压力损失来实现压力的降压调节，这种调压形式称为节流式调压。这种节流式调压方式由于存在节流压力损失，产生了能量损失，能量以热能的形式损失掉了，因此节流式液压变压器只能实现压力的降压调节，即只能实现从高压向低压的调节，不能实现从低压向高压的调节，同时产生能量消耗，降低了液压传动系统的效率，增加了液压油的发热。在液压系统中实现节流调压功能的液压变压器是液压减压阀。关于液压减压阀的介绍请阅读本书 5.2.2 章节的内容，在此不再赘述。

12.2 容积式液压变压器

在液压传动系统中需要对压力进行升压调节或降压调节，即既能实现降压功能，还要能够实现增压功能。节流式液压变压器只能实现压力的降压调节，不能实现压力的升压调节。

节流式液压变压器的工作原理是利用节流压力损失来实现压力调节，在大流量的情况下能量损失大、发热严重、系统效率低，因此不适用于高压、大流量、长时间降压的工况下，这时就需要容积式液压变压器。容积式液压变压器是利用液压元件的变量来实现的，即通过改变液压元件的排量来实现压力的改变，其结构形式包括直线运动式的液压缸式液压变压器和旋转运动式的基于各种液压马达组合成的液压变压器。

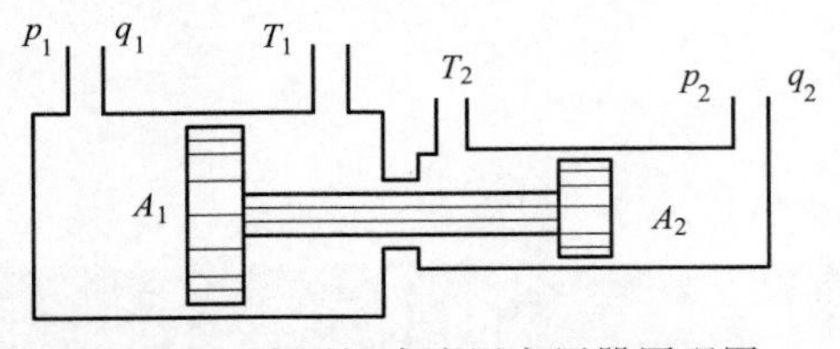

图 12-1 液压缸式液压变压器原理图

12.2.1 液压缸式液压变压器

液压缸式液压变压器又叫液压增压缸，由于液压缸活塞作用面积的不同实现了压力的改变。液压缸式液压变压器的工作原理如图 12-1 所示。

根据帕斯卡原理，液压缸的活塞杆受到的液压力平衡时

$$p_1A_1=p_2A_2 \tag{12-1}$$

液压缸式液压变压器的变压比为

$$\lambda=\frac{p_2}{p_1}=\frac{A_1}{A_2} \tag{12-2}$$

式中，p_1 是液压缸式液压变压器的入口压力；p_2 是液压缸式液压变压器的出口压力；A_1 是液压缸式液压变压器的入口活塞面积；A_2 是液压缸式液压变压器的出口活塞面积。

液压缸式液压变压器的变压比等于液压缸两端活塞面积的反比，即可以实现压力升高调节也可以实现压力的降压调节。

由于液压缸的活塞面积设计制造完成后是固定的，在工作过程中不能灵活地改变，因此液压缸式液压变压器的变压比是固定值。同时液压缸的行程有限，单行程提供的流量有限，不能连续地提供流量，液压缸行程到头之后需要进行换向。一般液压缸式液压变压器用作局部液压系统中支路的增压装置。

针对液压缸式液压变压器工作不连续的情况，2009 年山东交通学院的郑澈申请了一项专利，该专利设计了一种可自动换向连续工作的液压缸式液压增压器，该液压增压器由增压缸和控制阀构成，通过行程开关和电磁换向阀实现了增压器的自动换向，结构原理图如图 12-2 所示。其工作原理是：进油口 12 输入动力源的压力，主换向阀 14 是二位四通阀，主换向阀 14 在任意位置液压增压器都能开始工作，二位三通行程换向阀 4 的阀芯通过液压缸的活塞 7 的位置来控制，当活塞 7 运动到左端时把二位三通换向阀 4 的阀芯压向左位，实现换向，当活塞 7 运动到右端时通过链 3 把二位三通换向阀 4 的阀芯拉向右位，实现换向。这样液压增压器在有动力源压力的情况下实现了自动换向连续工作，由于液压缸活塞面积的不同，实现了小活塞腔内压力的升高，升高后的压力从高压排油口 13 流出，通过单向阀来实现流量的单一方向流动和避免高压油回流。该增压器的优点是实现了液压缸式变压器的自

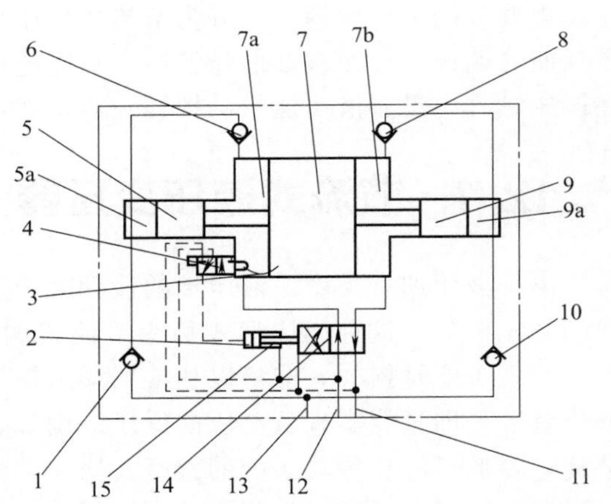

图 12-2 一种连续工作液压缸式变压器
1，6，8，10—单向阀；2，5a，9a—无杆腔；3—链；4—行程换向阀；5—柱塞；7，9—活塞；7a，7b，15—有杆腔；11—进油口；12—回油口；13—高压排油口；14—主换向阀

动换向，能够连续工作，其缺点是液压变压器的变压比不可调、流量较小、流量脉动大。

液压缸式液压变压器的变压比是液压缸两个活塞作用面积的反比，由于液压缸的活塞面积是固定的，因此液压缸式液压变压器的变压比是固定的，限制了压力放大能力和压力调节的灵活性。2010年在德国召开的第七届国际流体传动会议上，Elton Bishop 提出了一种数字式液压变压器。它是基于二进制数字编码的原理，把液压缸的活塞面积按 8：4：2：1 的比例来设计，设计为多阶梯的液压缸，通过外部电磁换向阀的开启和关闭实现不同液压缸活塞作用面积的组合，可以实现不同的压力比的组合，可以实现变压比从 1 倍到 15 倍的数字式变化，这样提高了液压缸式液压变压器的变压比的范围，使其适用于更多的场合。图 12-3 为其系统原理图，图 12-4 为其原理样机实物图。该系统可以应用在流量需求不大、压力变化范围较大的工况下，比如液压叉车举升机构等，可以将重力负载的重力势能回收到液压蓄能器中。

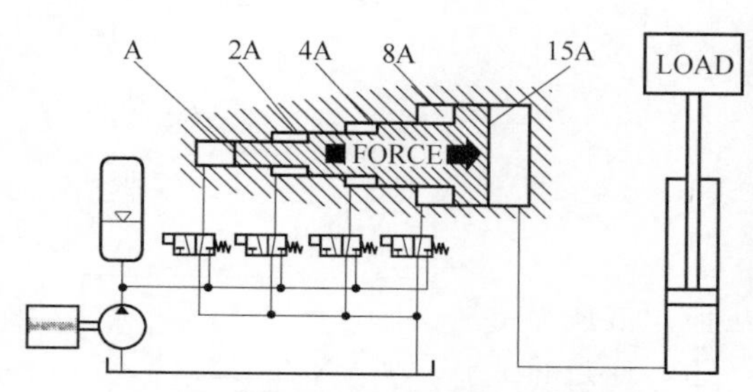

图 12-3 数字式液压变压器原理图

图 12-4 数字式液压变压器实物图

丹麦 Scanwill 公司生产了液压缸式液压变压器，主要用来进行局部支路的增压，通常称为液压增压器。其产品如图 12-5 所示。可以看出结构很紧凑，体积重量小，有多种安装形式，便于集成式安装，降低整机的结构尺寸。

图 12-5 液压缸式液压增压器

丹麦 Scanwill 公司生产的液压缸式液压增压器工作原理如图 12-6 所示。增压器包括活塞及一个活塞控制阀 PCV，活塞运动到每一端都会发出信号 S，信号 S 使控制阀动作，控制活塞实现反向运动、自动循环动作，不断地提供高压液压油。液压泵输出的低压液压油进入液压增压器的 P 口，液压增压器的 T 口接油箱。系统需求的压力低时，液压泵输出的低压液压油经过单向阀 CV1、单向阀 CV2，同时经过液控单向阀 POV 两路直接到达负载端，可以实现快速供油。当系统压力升高到高于液压泵的出口压力时，液压增压器的活塞就开始运动，连续不断地将油压入系统，实现升压功能，将增压后的液压油通过单向阀 CV2 输出给负载执行元件，此时单向阀 CV1 处于关闭状态，随着负载的压力不断增大，当增压器的活塞达到受力平衡，无法继续驱动负载时停止运动。工作结束后，通过变换增压器入口的 P

口压力，可以控制液控单向阀 POV 开启。负载口的高压口接液压油箱，实现负载的高压腔卸荷或回程。

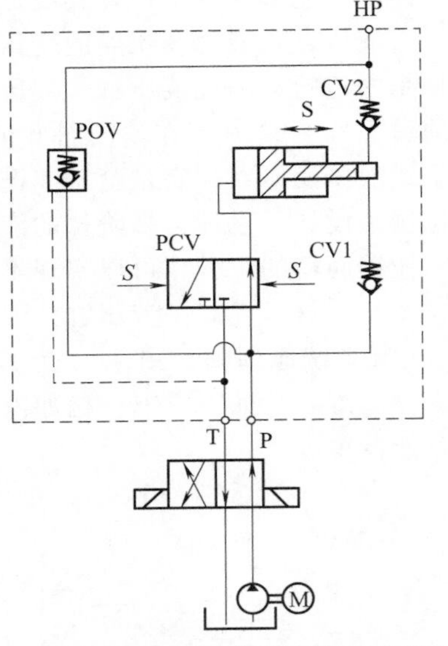

图 12-6 液压缸式液压增压器工作原理

12.2.2 液压泵液压马达串联式液压变压器

串联式液压变压器是将液压泵和液压马达的轴刚性连接在一起，一者是变量的或两者都是变量的，通过改变排量来实现变压比的改变。串联式液压变压器的原理如图 12-7 所示。

根据液压马达或液压泵的转矩平衡公式

$$p_1V_1=p_2V_2 \tag{12-3}$$

变压比为

$$\lambda=\frac{p_2}{p_1}=\frac{V_1}{V_2} \tag{12-4}$$

式中 p_1——液压马达的入口压力；

p_2——液压泵的出口压力；

V_1——液压马达的排量；

V_2——液压泵的排量。

变压比等于液压马达排量与液压泵排量的比值。液压泵或者液压马达可以设计为变量式液压泵或液压马达，通过排量的改变可以实现变压比的改变。

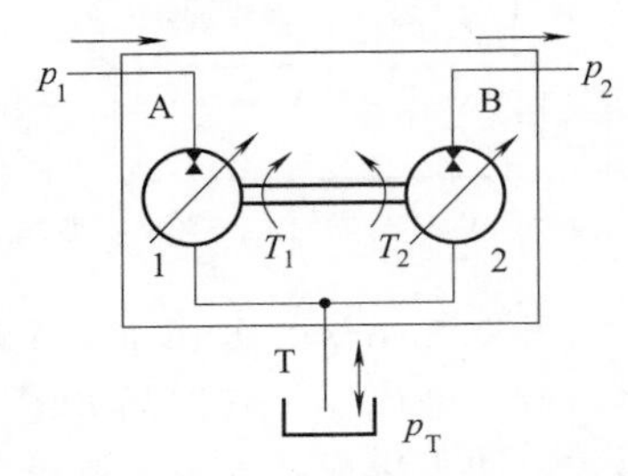

图 12-7 串联式液压变压器原理

这种液压泵液压马达串联式变压器直接利用了变量泵或变量马达，技术成熟可靠，是随着液压泵、液压马达技术的发展而产生的。液压泵液压马达传动式液压变压器可以采用齿轮泵、齿轮马达，也可采用柱塞泵、柱塞马达，还可采用叶片泵、叶片马达。

由于液压泵液压马达串联式液压变压器存在结构复杂、体积大、重量大、结构集成度低的问题，所以为了降低液压泵液压马达串联式液压变压器的体积和重量，可以进行结构方面的改进，比如共用一个壳体或共用一个斜盘。

1997 年德国人 Dantlgraber 提出了一种共用壳体和斜盘的串联式液压变压器，其结构原理如图 12-8 所示。该液压变压器将两个柱塞元件集成在一个壳体内，同时两个柱塞元件共用一个斜盘。该结构减小了串联式液压变压器的体积、重量，提高了串联式液压变压器的结构集成度，减少了零件的数量。

Dantlgraber 设计的串联式液压变压器并没有得到广泛的生产应用，虽然结构紧凑、体积小，但是需要重新设计加工液压变压器壳体、斜盘、控制机构等，没有充分利用现有的成熟的液压泵，可靠性低，制造成本高，工艺性差。

随着液压浮杯泵技术的发展，液压泵液压马达串联式液压变压器可以基于浮杯泵直接改造而成。德国的 Achten 博士等人 2003 年采用浮杯泵结构设计了浮杯式液压变压器，浮杯式液压泵结构如图 12-9 所示。其原理是将柱塞泵的缸体变为独立的浮杯，柱塞安装在浮杯里面，可以减轻缸体的质量，增加柱塞的数量，减小了运行中的流量脉动。通过中间的连接块实现了两个元件串联在一起。由于缸体由一个整体变成了多个独立的浮杯，所以可以扩大柱塞个数，柱塞数由原来的 7 个改为 18 个，柱塞个数的增多，使液压变压器的运行更加平稳，噪声得到降低，效率得到提高，减小了液压变压器的转矩脉动。

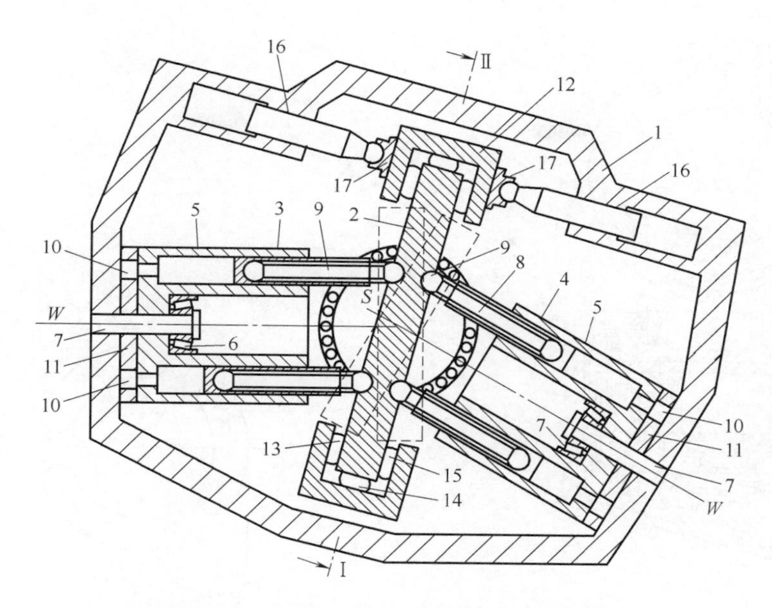

图 12-8 一种共用壳体和斜盘的串联式液压变压器

1—壳体；2—斜盘；3～5—缸体；6，13～15—轴承；7—固定轴；8—柱塞；9—回转支撑；10—配油口；11—配油盘；12—变量铰机构；16—变量柱塞；17—滑靴

由于齿轮泵抗污染能力强、结构简单、零件少、工作可靠和价格低廉，多个齿轮泵串联在一起结构上容易实现，因此有科研人员提出了用多个齿轮泵串联在一起构成的定量数字组合式液压变压器。通过电磁阀控制齿轮泵工作的个数，通过控制工作齿轮液压马达的个数来实现变压比的调节。由于齿轮液压马达的排量是固定的，齿轮液压马达的个数是有限的，因此这种采用多个齿轮液压马达组合构成的液压变压器是一种有级液压变压器。

图 12-9 浮杯式液压泵

12.2.3 集成式液压变压器

由于液压泵液压马达串联式液压变压器存在体积较大、结构笨重、转动惯量大、传动效率低等缺点，故为了提高效率和降低体积质量，实现更好的集成化和轻量化，许多科研人员积极进行结构方面的创新研究。为了更近一步地降低液压泵液压马达串联式液压变压器的重量，提高结构集成度和基于成熟的现有的液压泵或液压马达的生产工艺，出现了基于柱塞泵柱塞马达缸体改动和柱塞泵柱塞马达配油盘改动的集成式液压变压器。

借鉴多排柱塞泵的结构，在 1965 年就有美国专利对双排集成式液压变压器进行了描述，美国人 Tyler 申请了一种双排式的液压变压器，其结构原理如图 12-10 所示。由图可以看出在一个缸体上加工双排柱塞腔，由于分布圆的不同，两个柱塞元件的排量不同，分布圆小的是小排量柱塞元件，分布圆大的是大排量柱塞元件。可以将排量小的柱塞元件作为液压泵，排量大的液压元件作为马达，实现增压功能，也可以将排量小的柱塞元件作为液压马达，排量大的柱塞元件作为液压泵，实现降压功能。由图 12-10 可以看出，这种液压变压器的斜盘是固定的，即两个柱塞元件的排量是固定的。这种液压变压器的变压比为两个柱塞元件的排

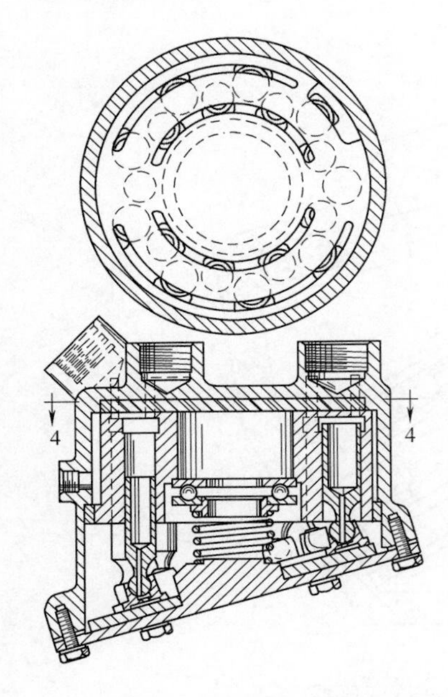

图 12-10　双排式液压变压器结构图

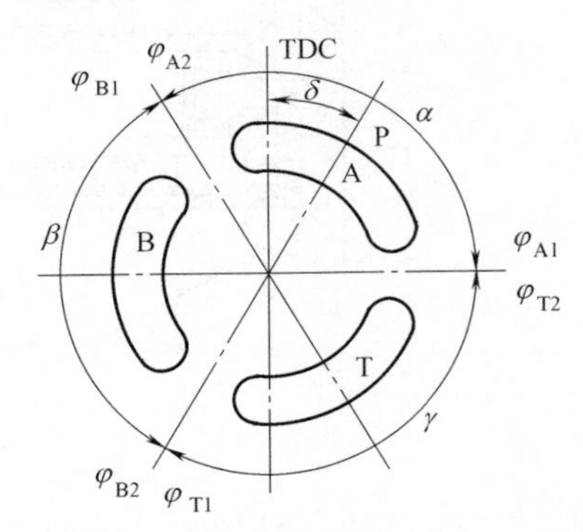

图 12-11　集成式三端口柱塞液压变压器的配油盘端面图

量比，可以看出由于排量是固定的，这种液压变压器的变压比也是固定的，即在工作中无法随时调节变压比，限制了这种变压器的应用范围。

荷兰 Innas 公司于 1997 年提出了一种通过改变配油盘配油端口实现的集成式液压变压器，该液压变压器的配油盘与液压泵、液压马达的不同之处在于其上加工了三个配油槽，配油盘可以相对上下死点连线转动以实现不同的变压比。该液压变压器通过将配油盘设计为三端口的形式将液压泵和液压马达的功能集成于一体，称为集成式液压变压器，该液压变压器是基于斜轴式柱塞元件设计改造的。该液压变压器有三个油口，分别连接恒压网络、负载和油箱。集成式液压变压器结构紧凑、体积小、效率高成为研究的热点，其工艺性好，可以充分利用现有的成熟的柱塞泵的生产工艺，仅需要重新加工配油盘的配油槽。

集成式三端口柱塞液压变压器的配油盘与液压泵/马达的配油盘的区别是液压变压器的配油盘上加工了三个配油口，配油盘的端面图如图 12-11 所示。柱塞在一个转动周期内分别与配油盘的三个配油口 A、B、T 相连通，即分别连通压力油源、负载和油箱。

当集成式三端口柱塞式液压变压器的控制角为 δ 时，各配油口的作用角度区间分别是

A 配油口的作用角度区间：$\left[\dfrac{\alpha}{2}+\delta,\ \delta+\gamma+\beta+\dfrac{\alpha}{2}\right]$

B 配油口的作用角度区间：$\left[\delta+\gamma+\beta+\dfrac{\alpha}{2},\ \delta+\gamma+\dfrac{\alpha}{2}\right]$

T 配油口的作用角度区间：$\left[\delta+\gamma+\dfrac{\alpha}{2},\ \dfrac{\alpha}{2}+\delta\right]$

式中　α——配油口 A 的包络角，(°)；

β——配油口 B 的包络角，(°)；

γ——配油口 T 的包络角，(°)。

将各配油口的作用角度区间代入到轴向柱塞式液压元件的柱塞位移公式中，柱塞位移乘上柱塞的面积就可以得到各配油口的几何排量

$$\begin{cases} V_B=\frac{\pi}{4}d^2zR\tan\iota\left[\cos\left(\delta+\gamma+\frac{\alpha}{2}\right)-\cos\left(\delta+\gamma+\beta+\frac{\alpha}{2}\right)\right] \\ V_A=\frac{\pi}{4}d^2zR\tan\iota\left[\cos\left(\delta+\gamma+\beta+\frac{\alpha}{2}\right)-\cos\left(\delta+\frac{\alpha}{2}\right)\right] \\ V_T=\frac{\pi}{4}d^2zR\tan\iota\left[\cos\left(\delta+\frac{\alpha}{2}\right)-\cos\left(\delta+\gamma+\frac{\alpha}{2}\right)\right] \end{cases} \tag{12-5}$$

式中 d——柱塞直径，m；

z——柱塞个数。

各配油口的排量数值求解曲线如图 12-12 所示。相对排量是正值代表缸体按图 12-11 所示方向旋转时，柱塞向对应的配油口排油；相对排量是负值代表缸体按图 12-11 所示方向旋转时，从对应的配油口吸油。从图 12-12 可以看出，液压变压器的控制角为 0°时，A 口的排量为零，因为控制角为零时配油口 A 在上下死点连线两侧的面积是相等的，柱塞进入 A 配油口和离开 A 配油口的位移相等，位移差为零，因此相对几何排量为零。

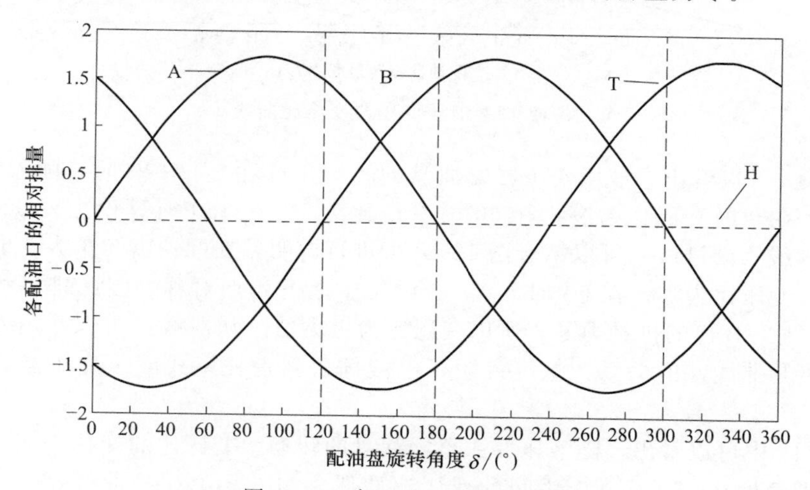

图 12-12 各配油口的相对排量

虚线 H 是各配油口排量的代数和，是一条取值为零的直线，这说明了液压变压器满足流量守恒原理，即任意时刻流入变压器和流出变压器的流量相等，也说明了变压器开三个配油口的原因，即为了保证任何时刻液压变压器的流量守恒。各配油口的相对几何排量是液压变压器控制角的函数，是周期变换的，其周期是 360°。当控制角为 0°、180°时，A 口的排量为零；当控制角为 120°、300°时，B 口的排量为零；当控制角为 60°、240°时，T 口的排量为零。

将各配油口的排量代入到转矩式中，得到三端口集成式液压变压器各配油口的平均转矩为

$$T_A=\frac{p_A d^2 zR\tan\iota}{8}\times\sin\frac{\alpha}{2}\times\sin\delta \tag{12-6}$$

$$T_B=\frac{p_B d^2 zR\tan\iota}{8}\times\sin\frac{\beta}{2}\times\sin\left(\delta-\frac{\alpha}{2}-\frac{\beta}{2}\right) \tag{12-7}$$

$$T_T=\frac{p_T d^2 zR\tan\iota}{8}\times\sin\frac{\gamma}{2}\times\sin\left(\frac{\alpha}{2}+\frac{\gamma}{2}+\delta\right) \tag{12-8}$$

当液压变压器处于平衡状态时，液压变压器三个配油口的平均转矩代数和等于零，化简之后，可得到变压比的表达式为

$$\lambda=\frac{p_{\mathrm{B}}}{p_{\mathrm{A}}}=\frac{-\sin\frac{\alpha}{2}\sin\delta-\frac{p_{\mathrm{T}}}{p_{\mathrm{A}}}\sin\frac{\gamma}{2}\sin\left(\delta+\frac{\alpha}{2}+\frac{\gamma}{2}\right)}{\sin\frac{\beta}{2}\sin\left(\delta-\frac{\alpha}{2}-\frac{\beta}{2}\right)} \tag{12-9}$$

对式（12-9）求解，得到电液伺服斜盘柱塞式液压变压器变压比的求解曲线，如图 12-13 所示。

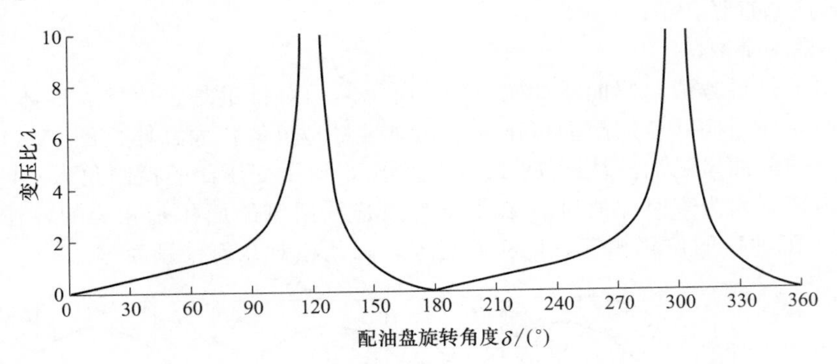

图 12-13　液压变压器变压比曲线

由图 12-13 可以看出，液压变压器配油盘的转动角度在 0°～120°时，随着转角的增加，变压比增大，在 0°时变压比为零，在 60°时变压比为 1，在 120°时理论上变压比为无穷大，以 120°处的虚线为渐进线。可以结合图 12-12 来进行说明，在配油盘转角为 0°时，A 口的排量为零，所以变压比为零；在 60°时，A、B 口关于上下死点对称，因此排量相等，变压比为 1；在 120°时，B 口的排量为零，所以变压比为极大值。从曲线还可以看出变压比与配油盘的旋转角度是非线性的关系，这也说明了电液伺服斜盘柱塞式液压变压器具有非线性的特点。

从图 12-13 中可以看出，随液压变压器配油盘的转动，变压比的变化是周期性的，其周期是 180°。即角度在 180°～300°之间的变压比曲线，与 0°～120°的曲线是一样的；300°～360°之间变压比的曲线与液压变压器配油盘的转动角度在 120°～180°之间的曲线是完全一样的。将 A、B 口在 0°～120°的排量曲线在坐标轴上向右平移 60°，即得到了在 180°～300°之间的排量曲线，仅仅是角度延迟了 180°。因此，液压变压器的控制角在 0°～120°或 180°～300°之间变化，就能实现液压变压器变压比的全程变化。

集成式液压变压器原理独特、结构新颖，是一种新型液压元件。荷兰 Innas 公司的 Achten 和 Zhao Fu 等人对该集成式液压变压器进行了系列的研究。1998 年 Achten 等人对 Innas 液压变压器（Innas hydraulic transformer，IHT）的工作原理进行了论述，推导了集成式液压变压器变压比的公式并进行了仿真研究，对集成式液压变压器的流量、转矩脉动进行了分析，列举了集成式液压变压器的应用实例。后来又阐述了液压变压器的设计原则，并论述了 IHT 的引入对整个液压传动技术的推动作用和其经济上的价值。由于集成式液压变压器的配油盘是可以转动的，因此柱塞在两个配油槽间过渡时不一定发生在上下死点处，因此造成了集成式液压变压器流量脉动大、噪声高的问题。为解决柱塞在两个配油槽间过渡时的压力冲击问题，Achten 等人研究了采用“梭”来消除 IHT 噪声的问题，采用“梭”技术的液压变压器实物图如图 12-14 所示，经过实验测试证明“梭”可以降低流量脉动、降低噪声。但是采用缸体上面安装“梭”来实现降低压力冲击和噪声的方法存在工艺性差、加工制造成本高、影响液压变压器效率的缺陷，因此没有得到广泛的应用。

德国人 Schäffer、Dantlgraber、Jörg 等针对 Innas 液压变压器配油结构上存在节流损失、变压范围有限的问题，进行了结构的改进，分别申请了发明专利，2001 年设计了一种径向配油的集成式液压变压器，结构如图 12-15 所示。可以看出其配油盘上加工了齿轮，通过齿轮传动来实现对配油盘转角的控制，配油盘上加工了配油过渡块，实现配油盘和后端盖的平面配油，配油口在后端盖的分布在同一径向上。该液压变压器缩小了后端盖的轴向尺寸，配油口均布分布在轴上，为扩大配油盘旋转角度，后续又改进了配油结构，在后端盖上设计了两个配油槽口，一个回油箱的配油口直接连接到液压变压器的壳体上。为实现远程控制和自动控制，设计了采用电机驱动配油盘转动的控制结构，对电机驱动配油盘转动的不同传动方式进行了设计，传动方式包括齿轮传动、链条传动和皮带传动，并分别申请了专利。

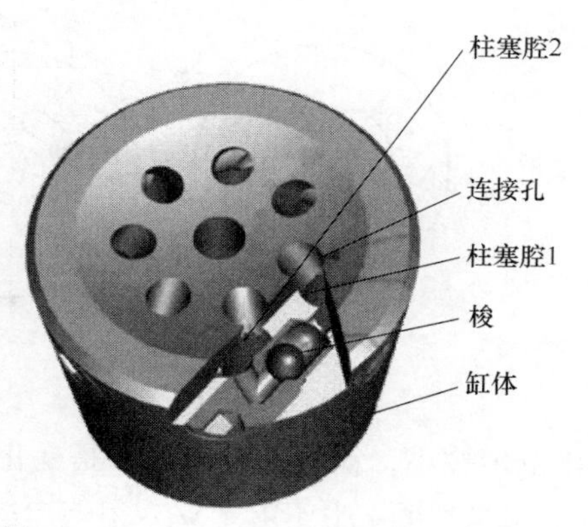

图 12-14 引入“梭”结构的液压变压器

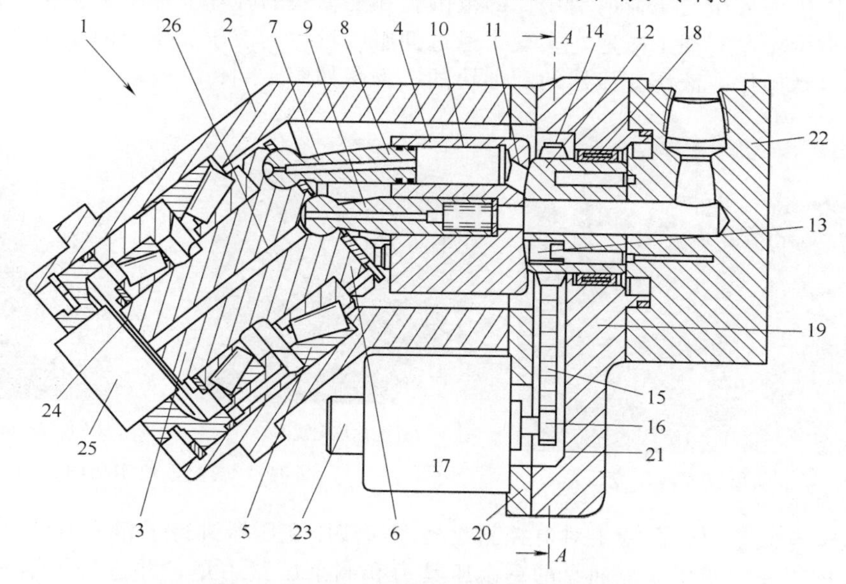

图 12-15 电机控制的集成式液压变压器

1—液压变压器；2—液压变压器壳体；3—主轴；4—缸体；5，18—轴承；6—回程板；7—柱塞；8—密封圈；9—中心杆；10—柱塞腔；11，13—配油孔；12—配油盘；14—齿轮；15—链；16—小齿轮；17—电机；19—配油壳；20—电机支架；21—内腔；22—配油后端盖；23—码盘；24—卡簧；25—轴承盖；26—阻尼孔

国内最先开始对集成式液压变压器进行研究的是浙江大学的徐兵、欧阳小平、马吉恩等人。由于集成式液压变压器是一种新型的液压元件，因此需要对其基本原理和特性进行分析。浙江大学的欧阳小平等对液压变压器在系统节能方面的应用，配油结构的设计，集成式液压变压器的流量、排量、效率等特性进行了理论研究。针对 Innas 液压变压器存在的节流损失和变压范围有限的问题设计了配油结构，将三个配油槽分布在不同的半径上，在配油盘转动时实现了无节流损失的配油，其配油端面如图 12-16 所示。

2005 年，浙江大学欧阳小平等研制出手动集成式液压变压器的原理样机，如图 12-17 所示。该液压变压器是中国第一台集成式液压变压器，搭建了基于恒压网络的实验台并对原理样机进行了实验研究和性能测试，得出其压力调节范围为 0～1.2。该液压变压器的变压

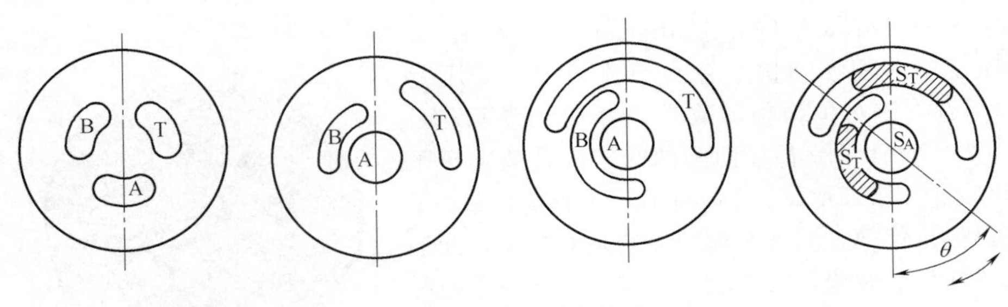

图 12-16 配油结构端面

比范围较小，而且其过流面积是变化的，在配油过程中会存在节流压力损失。

2008 年，哈尔滨工业大学的卢红影博士设计了伺服电动机驱动配油转动的电控斜轴柱塞式液压变压器，并设计了相应的配油机构，将配油机构的一端与配油盘的三个配油口 A、B、T 相对应，将配油机构的另一端的 A 口的配油油路设计在轴上，将配油机构的另一端的 B 口、T 口分布在不同的半径上，可以实现配油盘的连续旋转，可以实现 360°范围内配油面积恒定，可以扩大液压变压器的变压比的范围。在配油块的外环上加工了齿轮，伺服电动机主轴上安装小齿轮，实现了减速，实现了通过伺服电机控制液压变压器的变压比，可以实现远程操作和自动操作。液压变压器的配油块的实物图如图 12-18 所示。

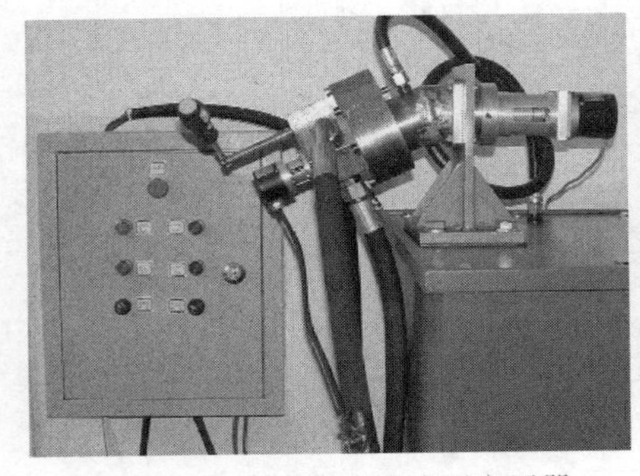

图 12-17 手动集成式液压变压器

(a) 配油块主视图

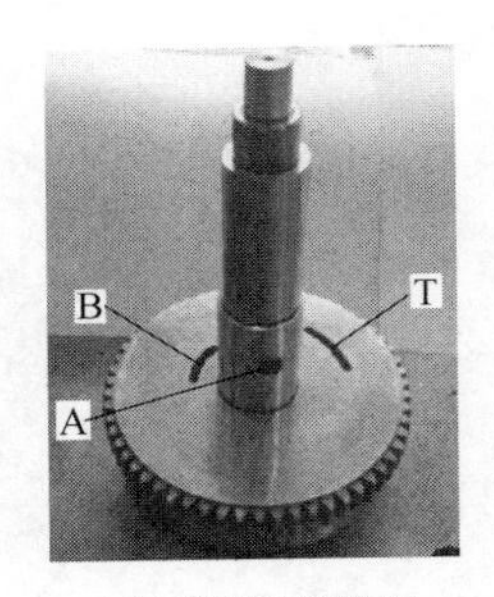

(b) 配油块后视图

图 12-18 配油块实物图

哈尔滨工业大学卢红影博士对电控斜盘柱塞式液压变压器进行了相关的研究，基于剩余压紧力法校核了液压变压器配油盘的剩余压紧力和剩余压紧力矩，并进行了结构优化设计。分析了液压变压器的工作原理，建立了变压比模型，搭建了基于液压恒压网络的实验测试平台，分析了液压变压器驱动垂直负载的四象限工作特性，验证了能量回收能力，测试了液压变压器的变压范围为 0～2，建立了电控液压变压器控制直线负载的数学模型并进行了仿真研究，针对液压变压器的变压特性，提出了一种模糊自适应整定 PID 控制策略，搭建了恒压网络实验台，对液压变压器驱动液压缸进行了实验研究，验证了液压变压器的变压原理，测试了液压变压器对液压缸进行位置控制的可行性，验证了采用模糊自适应整定 PID 策略能够提高系统的快速性和稳定性。设计制造出的电控斜轴柱塞式液压变压器实物如图 12-19 所示，

图 12-19 电控斜轴式液压变压器样机

该液压变压器的配油结构没有节流损失，可以通过伺服电机驱动实现变压比的调压，可以实现配油盘的连续旋转。

为进一步降低集成式液压变压器的结构和实现液压控制，该课题组设计了电液伺服集成式液压变压器，原理样机如图 12-20 所示。实现了液压变压器通过电液伺服摆动液压马达来进行变压比的控制，在主轴上设计配油油路实现液压变压器的配油。该电液伺服斜盘柱塞式液压变压器具有体积小、结构紧凑、动态响应快、变压过程理论上无节流损失、变压范围大、可以实现电液伺服远程控制等优点。

图 12-20 电液伺服斜盘柱塞式液压变压器原理样机

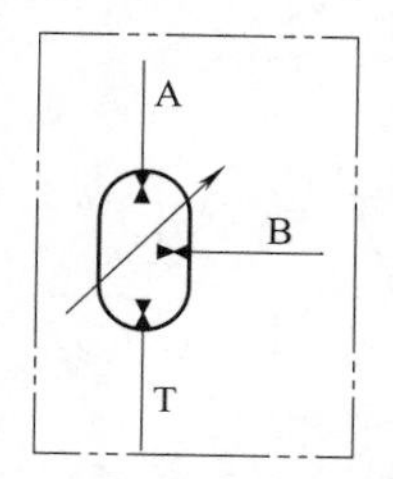

图 12-21 三端口集成式液压变压器的符号

三端口集成式液压变压器的符号如图 12-21 所示。椭圆代表液压变压器整体，箭头表示液压变压器的变压比可以调节，在这里变压比的调节是通过控制配油盘的转动角度实现的。A 口连接高压压力油源，B 口连接负载，T 口连接低压油路或油箱。可以看出液压变压器图形符号里面每个油口都有两个三角形，即每一个端口都可以实现液压油的双向流动。即 T 口可以向液压油箱排油，也可以从液压油箱吸油。A 口既可以从高压压力油源吸油也可以向高压压力油源排油，B 口既可以向负载排油也可以从负载吸油。液压变压器实现了流量和压力的调节，理论上没有节流能量消耗，可以进行能量的转换，可以驱动负载，也可以被负载驱动实现能量的回收。

国内其他学者在集成式液压变压器的研究方面主要进行了理论分析、机构设计、优化仿真等研究。2008 年，胡纪滨等人申请了一种斜轴式液压变压器及其变压方法，结构剖视图如图 12-22 所示，可以看出该液压变压器是手动控制式的，配油管路分别在径向方向上，相对轴向配油方式极大地缩小了轴向尺寸。随着配油盘的转动，配油盘和后端盖间的连通面积会变化，因此存在节流损失，液压变压器的变压范围受限。

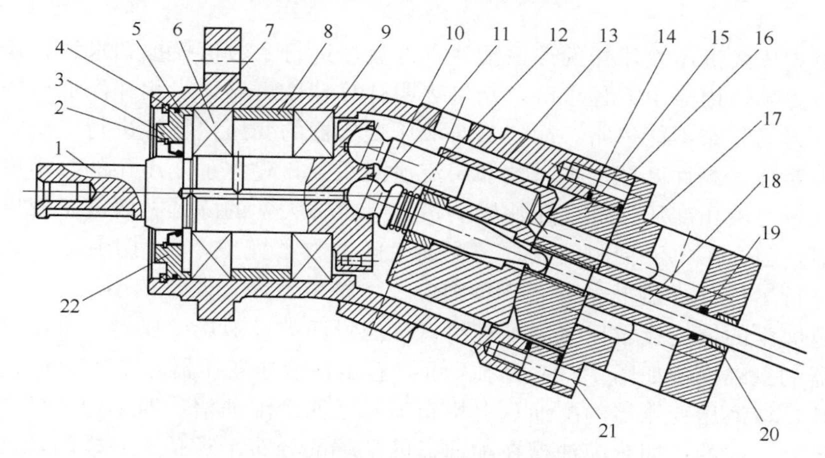

图 12-22 一种斜轴式液压变压器

1—主轴；2，3—组合轴封；4—卡环；5—密封；6，9，20—轴承；7—壳体；8—调整环；10—活塞；11—中心杆；12—中心弹簧；13—缸体；14—密封圈；15—配油盘；16—配油壳；17—后端盖；18—驱动杆；19—密封；21—螺钉；22—轴承盖

2009年吉林大学的刘顺安等人申请了一种内开路式液压变压器，其结构剖视图如图12-23所示。该液压变压器的配油盘的两个配油槽口分布在不同的半径上，这样就扩大了配油盘的转角，而且避免了节流损失，一个配油槽口开在主轴上，实现从壳体的配油，提高了自吸性能，避免了管路连接的干涉，采用伺服电机通过齿轮减速来对配油盘进行控制。总体上该液压变压器结构紧凑，没有节流损失。

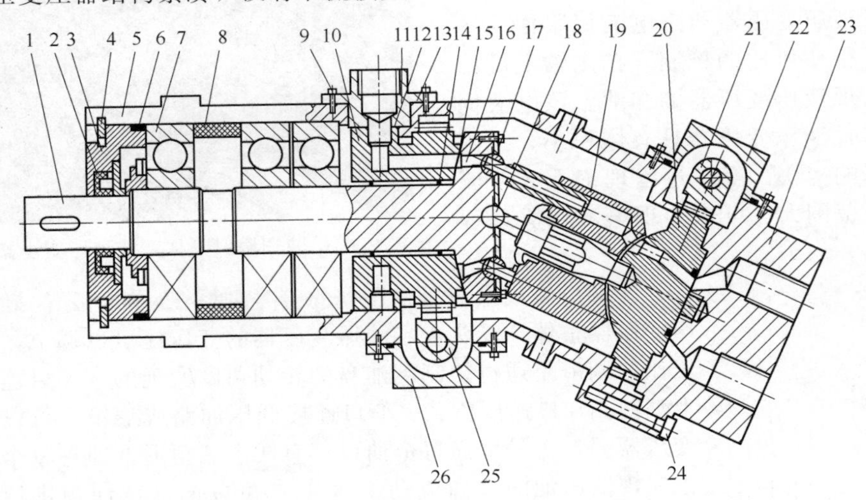

图12-23 内开路式液压变压器

1—主轴；2—组合轴封；3—轴承盖；4—卡环；5—壳体；6，12，13，15—密封；7，14—轴承；8—调整环；9，24—螺钉；10—配油轴；11—配油端口；16—配油孔；17—柱塞；18—中心杆；19—缸体；20—配油盘；21，25—驱动机构；22，26—电机壳体；23—后端盖

山东交通学院的臧发业研究了虚拟样机技术在液压变压器结构设计上的应用，建立了电控柱塞式液压变压器的三维模型，进行了装配和仿真研究。董东双运用AMESim软件对集成式液压变压器进行了建模和仿真研究，得到了液压变压器的动静态特性。荆崇波对液压变压器的效率特性进行了分析，建立了效率的数学模型，并经过计算得到液压变压器的最高效率为75%。

李小金对集成式液压变压器的球面配油盘的流场进行了数值模拟和求解，建立了球面配油二维稳态压力场，用显示方程求解，结果表明计算精度可靠，当相邻配油口的压力接近时过渡区域的压力场分布不能忽略。胡纪滨对液压变压器的变压比特性进行了研究，考虑到了机械摩擦损失系数、黏性摩擦损失系数和层流泄漏系数，建立了变压比的数学模拟，仿真结果表明负载流量对液压变压器的变压比影响最大。吉林大学的陈延礼研究了液压变压器配油盘的控制性能，建立了电液伺服阀控缸与配油盘间的数学模型，运用PID、FLC、F-PID不同控制策略进行了仿真，结果表明F-PID响应快、鲁棒性好、误差较小。

江苏师范大学的周连佺教授研制了进出口等流量四端口液压变压器。进出口等流量四端口液压变压器的三维模型如图12-24所示。可以看出该液压变压器是基于斜轴式柱塞液压元件进行的设计，该液压变压器的配油盘上均布加工了四个配油槽，四个配油槽在配油盘的右端的分布半径是一样的，四个配油槽在配油盘的左端的分布半径是不一样的，这是因为配油盘是旋转的，其目的是为了保证配油盘2与端盖1之间在相对旋转过程中保持一定角度下的连通和减小节流压力损失。进出口等流量四端口集成式液压变压器与三端口集成式液压变压器的区别是增加了一个独立的配油口，可以增加管路连接的自由度，同时进出口等流量相当于构建了两个独立的液压元件，并且液压元件之间的流量可以互不干扰，可以构成闭式液压系统，可以对执行元件之间进行容积式控制。

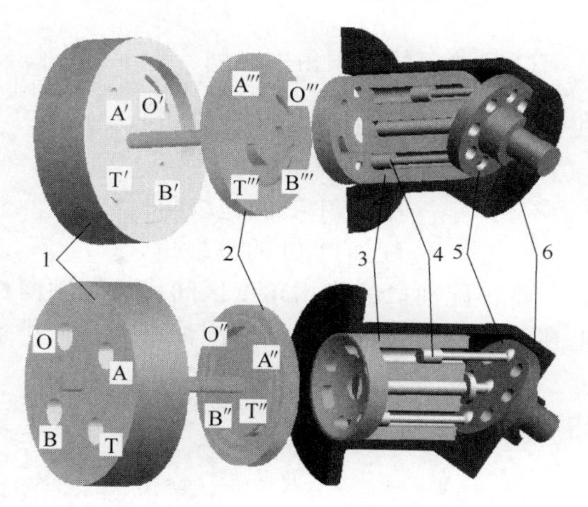

图 12-24 四端口集成式液压变压器
1—端盖；2—配油盘；3—缸体；4—柱塞；5—驱动板；6—壳体

柱塞式进出口等流量四端口集成式液压变压器综合职能符号如图 12-25 所示，椭圆代表液压变压器的壳体，A、B、O 和 T 分别表示高压进油口、低压出油口、回收出油口和低压吸油口，箭头代表配油盘的角度可调，内部的实心三角形代表液压油的流动方向，每个油口都有两个三角形，即每个油口在不同的工况下都是可以双向流动的，既可以是进油口，也可以是出油口，并且对角油口之间的连线表示对角两个油口的流量相等，构成一个闭式回路，此处也可以结合液压泵液压马达直接串联式液压变压器进行理解，即通过在配油盘上均布 4 个配油口，将一个柱塞元件变成了 2 个柱塞元件，即一个工作在液压马达工况，一个工作在液压泵工况，对角的油口是等流量的，可以理解为构成了一个柱塞元件。

油口的关系是左右同侧两油口都是进油口或都是出油口，因为斜盘上下死点同一侧的柱塞运动方向相同，即柱塞相对缸体伸出或者缩回，实现的是同一侧的吸油或者排油。对角上的油口是等流量的，因为柱塞相对缸体的运动位移是相等的，对角的油口构成一个闭式回路，可以实现一个油口吸油，一个油口排油。

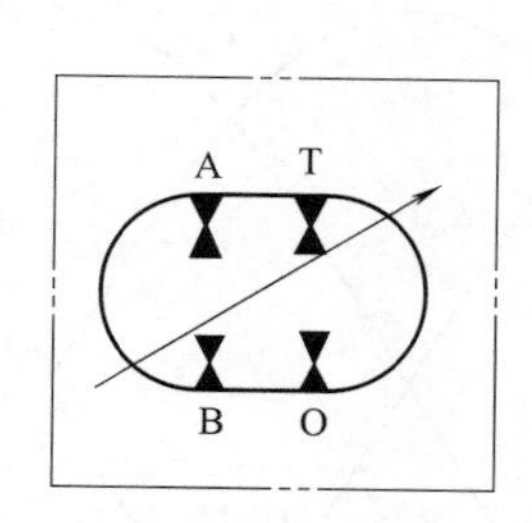

图 12-25 四端口集成式液压变压器综合职能符号

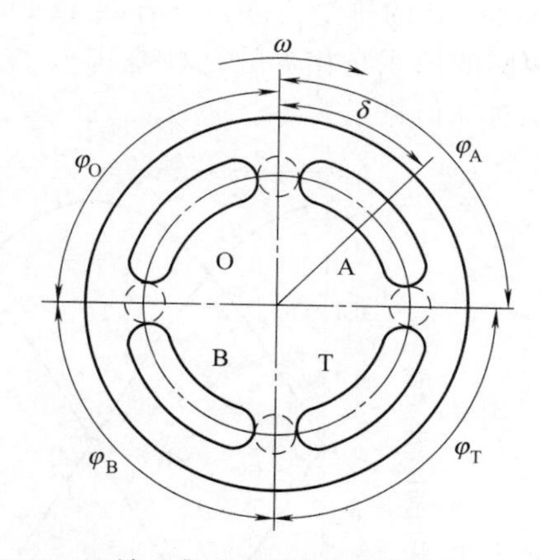

图 12-26 四端口集成式液压变压器的配油盘端面

将柱塞式四端口集成式液压变压器的控制角定义为配油端口的中心线与上下死点连线重合时控制角为零，图 12-26 中的控制角为 δ，各配油口的作用角度区间分别是

A 配油口的作用角度区间：$\left[-\frac{\varphi_A}{2}+\delta,\ \delta+\frac{\varphi_A}{2}\right]$

T 配油口的作用角度区间：$\left[\delta+\frac{\varphi_A}{2},\ \delta+\frac{\varphi_A}{2}+\varphi_T\right]$

B 配油口的作用角度区间：$\left[\delta+\frac{\varphi_A}{2}+\varphi_T,\ \delta+\frac{\varphi_A}{2}+\varphi_T+\varphi_B\right]$

O 配油口的作用角度区间：$\left[\delta+\dfrac{\varphi_A}{2}+\varphi_T+\varphi_B,\ \delta+\dfrac{\varphi_A}{2}+\varphi_T+\varphi_B+\varphi_O\right]$

式中　φ_A——配油口 A 的包络角，(°)；

φ_B——配油口 B 的包络角，(°)；

φ_T——配油口 T 的包络角，(°)。

φ_O——配油口 O 的包络角，(°)。

将各配油口的作用角度区间代入到轴向柱塞式液压元件的柱塞位移公式中，柱塞位移乘上柱塞的面积就可以得到各配油口的几何排量

$$
\begin{cases}
V_A=\dfrac{\pi}{4}d^2 zR\tan\alpha\left[\cos\left(\delta+\dfrac{\varphi_A}{2}\right)-\cos\left(\delta-\dfrac{\varphi_A}{2}\right)\right]\\
V_T=\dfrac{\pi}{4}d^2 zR\tan\alpha\left[\cos\left(\delta+\dfrac{\varphi_A}{2}+\varphi_T\right)-\cos\left(\delta+\dfrac{\varphi_A}{2}\right)\right]\\
V_B=\dfrac{\pi}{4}d^2 zR\tan\alpha\left[\cos\left(\delta+\dfrac{\varphi_A}{2}+\varphi_T+\varphi_B\right)-\cos\left(\delta+\dfrac{\varphi_A}{2}+\varphi_T\right)\right]\\
V_O=\dfrac{\pi}{4}d^2 zR\tan\alpha\left[\cos\left(\delta+\dfrac{\varphi_A}{2}+\varphi_T+\varphi_B+\varphi_O\right)-\cos\left(\delta+\dfrac{\varphi_A}{2}+\varphi_T+\varphi_B\right)\right]
\end{cases}
\tag{12-10}
$$

式中　d——柱塞直径，m；

z——柱塞个数。

各配油口的排量数值求解曲线如图 12-27 所示，相对排量是正值代表缸体按图 12-26 所示方向旋转时，柱塞向对应的配油口排油，相对排量是负值代表缸体按图 12-26 所示方向旋转时，从对应的配油口吸油。从图 12-27 可以看出，液压变压器的控制角为零时，配油口 A、配油口 B 的排量为零，结合图 12-26 可以看出，因为控制角为零时配流口 A 在上下死点连线两侧的面积是相等的，柱塞进入 A 配油口和离开 A 配油口的位移相等，位移差为零，因此相对几何排量为零。

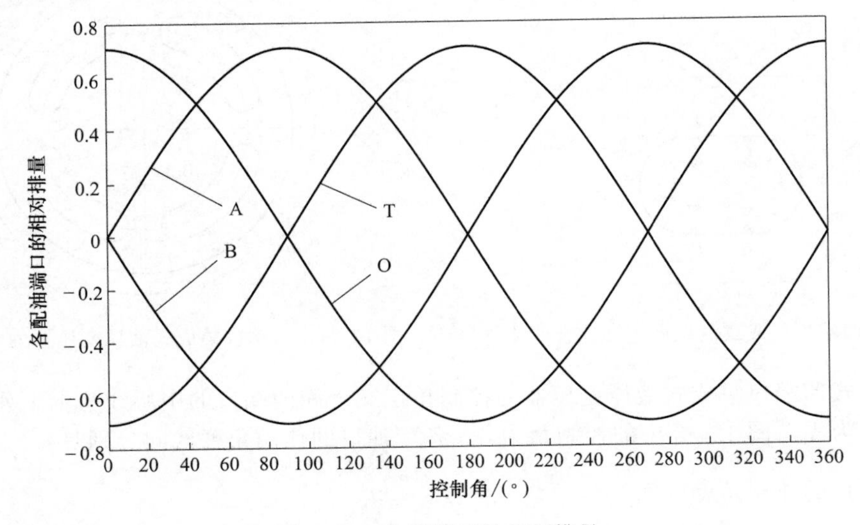

图 12-27　各配油口的相对排量

同时可以看出等流量特性，即配油口 A 与配油口 B 的排量数值相等，符号相反，配油口 T 与配油口 O 的排量数值相等，符号相反。即进口的流量全部从出口流出，这说明了液压变压器满足流量守恒原理，即任意时刻流入变压器和流出变压器的流量相等，这种液压变

压器也称为进出口等流量四端口集成式液压变压器。同时可以看出各配油口的相对几何排量是液压变压器控制角的函数，是周期变换的，其周期是360°。当控制角为0°、180°时，配油口A、配油口B的排量为零；当控制角为90°、270°时，配油口T、配油口O的排量为零。

由于对角配油口排量相等，构成一个独立的液压元件，在配油口A、配油口B之间的压差产生转矩，可以得到两个液压马达的转矩为

$$T_{AB}=\frac{(p_A-p_B)}{8}d^2zR\tan\iota\left[\cos\left(\delta+\frac{\varphi_A}{2}\right)-\cos\left(\delta-\frac{\varphi_A}{2}\right)\right] \tag{12-11}$$

$$T_{OT}=\frac{(p_O-p_T)}{8}d^2zR\tan\iota\left[\cos\left(\delta+\frac{\varphi_A}{2}+\varphi_T\right)-\cos\left(\delta+\frac{\varphi_A}{2}\right)\right] \tag{12-12}$$

当液压变压器两组液压柱塞元件产生的转矩相平衡时液压变压器的旋转轴处于平衡状态，根据转矩平衡公式，化简之后，可得到四端口集成式液压变压器的变压比为

$$\lambda=\frac{p_O}{p_A}=\frac{\cos\left(\delta+\frac{\varphi_A}{2}\right)-\cos\left(\delta-\frac{\varphi_A}{2}\right)}{\cos\left(\delta+\frac{\varphi_A}{2}+\varphi_T\right)-\cos\left(\delta+\frac{\varphi_A}{2}\right)} \tag{12-13}$$

对四端口集成式液压变压器的变压比公式进行求解，得到四端口集成式液压变压器变压比的曲线，如图12-28所示。

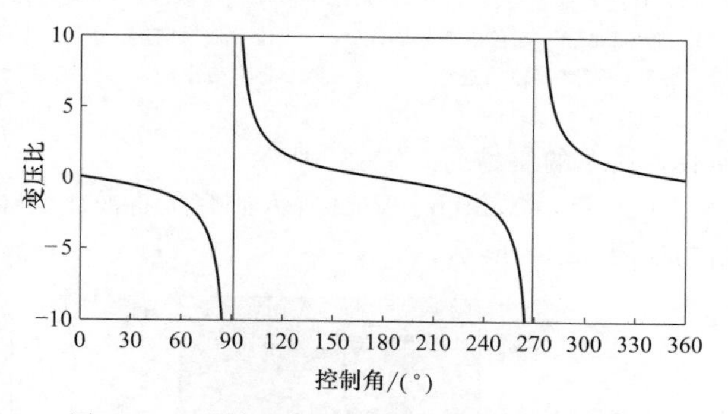

图12-28 四端口集成式液压变压器变压比曲线

由图12-28可以看出，四端口集成式液压变压器配油盘的转动角度即控制角在0°～90°时，随着转角的增加，变压比的绝对值逐渐增大，并趋于无穷大。在控制角为零时，变压比等于零，即输出压力为零，因为此时的分子为零。控制角为90°时变压比理论上为负无穷大，因为此时变压比的分母为零，由于排量处在上下死点的两侧，排量的符号是相反的。在控制角为45°时变压比为−1。四端口集成式液压变压器变压比随着控制角旋转一周时周期是180°，在控制角180°的旋转范围内即可实现变压比理论上从负无穷增大到正无穷，实际工作时由图也可以看出控制角在0°～90°范围内变化时，既可实现增压也可实现降压，即控制角在0°～45°范围内变化时，变压比小于1，即输出压力低于输入压力，实现降压功能。控制角在45°～90°范围内变化时，变压比大于1，即输出压力高于输入压力，实现增压功能。实际上，一方面排量为零时没有工作意义，另一方面由于柱塞与缸体、配油盘与缸体、滑靴与斜盘之间存在着泄漏，以及存在机械方面的摩擦损失，实际变压比要小于理论变压比，增压之后的出口压力也不会无限升高。从变压比的仿真曲线还可以看出变压比与配油盘的旋转角度是非线性的关系，这也说明了四端口集成式液压变压器具有非线性的特点。

集成式液压变压器成为了研究的热点，众多科研人员对集成式液压变压器的研究都是为了降低液压变压器的体积重量，提高液压变压器的效率和结构集成度。其基本类型可为缸体、配油盘多排式和配油盘、配油槽分段式。缸体、配油盘多排式可以实现液压马达和液压泵集成在一个缸体、配油盘组件中，实现液压变压器的结构集成。配油盘、配油槽分段式液压变压器通过对配油盘、配油槽分段（分三段、分四段或更多段），实现了一个液压泵或液压马达变成了两个以上液压泵或液压马达，是通过对配油盘、配油槽的分段实现了液压变压

器的结构集成，通过配油盘的旋转角度来实现变压比的调节。集成式液压变压器可以基于轴向柱塞式液压元件进行设计，也可以基于叶片式液压元件进行设计。

12.3 液压变压器的应用

液压变压器是随着恒压网络二次调节静液传动技术的发展而产生的，主要用于在恒压网络系统中对多个液压执行元件进行无节流损失的控制。由于集成式液压变压器具有结构紧凑、效率高等优点，其应用前景十分广阔。随着1997年Innas液压变压器的产生，国内外许多学者都在积极地进行液压变压器的应用研究。德国Achen等对液压变压器在恒压网络中与液压马达的连接方式申请了专利，其系统原理图如图12-29所示。

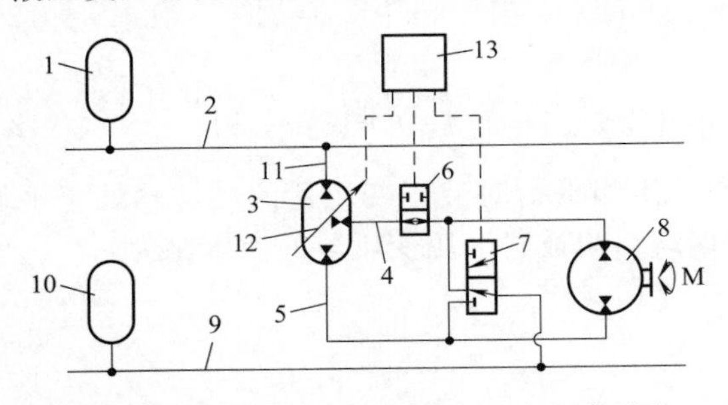

图12-29 液压变压器控制液压马达原理图

1，10—蓄能器；2—高压管路；3—液压变压器；4—负载口；5—低压口；6—二位二通换向阀；7—二位三通换向阀；8—马达；9—低压管路；11—进油口；12—变压器驱动器；13—控制器；

1997年Innas公司将该液压变压器应用在叉车上，实现了重力势能的回收，叉车的实物如图12-30所示。

2010年，Achten、Vael等人研究了将液压变压器应用于串联式混合动力汽车上，系统结构如图12-31所示。

图12-30 液压变压器在叉车中的应用

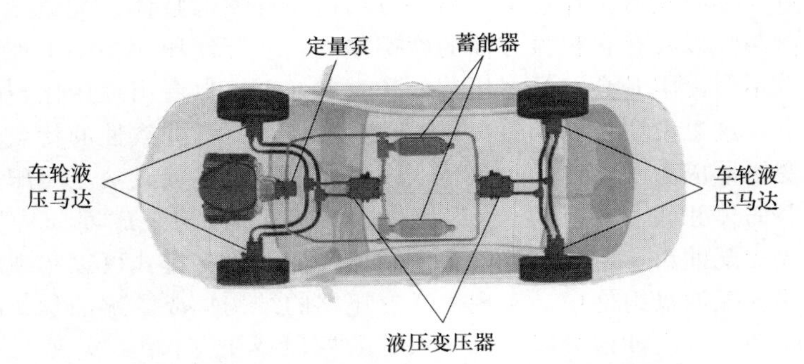

图12-31 采用液压变压器的混合动力轿车

由图12-31可以看出该混合动力汽车是用液压变压器控制定量马达来实现驱动的，采用一个液压变压器控制两个液压马达，将两个液压马达进行并联连接。该混合动力汽车是轮边驱动式的，可以看出该四轮驱动的混合动力汽车系统结构简单，布局紧凑灵活，对液压马达的控制没有节流损失，而且可以回收刹车的制动能，通过蓄能和恒压变量泵使系统稳定在一定的压力下和使发动机工作在高效区。由于高压蓄能器可以储备能量，在启动或爬坡时辅助发动机输出能量，因此可以降低发动机的装机功率，降低整车的油耗。测试结果表明在中型车上燃油消耗降低50%，CO_2的排放降低了82g/km，并且远低于2012年的欧洲排放标准。

国内的众多科研人员也在积极对液压变压器的应用进行研究，2009年哈尔滨工业大学的于安才博士申请了液压挖掘机恒压网络系统的专利，提出了一种液压恒压网络配置的全液压挖掘机，其液压系统原理图如图12-32所示，可以看出用液压泵/马达来驱动回转部分，用液压变压器来控制液压缸，实现了无节流损失地控制执行元件，并且可回收负负载的能量，因此提高了整机的效率，并进行了分析研究。

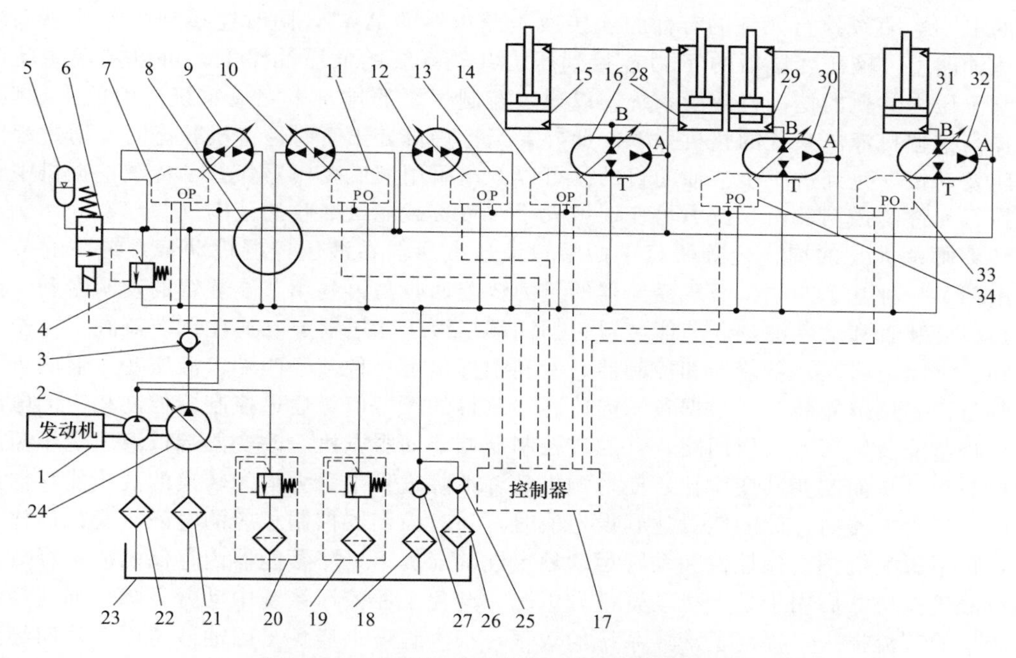

图12-32 采用液压变压器的挖掘机系统原理图

1—发动机；2—定量泵；3，25，27—单向阀；4—安全阀；5—蓄能器；6—电磁换向阀；7，11，13，14，33，34—控制器；8—回转接头；9，10—行走马达；12—回转马达；15，28，29，31—执行油缸；16，30，32—液压变压器；17—控制器；18，26—回油过滤器；19，20—回油组件；21，22—吸油过滤器；23—油箱；24—主泵

福州大学的林述温、花海燕等对基于恒压网络二次调节技术的挖掘机液压系统进行了理论研究，研究结果表明采用恒压网络二次调节的液压挖掘机没有节流损失，还可以回收能量再利用，因此比现有的负载敏感系统效率有了极大的提高，节约了58.4%的能量，而且能量利用率达到99.4%。同年江苏大学的陈建利进行了电混合动力和液压混合动力系统在环保、整体效率、技术和成本等方面的比较，在MATLAB/Simulink和多域物理仿真建模平台Simscape环境中建立了挖掘机一体化的虚拟样机模型和液压子系统模型，并建立了液压变压器的模型，从液压混合动力挖掘机的柴油装机功率和燃油消耗率两方面进行了仿真计算，仿真结果表明采用液压混合动力系统，液压挖掘机的柴油装机功率可以降低约24.8%，

燃油消耗可以降低约20.6%。

为解决挖掘机动臂下降时大量的势能转换为热能造成油温升高、降低系统效率问题，张树忠等研究了一种用液压蓄能器储能，通过液压变压器进行动臂势能的回收再利用的节能系统，仿真结果表明能有效提高挖掘机的效率，但是该液压系统换向阀较多，控制复杂，系统可靠度低。

吉林大学的刘顺安研究了基于液压变压器的ZL50转载机节能系统，建立了系统的模型并进行了仿真，进行了PID、PLC、Fuzzy-PID等控制方式的研究，结果表明采用液压变压器可以相对节能33%左右，并采用伺服阀控制液压缸来模拟驱动液压变压器的控制实验，并将该系统应用在多功能清雪车上，施虎等人研究了液压变压器在盾构系统中的节能应用。

上海理工大学的沈伟申请了带发动机启停功能的采用主动调压式压力共轨的挖掘机液压系统发明专利，采用了由液压变压器构成的液压挖掘机的液压系统，设计了压力共轨液压系统，挖掘机的旋转执行元件串联在高压网络和低压网络之间，旋转执行元件是双向变量的，通过旋转执行元件的排量的变化实现方向和速度的控制。直线执行元件的无杆腔连接液压变压器的B口，直线执行元件的有杆腔连接液压变压器的A口，同时连接到压力共轨系统中的高压油路上。液压变压器的T口连接到压力共轨系统的低压油路上，可以实现主动调压功能基于压力共轨的挖掘机液压系统，以通过控制主泵的排量来完成系统压力的主动调整，从而提高挖掘机液压系统的整机效率。此外，当挖掘机处于暂时性待机状态时，通过程序设定关闭发动机，达到进一步节油的目的。可以看出采用液压变压器代替了传统挖掘机中多路阀对执行元件的控制，由于压力可变，增大了对负负载能量回收的范围。

江苏师范大学的周连佺等研究了四端口液压变压器在液压挖掘机动臂系统中的节能应用，申请了一种基于四端口液压变压器的重力势能回收与再利用节能装置的发明专利。该专利包括节能装置和动臂油缸，节能装置包括四端口液压变压器、二通比例节流阀、二位三通换向阀、常闭电磁阀、蓄能器和控制器。专利中提出了一种基于四端口液压变压器的重力势能回收与再利用节能装置，根据各压力传感器测得的压力值，通过控制器控制相应的电磁阀动作，将节能装置切入液压回路，并通过控制器调节伺服电机。改变四端口液压变压器配油盘的控制角，从而改变其变压比，使挖掘机动臂下降过程中重力势能转换的液压能存储到蓄能器中，当蓄能器内存储的能量达到设定值时，通过控制器控制相应的电磁阀及二通比例节流阀，在不影响挖掘机操控性和动臂运动稳定性的前提下，将蓄能器内存储的能量释放，经四端口液压变压器后用于挖掘机动臂举升工况，避免了原液压系统中动臂下降时油液经液压阀而产生的节流损失，提高了液压系统的效率，很大程度上避免了因油液温度升高而导致系统发热的现象，降低了系统配备的散热器设备的规格。

12.4 液压变压器小结

为了实现在液压系统中对液压系统的压力进行调节与控制，需要用到液压变压器这种液压元件。本章根据液压变压器的工作原理和结构形式分别进行了论述，并分别介绍了液压变压器的应用情况。

节流式液压变压器就是减压阀，减压阀可以实现出口压力比入口压力低，实现局部支路的减压，减压阀技术非常成熟，有成熟的工业产品可以供选用。单节流式减压液压变压器存在着节流损失巨大、发热严重的缺点，不适用于大流量大功率的支路中。

液压缸式液压变压器常用作局部增压回路，结构简单，成本低，效率高，技术成熟可靠，得到了广泛的应用，如果不计摩擦损失和泄漏损失，满足能量守恒，理论上没有能量损失，属于容积式液压变压器。但是液压缸的行程有限，为了连续提供流量需要增加换向机构。

液压泵液压马达串联式液压变压器基于成熟的液压泵液压马达技术，技术难度小，但是存在着体积大、质量大、动态响应慢的缺点，由于液压元件需要两次能量转换，效率不高，因此液压泵液压马达串联式液压变压器也没有得到广泛的应用。

为克服液压泵液压马达串联式液压变压器存在的问题和不足，集成式液压变压器成为了研究的热点。有众多的研究人员进行了原理方面、结构方面、控制方面、应用方面的研究。目前还存在着结构不成熟不可靠、效率不高、动态响应慢、噪声大、振动大、控制复杂，结构体积大等系列的问题。还没有成熟的产品问世，也还没有成熟的市场应用。

在液压系统中根据具体的使用目的进行液压变压器的合理选用。如果只为了进行局部支路的减压，可以选用液压减压阀来实现。如只为了实现局部支路的增压，可以选用液压缸式液压增压器，既能实现增压又能实现降压，同时效率高、体积小、响应快的液压变压器是理想的液压元件，目前尚没有这样的产品。作为新的液压元件，液压变压器的出现，使 CPR 系统推广有了坚实的理论基础，使其同电力系统一样，具有更大的灵活性和效率，简化了液压系统结构，降低了液压系统成本。新型液压变压器的出现使 CPR 系统的推广有了实际的意义，相信随着科技的进步会有新的成熟的液压变压器出现，来促进液压传动系统的发展和进步。

参考文献

[1] 王洁，赵晶．液压元件［M］．北京：机械工业出版社，2013.

[2] 宋锦春．液压与气压传动［M］．第3版．北京：科学出版社，2014.

[3] 冀宏．液压气压传动与控制［M］．第2版．武汉：华中科技大学出版社，2014.

[4] 张利平．液压泵及液体马达原理、使用与维护［M］．北京：化学工业出版社，2009.

[5] 姜继海．液压与气压传动［M］．北京：高等教育出版社，2002.

[6] 肖洪莲，宁爱林，刘绍忠，等．柱塞泵摩擦件球墨铸铁的研究现状与发展趋势［J］．邵阳学院学报：自然科学版，2016，013（002）：108-111.

[7] 汤何胜，李晶，訚耀保，等．轴向柱塞泵滑靴副热流体润滑特性的研究进展［J］．机床与液压，2016（9）：153-160.

[8] 罗向阳，权凌霄，关庆生，等．轴向柱塞泵振动机理的研究现状及发展趋势［J］．流体机械，2015，043（008）：41-47，25.

[9] 徐兵，陈媛，张军辉．轴向柱塞泵减振降噪技术研究现状及进展［J］．液压与气动，2014，（3）：1-12.

[10] 邹云飞，刘晋川．径向柱塞泵配流方式的研究进展［J］．液压气动与密封，2011，31（1）：1-4，7.

[11] 陆望龙．液压马达选用与维修手册［M］．北京：化学工业出版社，2011.

[12] 李岚，陈曼龙．液压与气压传动［M］．武汉：华中科技大学出版社，2013.

[13] 曾亿山．液压与气压传动［M］．合肥：合肥工业大学出版社，2008.

[14] 黄志坚．新型液压元件结构与拆装维修［M］．北京：化学工业出版社，2013.

[15] 马建设，李尚义，赵克定．仿真转台用超低速连续回转电液伺服马达的设计研究［J］．中国机械工程，2000，11（11）：1221-1223.

[16] 张勤华．连续回转电液伺服马达的结构分析和性能研究［D］．哈尔滨：哈尔滨工业大学，2007.

[17] 陈帅．叶片式连续回转电液伺服马达密封及换向冲击特性研究［D］．哈尔滨：哈尔滨理工大学，2019.

[18] 陶建峰，王旭永，扬飞鸿，等．大直径中空电液伺服马达设计［J］．液压气动与密封，2008，28（6）：21-23.

[19] 李汉平．仿真转台用中空电液伺服马达的性能研究［D］．哈尔滨：哈尔滨工业大学，2006.

[20] 张利平．液压泵及液压马达原理与使用维护［M］．北京：化学工业出版社，2014.

[21] 彭佑多，刘德顺，陈艳屏，等．内曲线多作用径向柱塞式低速大扭矩液压马达及其配流机构的发展［J］．液压与气动，2002，（12）：1-4.

[22] 李小亮．轴向柱塞马达配流盘卸荷槽对噪声的影响［J］．流体传动与控制，2013，（4）：27-29.

[23] 李阳，于安才，梁浩骞，等．伺服液压缸低速特性研究［J］．液压气动与密封，2019，39（2）：63-66.

[24] 姜继海，陈海初，吕鹏，等．带磁电阻位移传感器的新型电液伺服缸［J］．液压与气动，2002，（4）：36-37.

[25] 张利平．液压阀原理、使用与维护［M］．北京：化学工业出版社，2005.

[26] 刘合群，王志满，廖传林，等．液压与气压传动［M］．武汉：华中科技大学出版社，2013.

[27] 薛永杰，范素英．液压与气压传动［M］．第2版．东营：中国石油大学出版社，2019.

[28] 杨帮文．液压阀和气动阀选型手册［M］．北京：化学工业出版社，2009.

[29] 宋新萍．液压与气压传动［M］．北京：清华大学出版社，2012.

[30] 许贤良，王传礼，张军．液压传动［M］．北京：国防工业出版社，2011.

[31] 王守城，段俊勇．液压元件及选用［M］．北京：化学工业出版社，2007.

[32] 谢群，崔广臣，王健．液压与气压传动［M］．第2版．北京：国防工业出版社，2015.

[33] 许仰曾．液压螺纹插装阀技术与应用［M］．北京：机械工业出版社，2013.

[34] 李异河，孙海平．液压与气动技术［M］．北京：国防工业出版社，2006.

[35] 刘延俊．液压与气压传动［M］．北京：机械工业出版社，2012.

[36] 姜继海，宋锦春，高常识，液压与气压传动［M］．北京：高等教育出版社，2002.

[37] 王积伟．液压与气压传动［M］．第3版．北京：机械工业出版社，2018.

[38] 高建新．新疆滴灌自动化关键技术应用研发及展望［J］．农业与技术，2020，40（06）：37-40.

[39] 许福玲．液压与气压传动［M］．武汉：华中科技大学出版社，2001.

[40] 杜巧连，沈伟．液压与气动控制［M］．北京：科学出版社，2017.

[41] 周进民．液压与气动技术［M］．成都：西南交通大学出版社，2009.

[42] 王守城，容一鸣．液压传动［M］．北京：北京大学出版社，2006.

[43] 杜国森等．液压元件产品样本［M］．北京：机械工业出版社，2000.

[44] 刘延俊. 液压元件使用指南 [M]. 北京：化学工业出版社，2008.
[45] 黎启柏. 液压元件手册 [M]. 北京：冶金工业出版社，2000.
[46] 李壮云，葛宜远. 液压元件与系统 [M]. 北京：机械工业出版社，1999.
[47] 吴向东，李卫东. 液压与气压传动 [M]. 北京：北京航空航天大学出版社，2018.
[48] 严金坤. 液压元件 [M]. 上海：上海交通大学出版社，1989.
[49] 盛小明，刘忠，张洪. 液压与气压传动 [M]. 北京：科学出版社，2014.
[50] 罗军，随车起重机液压系统研究与优化 [D]. 西安：长安大学，2014
[51] 何存兴. 液压元件 [M]. 北京：机械工业出版社，1982.
[52] 张元越. 液压与气压传动 [M]. 成都：西南交通大学出版社，2014.
[53] 张富强. 钻井平台钻杆自动传送系统设计研究 [D]. 北京：中国石油大学. 2008
[54] 刘顺安，姚永明，尚涛等. 基于二次调节技术的小型装载机全液压驱动系统 [J]. 吉林大学学报（工学版），2011，41 (3)：665-669.
[55] 姜继海，卢红影，周瑞艳，等. 液压恒压网络系统中液压变压器的发展历程 [J]. 东南大学学报自然科学版，2006，36 (5)：869-874.
[56] 杨华勇，欧阳小平，徐兵. 液压变压器的发展现状 [J]. 机械工程学报，2003，39 (5)：1-5.
[57] Achten P A J，Zhao Fu，Vael G E M. Transforming future hydraulics：a new design of a hydraulic transformer [C]. The Fifth Scandinavian International Conference on Fluid Power. Sweden：Linköping University，1997：1-23.
[58] Xu Bing，Zhang Bin，Ouyang Xiaoping. The CPR System Adopting a New Hydraulic Transformer to Drive Loads and Its Design [C]. The Sixth International Conference on Fluid Power Transmission and Control. Hangzhou：Chinese Mechaical Engineering Society，2005：100-104.
[59] Achten P A J，Vael G E M，Zhao F. The Innas Hydraulic Transformer-The Key to the Common Pressure Rail [R]. SAE Technical Paper 2000-01-2561.
[60] 姜继海，于安才，于斌，等. 基于 CPR 网络混合动力全液压挖掘机的液压系统 [P]. 专利号：200910310301. 3.
[61] 郑澈，单绍福，陈勇，等. 液压增压器 [P]. 专利号：200920239163. X.
[62] Elton Bishop. Digital Hydraulic Transformer-Efficiency of Natural Design [C]. 7th International Fluid Power Conference. Aachen：Linköping University，2010 (1)：349-361.
[63] Merrill K，Holland M，Batdorff M，et al. Comparative Study of Digital Hydraulics and Digital Electronics [J]. International Journal of Fluid Power，2010，11 (3)：45-51.
[64] Tyler H P. Fluid Intersifier [P]. US Patent 3188963，1965.
[65] Dantlgraber，Jörg，Robohm，et al. Hydraulischer Transformator mit zwei Axialkolbenmaschinen mit einer gemeinsamen Schwenkscheibe [P]. EP0851121B1. 1997，12.
[66] Vael G E M，Achten P A J，JeroenPotma. Cylinder Control With The Floating Cup Hydraulic Transformer [R]. The Eighth Scandinavian International Conference on Fluid Power. Tampere：2003：1-16.
[67] Ma Weidong，Likeo Shigeru，Ito Kazuhisa. Position Control of Hydraulic Cylinder using Hydraulic Transformer [J]. Japan Society of Mechanical Engineers. 2004，70 (6)：1758-1763.
[68] Ho Triet Hung，AhnKyoung Kwan. A Study on the Position Control of Hydraulic Cylinder Driven by Hydraulic Transformer Using Disturbance Observer [C]. 2008 International Conference on Control、Automation and Systems. Seoul：Inst. Of Elec. and Elec. Eng. Computer Society，2008：2634-2639.
[69] 刘贺，徐兵，欧阳小平，等. 采用液压变压器原理的液压电梯节能系统设计 [J]. 中国机械工程，2003，(10)：19-21.
[70] Werndin R，Achten P A J，Sannelius M，et al. Efficiency Performance and control of a hydraulic transformer [C]. The sixth Scandinavian International Conference on Fluid Power. Tampere：Tampere University of Technology，1999：395-407.
[71] Achten P A J，Palmberg J O，Koskinen K T. What a Difference a Hole Makes-The Commercial Value of the Innas Hydraulic Transformer [C]. The sixth Scandinavian International Conference on Fluid Power. Tampere：Tampere University of Technology，1999：873-886.
[72] Achten P A J，Zhao Fu. Valving Land Phenomena of the Innas Hydraulic Transformer [J]. International Journal of Fluid Power，2000，1 (1)：33-42.
[73] Peter Achten，Titus van den Brink，Georges Vael. A Robust Hydrostatic Thrust Bearing for Hydrostatic Ma-

chines. 7th International Fluid Power Conference. Aachen: University of Parma, 2010: 1-19.

[74] Werndin R, Palmerg J O. Controller design for a hydraulic transformer [C]. The Fifth International Conference on Fluid Power Transmission and Control. Hangzhou: International Academic Publishers Ltd, 2001: 56-61.

[75] 欧阳小平，徐兵，杨华勇. 拓宽液压变压器调压范围的新方法 [J]. 机械工程学报，2004，40 (9)：28-32.

[76] 卢红影，姜继海，张维官等. 基于液压恒压网络系统的液压变压器控制液压缸系统的研究 [J]. 吉林大学学报(工学版)，2009，39 (4)：885-890.

[77] 胡纪滨，苑士华，魏超，等. 斜轴式液压变压器及变压方法. 专利号：200810226067. 1.

[78] 刘顺安，陈延礼，刘佳琳，等. 内开路式液压变压器及变压方法. 专利号：200910067270. 3.

[79] Schäffer, Rudolf. Hydrotransformator [P]. DE10216951A1. 2003, 6.

[80] 臧发业. 戴汝泉，孔祥臻，等. 单作用叶片式液压变压器 [P]. 专利号：200910016300. 8.

[81] Achen, Peter, Augustinus, et al. Hydraulic System with a Hydromotor fed by a Hydraulic Transformer [P]. WO98/54468, 1998. 5.

[82] Sameer M, Prabhu, Clayton. Control System for a Hydraulic Transformer [P]. US6360536B1. 2002. 5.

[83] 周连佺，周天宇，刘强，杨存智，施昊，孙德奇，蔡旻卿，田其亚. 一种柱塞式进出油等流量四通液压变压器 [P]. 江苏：CN106949104A，2017-07-14.